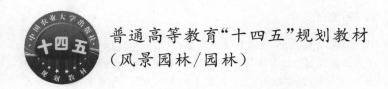

普通高等教育"十四五"规划教材
（风景园林/园林）

风景园林概论

陈其兵　刘柿良　主编

中国农业大学出版社
·北京·

内 容 简 介

本教材分为9章,以全面阐述风景园林知识为基础,从风景园林概述、风景园林发展简史、风景园林环境与构成要素、风景园林规划设计基础理论,到风景园林景观分析与评价、风景园林规划设计方法与程序、风景园林规划设计各论,再到深入阐释风景园林工程与管理、现代风景园林发展与探索等,内容由浅入深,循序渐进,能够满足不同专业背景、不同学习层次的人员需要。本书以培养符合新时代要求的风景园林复合创新型人才为目标,可作为风景园林学、城乡规划学、建筑学、人文地理学、环境艺术设计、旅游管理与规划、土地资源管理等专业学生的教材,也可供相关从业人员参考。

图书在版编目(CIP)数据

风景园林概论/陈其兵,刘柿良主编.—北京:中国农业大学出版社,2020.10(2024.9重印)
ISBN 978-7-5655-2454-7

Ⅰ.①风… Ⅱ.①陈… ②刘… Ⅲ.①园林设计-高等学校-教材 Ⅳ.①TU986.2

中国版本图书馆 CIP 数据核字(2020)第 211073 号

书　　名	风景园林概论			
作　　者	陈其兵　刘柿良　主编			
策划编辑	梁爱荣		责任编辑	何美文　梁爱荣　陈颖颖
封面设计	郑　川			
出版发行	中国农业大学出版社			
社　　址	北京市海淀区圆明园西路 2 号		邮政编码	100193
电　　话	发行部 010-62733489,1190		读者服务部	010-62732336
	编辑部 010-62732617,2618		出 版 部	010-62733440
网　　址	http://www.caupress.cn		E-mail	cbsszs@cau.edu.cn
经　　销	新华书店			
印　　刷	涿州市星河印刷有限公司			
版　　次	2021 年 3 月第 1 版　　2024 年 9 月第 3 次印刷			
规　　格	889 mm×1 194 mm　　16 开本　　14.25 印张　　440 千字			
定　　价	60.00 元			

图书如有质量问题本社发行部负责调换

普通高等教育风景园林/园林系列
"十四五"规划教材编写指导委员会

（按姓氏拼音排序）

车震宇	昆明理工大学	彭培好	成都理工大学
陈 娟	西南民族大学	漆 平	广州大学
陈其兵	四川农业大学	唐 岱	西南林业大学
成玉宁	东南大学	王 春	贵阳学院
邓 赞	贵州师范大学	王大平	重庆文理学院
董莉莉	重庆交通大学	王志泰	贵州大学
高俊平	中国农业大学	严贤春	西华师范大学
谷 康	南京林业大学	杨 德	云南师范大学文理学院
郭 英	绵阳师范学院	杨利平	长江师范学院
李东徽	云南农业大学	银立新	昆明学院
李建新	铜仁学院	张建林	西南大学
林开文	西南林业大学	张述林	重庆师范大学
刘永碧	西昌学院	赵 燕	云南农业大学
罗言云	四川大学		

编　委　会

主　编

陈其兵（四川农业大学）
刘柿良（四川农业大学）

副　主　编

陈东田（山东农业大学）
刘维东（四川农业大学）

编　者

（按姓氏拼音排序）
包润泽（铜仁学院）
陈东田（山东农业大学）
陈其兵（四川农业大学）
冯　昊（西华师范大学）
高耀辉（内蒙古科技大学）
韩周林（绵阳师范学院）
李　念（四川农业大学）

刘柿良（四川农业大学）

刘维东（四川农业大学）

吕兵洋（四川农业大学）

魏光普（内蒙古科技大学）

杨容子（四川农业大学）

出 版 说 明

　　自 21 世纪以来,随着我国城市化快速推进,城乡人居环境建设从内容到形式,都在发生着巨大的变化,风景园林/园林产业在这巨大的变化中得到了迅猛发展,社会对风景园林/园林专业人才的要求越来越高、需求越来越大,这对风景园林/园林高等教育事业的发展起到了巨大的促进和推动作用。2011 年风景园林学新增为国家一级学科,标志着我国风景园林学科教育和风景园林事业进入了一个新的发展阶段,也对我国风景园林学科高等教育提出了新的挑战、新的要求,也提供了新的发展机遇。

　　我国风景园林/园林高等教育事业发展的速度很快,办学规模迅速扩大,办学院校学科背景、资源优势、办学特色、培养目标不尽相同,使得各校在专业人才培养质量上存在差异。为此,2013 年由高等学校风景园林学科专业教学指导委员会制定了《高等学校风景园林本科指导性专业规范(2013 年版)》,该规范明确了风景园林本科专业人才所应掌握的专业知识点和技能,同时指出各地区高等院校可依据自身办学特点和地域特征,进行有特色的专业教育。

　　为实现高等学校风景园林学科专业教学指导委员会制定规范的目标,2015 年 7 月,由中国农业大学出版社邀请西南地区开设风景园林/园林等相关专业的本科专业院校的专家教授齐聚四川农业大学,共同探讨了西南地区风景园林本科人才培养质量和特色等问题。为了促进西南地区院校本科教学质量的提高,满足社会对风景园林本科人才的需求,彰显西南地区风景园林教育特色,在达成广泛共识的基础上决定组织开展风景园林/园林西南地区特色教材建设工作。在专门成立的风景园林/园林西南地区特色教材编审指导委员会统一指导、规划和出版社的精心组织下,经过 2 年多的时间,系列教材已经陆续出版。该系列教材具有以下特点。

　　(1)以"专业规范"为依据　　以风景园林/园林本科教学"专业规范"为依据,对应专业知识点的基本要求,组织确定教材内容和编写要求,努力体现各门课程教学与专业培养目标的内在联系性和教学要求,教材突出西南地区各学校的风景园林/园林专业培养目标和培养特点。

　　(2)突出西南地区专业特色　　根据西南地区院校学科背景、资源优势、办学特色、培养目标以及文化历史渊源等,在内容要求对接"专业规范"的基础上,努力体现西南地区风景园林/园林人才需求和培养特色。院校教材名称与课程名称相一致,教材内容、主要知识点与上课学时、教学大纲相适应。

(3)教学内容模块化　以风景园林人才培养的基本规律为主线,在保证教材内容的系统性、科学性、先进性的基础上,专业知识编写模块化,满足不同学校、不同授课学时的需要。

(4)融入现代信息技术　风景园林/园林系列教材采用现代信息技术,特别是二维码等数字技术,使得教材内容更加丰富,表现形式更加生动、灵活,教与学的关系更加密切,更加符合"00后"学生学习习惯特点,便于学生学习和接受。

(5)着力处理好4个关系　比较好地处理了理论知识体系与专业技能培养的关系、教学体系传承与创新的关系、教材常规体系与教材特色的关系、知识内容的包容性与突出知识重点的关系。

我们确信这套教材的出版必将为推动西南地区风景园林/园林本科教学起到应有的积极作用。

编写指导委员会

2017 年 3 月

前　言

　　党的二十大报告指出：推动绿色发展，促进人与自然和谐共生。展望新时代新征程，风景园林对美丽中国建设的支撑作用日益重要，每一个风景园林教育工作者对美丽中国建设满怀信心和期待。

　　1858年，美国风景园林奠基人弗雷德里克·劳·奥姆斯特德（Frederick L. Olmsted）提出了"Landscape Architecture"的概念，在世界上首次创立了Landscape Architect职业，即风景园林师。到1964年，我国北京林学院（现北京林业大学）城市及居民区绿化系改名为园林系，正式确立了"园林专业"名称。经过长时间讨论，学界认为用"风景园林"命名现代园林学科，可较全面地反映该学科在内涵上的变化和外延扩展。1984—1985年，武汉城市建设学院（现隶属华中科技大学）与同济大学均以"风景园林"为专业名称，标志着我国风景园林学科向前跨出了一大步。1986年，教育部将"园林"专业划分为"园林"和"观赏园艺"两个专业，后于1987年正式确立了"风景园林"专业，标志着教育主管部门正式认可"风景园林"作为"Landscape Architecture"的中文译名。而在奥姆斯特德提出"Landscape Architecture"之后100多年的今天，风景园林学依然没有形成国际公认的学科体系和专业实践范畴，这导致国内外行业从业者对该学科的认知十分混乱。因此，让风景园林专业人士，特别是初学者能够全面、客观地了解风景园林学的专业内涵和实践意义，是本教材编写的最主要目的。

　　中国风景园林（造园）专业创始人、风景园林学界第一位中国工程院院士汪菊渊（1913—1996）先生在《中国大百科全书：建筑 园林 城市规划》一书中写道："风景园林学是研究如何合理运用自然因素（特别是生态因素）、社会因素来创造优美的、生态平衡的人类生活境域的学科。"由此可知，风景园林作为一门用艺术原理和手段，处理人、建筑与环境之间复杂关系的学科，其核心内容是户外空间营造，根本使命是协调人和自然之间的关系。因此，本学科主要涉及3个层面的问题：

　　（1）如何有效地保护和恢复人类生存所需的户外自然境域？

　　（2）如何合理规划设计出人类生活所需的户外人工境域？

　　（3）如何将户外自然境域和人工境域有机、和谐地融合？

　　为了解决上述问题，风景园林学科需要融合工、理、农、文、管理学等不同门类的知识，交替运用逻辑思维和形象思维，综合应用各种科学理论和艺术手段。概括来说，风景园林是综合利用科学和艺术手段营造人类美好的室外生活境域的一个行业和一门学科，担负着建设与发展自然环境和人工环境、提高人类生活质量、传承和弘扬中华民族优秀传统文化的重任。

　　基于此，本教材分为9章，具体分工如下：第1章、第7章第3节和第6节以及第9章第6节由刘柿良和杨容孖共同编写；第2章由高耀辉编写；第3章与第7章第1节、第7节和第8节由陈东田编写；第4章第1节至第3节和第7章第4节、第5节由包润泽编写；第4章第4节、第5节、第6节由韩周林编写；第5章由冯昊编写；第6章由魏光普编写；第7章第2节和第9章第1节、第5节、第7节由李念和陈其兵共同编写；第8章由刘维东编写；第9章第2节、第3节和第4节由吕兵洋和陈其兵共同编写。

　　本教材编写过程中，四川农业大学风景园林学硕士研究生陈莹莹、兰桂英、邱于玲同学，山东农业大学风景园林学硕士研究生张涵、邢治英和聂天一同学，绵阳师范学院风景园林本科生江南、贺梦娇、贾霞和赵丹同学，以及内蒙古科技大学风景园林本科部分同学，均对本教材的文字与图片整理做了重要的贡献；成都林绎境工作室李飚和陈凯先生，四川农业大学风景园林学硕士研究生吴汶优、刘千睿、鲁可竹和干佳钰同学，以及风景园林本科生王涛、尹怡、冯永强、黄玉婷、王栩锐、孙凌、张露、周韬、赵予顿和何白婷同学，为本教材绘制了部分手绘和计算机插图，在此对他们的辛勤工作表示由衷的感谢！由于编撰时间与版面篇幅有限，少许文字、插图（绘图或照片）以及参考文献可能未被一一列入，如有遗漏，请及时与本书作者联系。

　　本教材由刘柿良和陈其兵统稿。由于参编人员较多，统稿工作量较大，加之编者的经验和知识积累有限，本教材的缺点和不足在所难免。我们真诚地欢迎广大师生和行业同仁在使用过程中提出批评和给予宝贵的建议，以便以后改进完善。

陈其兵　　刘柿良

于四川农业大学成都校区西康楼

2024 年 5 月

目　录

风景园林学是一门古老而年轻的学科。作为人类文明的重要载体,风景园林已持续存在数千年;作为一门现代学科,风景园林学可追溯至19世纪末20世纪初,是在古典风景造园基础上通过科学革命方式建立起来的新型学科。20世纪初至今,由于历史和社会等原因,在不同时期、不同高校,我国风景园林学科的名称、内涵、研究方向以及科学体系等均有所差异。因此,准确阐释风景园林及其相关概念,追溯现代风景园林起源、形成、发展与研究方向,区分其与其他相关学科的联系,才能让风景园林专业人士,特别是初学者全面、客观地了解风景园林学的专业内涵和实践意义。

1.1 风景园林释义

1.1.1 风景

我国第一部按照偏旁部首编排的字典《说文解字》描述"风"为"八风也",而"景"为"光也"。因此,"风景"(landscape)在广义上通常是指供人们观赏的风光或景物,包括自然景观和人文景观。例如,南北朝鲍照所作《绍古辞》之七写道:"怨咽对风景,闷瞀守闺闼";唐代诗人王勃的《滕王阁序》有云:"俨骖騑于上路,访风景于崇阿";唐代伟大的浪漫主义诗人李白也有"常时饮酒逐风景,壮士遂与功名疏"。这些诗文都是以自然风光为载体的。此外,如《晋书·刘毅传》中"故能令义士宗其风景,州间归其清流"的"风景"则犹言风望。

随着时代更替,人们对"风景"的认知和理解也产生了较大变化。目前,学术界普遍认为"风景"是人们对自然环境感知、认知和实践的复合性显现。"风景"主要包括以诗词歌赋和艺术绘画等显现的艺术形式,以景观生态学、环境美学和景观历史学等显现的知识形态,以及以开放空间、自然遗地和棕地修复等显现的空间形态三个层面。与古代相比,现代定义的"风景"已超越先前的审美价值,具有多样性保护、科学研究、环境教育和社会经济等价值,是一种公众性的社会实践,具有规模大、环境影响大的特征。

1.1.2 园林

据考证,"园林"一词最早出现于后汉儒学家班彪(3—54)的《游居赋》中:"……人神以动作,享鸟鱼之瑞命,瞻淇澳之园林,美绿竹之猗猗,望常山之峩峩,登北岳而高游……"其中,"瞻"有观望、欣赏之意,而"淇澳"通"琪奥",指美好、深奥的事物。这也与中国古代现实主义诗集《诗经》中《国风·卫风·淇奥》赞美男子形象"瞻彼淇奥,绿竹猗猗"等诗句相呼应,表明这类"园林"已具有完备的观赏与审美对象等特征。而"园林"一词广泛出现是在明末,造园家计成于崇祯七年(1634)编撰了中国乃至世界上最早、最系统的造园学著作——《园冶》。《园冶》共分为"园说"和"兴造论"两部分,其中,"兴造论"有曰:"园林巧于'因''借',精在'体''宜',愈非匠作可为,亦非主人所能自主者……"这表明当时已经形成一套较完善的造园理论和技法,它也是我们现代风景园林学发展的基础。

同时,中国传统园林史上最早记载的风景园林形式是"悬圃",也称为"玄圃"。《楚辞·天问》云:"昆仑悬圃,其尻安在?"其意是,传说昆仑山顶筑有众多宏伟的金台、玉楼,为神仙所居,故称玄圃。后泛指仙境,与"瑶池"齐名,被当作传说广泛流传,正如清代纪昀在《阅微草堂笔记·滦阳续录二》中所述:"所谓瑶池、悬圃,珠树芝田,概乎未见。"而随着社会的发展,中国早期的园林出现了圃、园、台、榭、囿和苑等形式。

1. 圃和园

圃的甲骨文有两种写法,分别是 甾 和 甾。其中,"甫"是"圃"的本字,它的甲骨文为 甾,由 屮屮(作"花草丛")和 田(作"田")上下组合而成,表示在田间栽培成片的花草。而甲骨文 甾 将成片花草 屮屮 简化为单株花草 Y,将不对称田地形状 田 简化成对称的 田(作"田")。由此可见,早期出现的"圃"具有从事农事生产活动的功能,是种植蔬、草、卉的场所。《说文解字》云:"圃,穜菜曰圃。从口,甫声。"

园的象形字是 圆。其中,冂 译作墙垣或藩篱等人工构筑物;土 指因势而起的地形;○ 形似水井口而作水体或水面;丫 作花草、树木等植物。《说文解字》有曰:"園,所以樹果也。从口,袁声。"《周礼·大宰》言:"园圃毓草木。"由此可知,早期的"园"与"圃"具有相似的生产种植功能,但还不是真正意义上的园林。如《荀子·成相》"大其园圃,高其台"中所述,"园"后来也指在远离都城的风景怡人之地,是为帝王和贵族们兴建的大型建筑。

2. 台和榭

"台"的篆文是 亳,它是 亠(作高)和 罒(作屋)的合并字,表示有人值守的高耸瞭望所。《说文解字》中解释:"臺,觀,四方而高者。从至从之,从高省。與室屋同意。"《园冶》中也有记录,即《释名》云:'台者,持也。言筑土坚高,能自胜持也。'园林之态,或掇石而高敞者,俱为台。"这些诗句都表明台是用土石筑成,上面有人日夜值守的方形平顶瞭望高地,可观四方。"台"这种形式在历史上也非常多见,著名的有铜雀台、凤凰台、初阳台等。

按照《说文解字》中"榭,台有屋也"及《园冶》中《释名》云:'榭者,藉也。藉景而成者也。或水边,或花畔,制亦随态"的解释可知,"榭"有凭借景观而成的含义,指建造在高台、水面或临水的木屋。然而,"榭"与"台"的区别主要在于台上是否有(木)屋。例如,《孔传》中解释为:"土高曰台,有木曰榭。"但是,两者常被连用,通指建于高处或高台的建筑。著名的"榭"有苏州怡园藕香榭,该建筑是一个鸳鸯厅,北为藕香榭(图

1-1),南为锄月轩。

图1-1 怡园藕香榭(张露 绘)

3. 囿和苑

"囿"的甲骨文是 囿,它是 口(作篱栅)和 茻(作卉或草)的合并字,表示种植花草、蔬菜的场所;也有甲骨文 囿,它是 口(作墙垣)和 林(作林木)的合成字,表示有围墙且种植树木的园。此外,"囿"的金文 圆 则是 口(围墙)和 彔(同有,作捕猎)的合成字,表示可供游猎的林园。《说文解字》则定义:"囿,苑有垣也。从口,有声。一曰禽獸曰囿。"《国语·周语》解释为:"囿有林池,从从木有介。"《周礼·囿人》有云:"古谓之囿,汉家谓之苑。"综上所述,囿是古代专为帝王游猎而建,且草木茂盛、禽兽繁生的庄园。

"苑"的篆文 苑 是 屮屮(艸,作草丛)和 夗(夗,作弯曲回转)的合成字,表示可狩猎的曲折回转草野。隶书中将篆文字形中的"艸"屮屮 简写成"艹"艹。《说文解字》云:"苑,所以養禽獸也。从艸,夗聲。"《字林》则解释为:"有垣曰苑。"通常认为,囿和苑是同一物的不同称谓,两者常并称。但是,苑是在囿的基础上发展而来的,继承了囿的狩猎传统,其主要目的已不仅是狩猎,而更注重自然景色与人工造景的结合。

综上所述,笔者试图将园林定义为:在一定的地域(地块)上,以植物、山石、水体、建筑等为素材(图1-2),遵循科学原理和美学规律,运用工程技术和艺术手段,营造出可供人们游憩和赏玩,具有令人得以畅达心胸、抒发情怀的优美风景和清幽环境的现实生活境域。根据这个定义,园林不仅包括古代留存下来的皇家园林、私家园林、寺观园林、风景名胜园林等,还扩大到了人

们游憩活动的大部分领域。

图1-2 植物、山石、水体、建筑构成的古典园林（李飚 绘）

1.1.3 风景园林

风景园林（Landscape Architecture）是一门古老而又年轻的学科。作为人类文明的重要载体，风景、园林和景观已持续存在数千年；作为一门现代学科，风景园林学可追溯至19世纪末20世纪初，是在古典造园基础上通过科学方式建立起来的新学科范式。在我国，虽然Landscape Architecture经历了被翻译为景观建筑、景观营造、景观学、风景园林规划设计等过程，但全国自然科学名词审定委员会经过长期的讨论，最终还是将Landscape Architecture译成风景园林或风景园林学。

1.2 现代风景园林的起源、形成与发展

在农耕文明时期，无论是中国传统园林还是西方传统园林，通常都是王公贵族和社会上层人士为了追求视觉审美和精神寄托，同时为了满足自身对美好生活的向往而在一定地块上营造的境域，其功能通常包括狩猎、休闲、观赏、游憩等，其主要形式为园、圃、台、榭、囿、苑、轩和私院等。19世纪，随着工业文明带来的以工业化为重要标志，以机械化大生产为主导的一种现代社会文明的发展，园林也从造园逐渐向风景园林转变。

1.2.1 西方现代风景园林

1804年，法国风景园林师吉恩·玛丽·莫雷尔（Jean M. Morel）首次创造了风景园林师的法语合成词architecte-paysagiste。到19世纪中期，该词已经正式在法国流传，在1854年由路易斯·酥尔比斯·玛丽

（Louis S. Mary）设计的巴黎布伦园林（Bois de Boulogne）的制图上，首次出现了"风景园林师部"的印章。

1824年，吉尔伯特·L·迈森（Gilbert L. Measone）首次在其著作《意大利大画家的风景园林》中将landscape和architecture结合使用。但是，这时的"Landscape Architecture（风景园林）"并不指任何职业或专业学科，而是指意大利风景画中的建筑物。1858年，美国风景园林奠基人弗雷德里克·劳·奥姆斯特德（Frederick L. Olmsted, 1822—1903）提出"Landscape Architecture"的概念，在世界上首次创立了风景园林职业（Landscape Architect）。他针对美国先前无计划的、掠夺的自然资源开发及自然资源被逐渐蚕食的情况，提出了"把乡村带进城市，城市实现园林化"，倡导建立公共园林、开敞空间和绿地系统等，强调"城市环境的绿色生物系统工程"和"园林艺术"相结合，使建筑与环境和谐统一。1856年，奥姆斯特德和卡尔伯特·沃克斯（Calbert Vaux, 1824—1895）两位风景园林设计师首次完全以风景园林学为设计准则建立了纽约中央公园（New York Central Park）。该公园占地843英亩（341多公顷），是纽约最大的都市公园。这既开启了现代风景园林学之先河，也推动了欧美自然风景园运动的快速发展。

1899年，美国风景园林师学会（American Society of Landscape Architects, ASLA）成立。学会的目标是：风景园林师应主导健康、公平、安全和富有弹性环境的规划、设计和管理，其使命是通过宣传、沟通、教育和合作推进风景园林的规划设计。1948年，国际风景园林师联合会（International Federation of Landscape Architects, IFLA）在英国伦敦成立，这是一个风景园林领域内的非营利国际组织。联合会的工作目标是：①发展和推广国际间风景园林专业和与之相关的艺术和科学学科；②普及对风景园林作为一种与环境继承、生态和社会可持续发展有关的自然和人文现象的认识；③在风景园林设计、管理、保护和发展方面制定行业标准。自此，风景园林（Landscape Architecture）最终成为现代国际风景园林学科的通用名称。

第二次世界大战以后，西方工业化和城市化发展达到高峰，但生态环境也遭到了严重破坏，人类的生存和延续受到威胁。英国著名景观建筑师、生态规划师伊安·伦诺克斯·麦克哈格（Ian L. McHarg, 1920—

2001)因势创立了美国宾夕法尼亚大学(University of Pennsylvania)风景园林设计及区域规划系,促使了风景园林设计向综合性学科的方向发展。1969年,麦克哈格所著的《设计结合自然》(Design with Nature)建立了当时风景园林规划的准则,标志着园林规划设计专业承担起后工业时代人类整体生态环境规划设计的重任,扩大了奥姆斯特德奠定的风景园林规划设计理论。麦克哈格强调土地利用规划应遵从自然的固有价值和自然过程,反对在土地和城市规划中进行功能分区,完善了以因子分层分析和地图叠加技术为核心的规划方法论(即"千层饼模式"),从而将风景园林规划设计提高到了一定的科学高度。

1.2.2 中国现代风景园林

1. 园林专业的建立

1868年,鸦片战争爆发后,外国列强为满足自身的需求,在上海英租界建立了中国第一座现代城市公园——外滩公园。辛亥革命后,中国自建的城市公园逐渐增多,江苏省无锡市还颁布了《整理城中公园计划书》,自此公园被列入城市建设项目。

1922年,我国著名林学家、造园学家和现代造园学奠基人陈植先生(1899—1989),从日本东京帝国大学农学部学成归国,任江苏第一农业学校教员,后又先后任职于国立中央大学(现南京大学)、河南大学、云南大学、南昌大学、华中农学院(现华中农业大学)和南京林学院(现南京林业大学),毕生致力于研究中国造园艺术。1928年,我国著名的建筑历史学家和建筑教育家梁思成先生(1901—1972),从美国宾夕法尼亚大学建筑系学成归国,于东北大学任教,创立了中国现代教育史上第一个建筑学系。1946年,梁思成又回到母校创办了清华大学建筑系。这些前辈将接触到的西方园林设计思想与中国高等教育相结合,建立了相应的知识体系。从20世纪20年代起,国内农学院校园艺系陆续设立基于观赏植物的造园学课程,这对推动园林学科发展具有重要的意义。

1951年,在梁思成、汪菊渊、吴良镛的共同倡导下,由北京农业大学(现中国农业大学)园艺系与清华大学建筑系联合创办的"造园组"在清华大学设立,成为我国风景园林学科教育发展的里程碑。它不仅是我国第一个独立的现代造园专业,更是我国风景园林学科的前身,为形成具有中国特色的综合园林学科奠定

了基础。

1956—1957年,高教部(现教育部)决定将北京农业大学(现中国农业大学)造园专业调整到北京林学院(现北京林业大学),设立城市及居民区绿化专业,标志着中国园林学科开始真正形成。1964年,北京林学院城市及居民区绿化系改名为园林系,正式确立了"园林专业"名称,明确了该学科的发展方向。1965年,园林系并入林业系,成立园林教研组。然而,在"文化大革命"的10年中(1966—1976),园林学科也受到了极大的冲击。1965年,北京林学院宣布园林专业停办,撤销园林系建制。直到1977年,北京林学院才真正意义上恢复园林系建制,与其他学科一样在全国恢复统一高考招生。

2. 风景园林专业的确立与发展

到了20世纪80年代,随着我国园林学的不断发展,学科内容已经不再局限于以自然山水、亭台楼阁等古典造园要素和传统造园手法来营造游憩等功能空间,而扩大到了城市公共空间、(国家)森林公园、风景名胜区、自然保护区以及修养胜地等的规划设计。显然,传统定义的园林只是古代造园的一种类型,已不能包含如此多的新内容。同时,此时期我国园林学科大体分化出了园林设计和园林植物两大方向,为了更好地团结和整合两大学派,并为学科将来发展预留更大空间,一个统一的学科名称确立显得十分重要。

经过长时间的讨论,学界认为用"风景园林"命名现代园林学科,可以较全面地反映该学科在内涵上的变化和外延扩展。1984—1985年,武汉城市建设学院(现华中科技大学)与同济大学均开始以"风景园林"为专业名称,标志着我国风景园林学科向前跨出了一大步。1986年,教育部将"园林"专业划分为"园林"和"观赏园艺"两个专业,后于1987年正式确立了"风景园林"专业,标志着教育主管部门正式认可"风景园林"作为"Landscape Architecture"的中文译名。

1989年,中国风景园林学会(Chinese Society of Landscape Architecture,CHSLA)在杭州成立,它是由中国风景园林工作者组成的学术性、科普性、非营利性的社会团体,是中国科学技术协会和国际风景园林师联合会(IFLA)的成员,并出版学术刊物《中国园林》。学会旨在继承和发扬祖国优秀的风景园林传统,吸收世界先进风景园林科学技术,建立并不断完善具有中

国特色的风景园林学科体系,提高风景园林行业的科学技术、文化和艺术水平,保护自然和文化遗产资源,建设生态健全、景观优美的人居生态环境,促进生态文明和人类社会可持续发展。

1992年,北京林业大学风景园林系和园林系合并,成立了我国第一个园林学院,标志着风景园林学科在我国建立了独立的院系。2005年,国务院学位委员会第21次会议正式审议通过《风景园林硕士专业学位设置方案》,标志着风景园林专业学位教育正式创办,风景园林学科从此进入了新的发展阶段。2005年9月,国务院学位委员会和教育部发文成立全国风景园林专业学位研究生教育指导委员会,促进了我国风景园林硕士专业学位教育的不断完善和发展。2006年6月20日,第一届全国风景园林硕士专业学位教育指导委员会成立。

2010年,国务院学位委员会下达新增7个风景园林硕士专业学位授权点的通知,全国风景园林硕士研究生培养单位达到32个,其中第一批试点的25个培养单位同时可招收在职人员攻读和全日制攻读风景园林硕士,第二批新增7个培养单位仅可招收全日制攻读风景园林硕士。

2011年3月,国务院学位委员会、教育部、人力资源和社会保障部联合发文,第二届全国风景园林专业学位研究生教育指导委员会成立,标志着我国风景园林专业学位教育进入成长期。同年,国务院学位委员会与教育部联合公布了《学位授予和人才培养学科目录》,将"风景园林学"(学科编号为0834)与"建筑学"和"城乡规划学"同列为工学门类一级学科,标志着人居环境科学三位一体的格局初步形成,也表明风景园林行业从国家层面得到了充分重视和认可,这对我国风景园林学科的发展具有里程碑的意义。

1.3 现代风景园林学研究领域和方向

风景园林学作为人居环境科学的三大支柱之一,是一门建立在自然科学和人文艺术学科基础上的应用学科,其核心是协调人与自然之间的相互关系,其特点是具有较强的综合性,涉及规划设计、园林植物、建设工程、环境生态、文化艺术、地质地理、社会经济等多个学科的交汇综合,担负着建设和发展自然与人工环境、

提高人类生活质量、传承和弘扬中华民族优秀传统文化的重任。

整体而言,现代风景园林与传统园林的差别在于人们对自然的认知范围在不断扩展,人与自然的关系在不断变化,以及人们对景观、空间、尺度等概念的认知在不断深入。就中国传统园林而言,许多极富现代意义的理念和手法值得现代风景园林师继承和发扬。如"天人合一"的自然文化、"因地制宜"的景观特色、"巧于因借"的园林整体、"小中见大"的视觉效果、"舒适宜人"的环境营造以及"循序渐进"的空间格局等。同时,现代风景园林师必须通过对中国传统园林的深入研究,提炼中国园林文化的本土特征,抛弃传统园林的历史局限,把握传统观念的现实意义,融入现代生活的环境需求。因此,新时期风景园林的发展趋势应该是:以保护自然、服务人民、永续发展为目标,以建立国家公园引领的自然保护地体系为切入点,推动各类自然保护地科学设置,建立自然生态系统保护的新体制、新机制和新模式,建设健康、稳定、高效的自然生态系统,为维护国家生态安全和实现经济社会可持续发展筑牢基石,为建设富强民主文明和谐美丽的社会主义现代化强国奠定生态根基。

1.3.1 风景园林理论与历史

风景园林理论与历史是主要研究风景园林的起源、演进、发展变迁及其形成原因,以及研究风景园林基本内涵、价值体系、技术理论的基础性学科。其中,风景园林理论以美学、生态学、植物学、设计学、社会学、工程学等为基础,研究风景园林艺术理论、风景园林生态理论、风景园林植物理论、风景园林规划设计理论、风景园林社会系统理论和风景园林政策法规与管理等。风景园林历史以历史学为基础,通过记录、分析和评价,建构风景园林史学体系,研究中国古典园林史、外国古典园林史、中国近现代风景园林史、西方近现代风景园林史和风景园林学科史等。

1.3.2 风景园林规划与设计

风景园林规划与设计以满足人们户外空间需求为目标,通过场地分析、功能整合及相关的社会经济文化因素研究,创建环境优美、舒适宜人的户外环境,并给

予人们精神和审美上的愉悦。该方向是风景园林学科的核心组成部分,研究风景园林艺术法则、风景园林造景手法、风景园林艺术布局和风景园林构成要素等内容,实践范围包括各类城市公园绿地、防护绿地、广场用地、附属绿地和区域绿地在内的各类自然保护地规划等。

1.3.3 风景园林生态学应用

风景园林生态学应用是以生物多样性原理、生态位原理、互利共生原理、生态平衡原理等生态学理论为基础,以维护人类居住区域和生态环境的健康与安全为目标,在生物圈、国土、区域、城镇与社区等尺度上进行多层次、多角度的研究和实践的学科,其主要工作领域包括区域景观规划、湿地生态修复、棕地景观改造、旅游区生态规划、绿色基础设施规划、城镇绿地系统规划等。

1.3.4 风景园林植物与应用

风景园林植物景观不仅是以园林植物材料为主的景观营造,更是景观空间的重要组成部分,也是营造现代人居环境的重要途径。因此,风景园林植物与应用是开展风景园林规划设计、风景园林绿化施工以及风景园林植物培育、栽培与养护等工作的基础,其研究范围包括风景园林植物种质资源、风景园林植物遗传育种、风景园林植物配置、风景园林植物多样性保护、风景园林植物栽培与养护、风景园林植物生理生态、风景园林植物康养、城市棕地植被恢复、水土保持种植工程和生态防护林带建设等。

1.3.5 风景园林遗产保护

风景园林遗产保护是对具有遗产价值和重要生态服务功能的风景园林境域保护和管理的学科。其实践对象不仅包括传统园林、自然遗产、文化遗产、文化景观、乡土景观、地质公园、遗址公园和风景名胜区等遗产地区,也包括森林公园、河流廊道、自然保护区和动植物栖息地等具有重要生态服务功能的地区。主要研究传统园林保护和修复、遗产地价值识别和保护管理、保护地景观资源勘察和保护管理、遗产地和保护地网络化保护管理、生态服务功能区的保护管理、旅游区游客行为管理等。

1.3.6 风景园林技术科学

风景园林技术科学是研究风景园林技术原理、材料生产、工程施工和养护管理的一门兼具综合性、交叉性和应用性的学科。其研究和实践主要包括风景园林建设和管理中的土方工程、建筑工程、照明工程、弱电工程、水景工程、种植技术、叠石技术、给排水工程、绿地养护、病虫害防治,以及垂直绿化、屋顶绿化、人工湿地构建、土地生态修复、湿地保护与修复、绿地防灾避险、视听环境构建及影响评价等。

1.4 风景园林学与相关学科的联系与区分

风景园林学和城乡规划学曾一度是建筑学下属二级学科,三者共同构成人居环境科学门类的学科群。学科群培育发展,以开放的学科体系构成,随着国家社会经济和科学教育事业的发展,吸纳其他学科的加入和拓展,逐步成为人居环境学科门类。

中国科学院和中国工程院两院院士、清华大学教授吴良镛先生曾在《人居环境科学导论》中定义人居环境为人类在大自然中赖以生存的,与人类生存活动密切相关的地表空间(包括生态绿地系统与人工建筑系统),同时是人类利用自然和改造自然的主要场所。人居环境科学是围绕地区的开发、城乡发展及其诸多问题进行研究的学科群,它是连贯一切与人类居住环境的形成和发展有关的,包括自然科学、技术科学与人文科学的新学科体系,涉及领域广,是多学科的结合,它的研究对象是人居环境。由此可知,建筑学、城乡规划学、风景园林学都是以建设可持续发展的宜人的居住环境为目标的学科,它们之间既相互关联,又有区别。

1.4.1 与建筑学的联系与区分

建筑学广义上来说是研究建筑及其环境的学科,也是关于建筑设计艺术与技术结合的学科,旨在总结人类建筑活动经验,研究人类建筑活动规律与方法,创造适合人类生活需求及审美的物质形态和空间环境。因此,建筑学是一门横跨工程技术(建筑技术)和人文艺术(建筑艺术)的学科,与力学、光学、声学等自然科学领域,水工、热工、电工等技术工程领域,美学、社会学、心理学、历史学、经济学、法学等人文领域有着明确的不同但又密切联系。传统建筑科学的研究对象包括建筑物、建筑群以及室内家居设计,以及城市村镇和风景园林的规划设计。随着建筑学的发展,城乡规划学和风景园林学从建筑学中分化出来,成为相对独立的学科。如今的建筑学已经包括建筑设计、建筑历史、建筑技术、城市设计、室内设计和建筑遗产保护等方向,并与城乡规划学和风景园林学共同构成综合性的人居环境科学领域。

1.4.2　与城乡规划学的联系与区分

城乡规划学是我国国民经济和社会发展的重要学科领域。经过新中国 60 年的建设培育,城乡规划学科已在全国城乡规划学术界和城乡规划建设管理业界形成庞大和强有力的支撑体系,远远跨出了原建筑学一级学科的学科范围。整体而言,城乡规划学是以城市和乡镇建成环境为研究对象,以城乡土地利用和城市物质空间规划为核心内容,结合对城乡发展政策、城乡规划理论、城乡建设管理等社会性问题的研究所形成的综合性学科。城乡规划学的研究对象主要包括以下6 个方面。

(1)区域发展与规划(宏观层面)　主要研究方向:区域发展政策、区域发展战略、区域规划与城镇化。研究内容:区域发展、城乡统筹、城乡经济学、城乡土地规划、城镇化理论、城乡发展战略等。

(2)城市规划与设计(物质关系层面)　主要研究方向:城市规划理论和方法、城市设计、乡村规划。研究内容:城市规划与设计、城乡规划理论、城乡景观规划、乡村规划与设计等。

(3)住房与社区建设规划(物质与社会层面)　主要研究方向:住房或房地产政策与规划、社区建设规划。研究内容:城市住房政策、住区开发、房地产开发和社区建设与管理。

(4)城乡发展历史与遗产保护规划(物质与文化层面)　主要研究方向:城乡历史发展与理论、城乡历史文化遗产保护规划与设计。研究内容:城乡历史发展与理论、城市建设史、城市历史文化遗产保护规划与设计、乡镇历史文化遗产保护规划。

(5)城市生态环境与基础设施规划(技术与社会层面)　主要研究方向:城乡生态规划、城乡安全与防灾。研究内容:城乡生态规划理论、乡村自然生态环

境保护规划、社会型基础设施规划、工程型基础设施规划。

(6)城乡规划管理(物质与管理层面)　主要研究方向:城乡建设管理。研究内容:城乡安全与防灾、城市建设管理、城市管理与法规、乡村建设管理。

1.4.3　与生态学的联系与区分

生态学(Ökologie)一词最早由著名的自然学家若弗鲁瓦·圣希莱尔(Geoffroy Saint-Hilaire)于 1859 年提出。1866 年,德国生物学家恩斯特·海因里希·菲利普·奥古斯特·海克尔(Ernst Heinrich Philipp August Haeckel,1938—1919)定义生态学(Ecology)为:生态学是研究生物体与其周围环境(包括非生物环境和生物环境)相互关系的科学。目前,生态学已经发展为研究生物与其环境之间的相互关系及其作用机理的学科。通常,生态学的基本原理主要包括 4 个方面内容,即个体生态、种群生态、群落生态和生态系统生态。然而,目前可能没有哪一类学科像生态学这样,试图在相当精细的程度上,面对如此繁多的研究对象,跨越如此宽广的时空尺度,包含如此之大的气候与环境梯度以及如此之多样的地貌类型。

风景园林生态学作为风景园林学的核心内容,以生态学基本原理为基础,全面系统地阐述 4 个方面的内容:①阐述风景园林生态环境因子如太阳辐射、温度、水分、土壤、大气等与风景园林植物的关系,同时阐述生态因子对风景园林植物的影响及风景园林植物对生态环境的适应性;②从生态学基础理论的角度,阐述风景园林生态学的种群、群落和生态系统相关理论;③阐述与风景园林密切相关的城市生态系统的结构、功能等,以及以城市为中心的风景园林生态系统的组成、结构、基本特征及其调节;④从实践角度出发,阐述当前广为关注的风景园林植物的生态配置,以及如何建立功能多样、稳定、协调的风景园林植物群落等。

1.4.4　与美学的联系与区分

美学(Aesthetic)是一个哲学分支学科。美学概念最早是由德国哲学家、美学家、教育学家、"美学之父"亚历山大·戈特利布·鲍姆嘉通(Alexander Gottlieb Baumgarten,1714—1762)于 1750 年提出的。鲍姆嘉通认为,需要在哲学体系中给艺术一个恰当的位置,于

是建立了一门研究感性认识的学科,称其为"Aesthetic"。"Aesthetic"一词来自希腊文,意思是"感性学",后来才翻译成"美学"。美学是研究人与世界审美关系的一门学科,即美学研究的对象是审美活动。审美活动是人的一种以意象世界为对象的人生体验活动,是人类的一种精神文化活动。美学属于哲学下级学科之一,该专业从属于哲学。要学好美学需要扎实的哲学功底与艺术涵养,它既是一门思辨的学科,又是一门感性的学科。因此,美学与文艺学、心理学、语言学、人类学、神话学等有着紧密联系。

"以铜为鉴,可正衣冠;以古为鉴,可知兴替;以人为鉴,可明得失。"从古典园林到现代风景园林,同其他文化一样,是在传承、吸收、借鉴、融合的历史氛围里走到今天的。借鉴中外园林历史发展的基本经验与教训,继承弘扬人类的优秀园林文化,为中国园林提供科学的理论和实践依据,是亟待解决的重大课题,具有重要理论价值与实践意义。总体而言,以中国古典园林和日本园林为代表的东方园林,及以伊斯兰园林、意大利园林、法国园林、英国园林和美国园林为代表的西方园林的变迁史,体现了世界风景园林的发展变化。

2.1 中国风景园林发展

人与自然环境之间关系的变化是人类劳动影响自然界变化的结果。由于人类社会与自然关系的变化呈现4个不同的阶段,园林的发展相应地经历4个阶段:第一阶段为原始社会的果木蔬园;第二阶段为奴隶社会和封建社会的古典园林;第三阶段为工业革命后的现代园林;第四阶段为第二次世界大战之后的园林城市。

2.1.1 中国古典园林

1. 中国古典园林的分类

中国古典园林由于受传统哲学思想和文化艺术的影响,形成了独具特色的风貌,在世界园林史上独树一格,成为世界园林两大造园体系中东方造园体系的典型代表。中国古典园林常表现出情景交融的意境,运用写意手法创造出自然、宁静、幽深的境界,与西方几何规整式的园林形式截然不同。

1)按照园林基址的选择和开发方式的不同,可分为人工山水园和天然山水园

(1)人工山水园 在平地上开凿水体,堆筑假山,人为地创建山水地貌,配以花木栽植和建筑营构,把天然山水风景缩移模拟在一个规模相对较小的范围内。人工山水园是中国古典艺术成就的典型代表。

(2)天然山水园 建在城镇近郊或远郊的山野风景地带,包括山水园、山地园和水景园等。

2)按照园林隶属关系的不同,可分为皇家园林、私家园林、寺观园林

(1)皇家园林 为皇帝个人和皇室所私有,古称苑、宫苑、御苑、御园、大内御苑、行宫御苑、离宫御苑等。皇家园林规模较大,在艺术风格上以庄重华丽为主,突出皇家气派。

(2)私家园林 为民间的贵族、官僚、缙绅所私有,古称为园、园墅、山池、山庄、别业、草堂等。私家园林大多由文人参与造园,更加注重抒情写意,使得文学、绘画融入园林中,在艺术上达到了非常高的境界。

(3)寺观园林 是各种宗教建筑的附属园林。基址选择在风景如画的山水胜地,建筑与自然环境巧妙结合,包括寺观内部庭院和外围地段的园林化环境。

2. 中国古典园林的发展

1)园林的生成期——殷、周、秦、汉(公元前16世纪至公元220年)

殷、周为生成期的初始阶段;秦、西汉为生成期的重要阶段;东汉是生成期向魏晋南北朝时期的过渡阶段。

(1)中国古典园林的3个源头 即圃和园、台和榭、囿和苑。

(2)影响园林向风景式发展的因素 包括以下3个。

①物质因素。为圃和园、台和榭、囿和苑的本身所具有。

②社会因素。人们对自然环境的生态美的认识——山水审美观念的确立。

③意识形态因素。天人合一思想、君子比德思想和神仙思想。

(3)生成期的园林代表　分以下3类。

①贵族园林。始自奴隶社会（殷、周）。殷、周时由帝王、诸侯、卿士大夫经营。殷、西周著名的离宫别馆有鹿台、沙丘苑台、灵台、灵沼、灵囿等。东周时的台与囿结合，以台为中心，观赏对象不仅仅只有动物，植物的观赏价值也被逐渐体现，甚至宫室和周围的天然山水都作为成景要素，游观的功能已上升到主要的地位，如楚国的章华台、吴国的姑苏台。

②皇家园林。始自秦始皇时代。秦汉时期，皇帝独裁的政治体制促进了"皇家园林"的发展。初期为皇帝王侯所专有，建筑宏伟壮观，装饰穷极奢华。上林苑、宜春苑、兰池宫等都是秦朝代表性的离宫、御苑。西汉时期，由于受"儒道互补"的意识形态影响，加上强大国力以及汉武帝本人的好大喜功，皇家造园活动达到空前兴盛。代表性宫苑有上林苑、未央宫、建章宫、甘泉宫等。其中，上林苑是中国历史上最大的一座多功能皇家园林，相当于一座大型动植物园，是一个范围极其辽阔的天然山水环境，建筑分布极其疏朗。十二处宫殿建筑群中规模最大的为建章宫（图2-1）。

③私家园林。两汉时期私家园林开始形成并有所发展，包括王侯官僚的苑囿（代表园林：西汉梁孝王刘武的兔园和东汉梁冀的苑囿）、富豪的苑囿（代表园林：西汉时茂陵袁广汉园）和文人的宅园（代表：张衡、仲长统的隐士庄园）。

2)园林的转折期——魏、晋、南北朝（220—589）

魏晋南北朝是中国历史上的一个大动乱时期，社会动荡，民生凋敝，但是思想解放和文化多元促进了艺术领域的开拓，对中国园林体系的完善产生了深远的影响。

(1)中国园林体系的建成　中国风景式园林由单纯模拟自然山水进而适当加以概括、提炼、抽象化和典型化，由再现自然进而表现自然。皇家园林的游赏功能代替了狩猎、求仙、通神的功能。私家园林作为一个独立的类型，开启了后世山水写意园林的先河，代表了这个时期造园活动的成就。寺观园林开拓了造园活动的新领域，促进了风景名胜区的开发。从此，中国园林体系逐步建成。

(2)转折期的园林代表　分以下3类。

①皇家园林。此时期典型的皇家园林代表有邺城园林、洛阳园林和建康园林。

邺城园林：邺城（今河北临漳县西）是战国时期魏国的重要城池之一。代表性的邺城园林有铜雀园、华林园。其中，铜雀园紧邻宫城，已初具"大内御苑"的规模，而华林园是皇家园林中规模最大的。

洛阳园林：魏明帝时期于东汉旧苑基址上重建的芳林园，是当时最重要的一座皇家园林，相当于"大内御苑"。芳林园的设计已有全面缩移大自然山水景观的意图，"曲水流觞"的设计手法开始出现在园林中，后因避齐王曹芳改名为华林园（图2-2）。

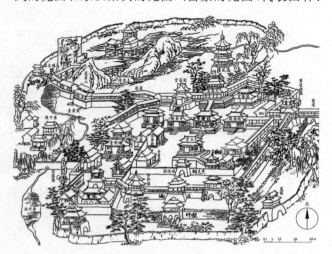

图2-1　建章宫示意图（李飚 改绘）

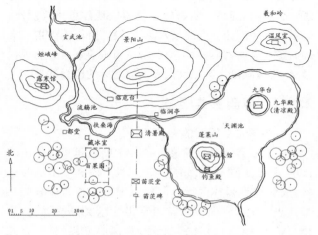

图2-2　华林园平面设想（尹怡 改绘）

建康园林:建康即今南京,皇家园林中比较著名的是华林园和乐游园。华林园作为大内御苑,与南朝的历史相伴始终。乐游园基址的自然条件十分优越,往东可借景钟山,往北紧临玄武湖。

②私家园林。从地理位置上,私家园林有两种:建在城市里或近郊的城市型私园宅院、游憩园;建在郊外的庄园、别墅。同时,也有南方与北方私家园林的差别。

城市私园:北方的张伦宅园以大假山(景阳山)作为主景,精炼而集中地表现出天然山岳形象。南方的茹法亮宅园既有辉煌殿阁的富贵气,也有山池花药的休闲池。城市私园的特点为设计精致化,规模小型化。

庄园别墅:当时北方著名的庄园别墅以西晋石崇的金谷园为代表。金谷园是一座临河的地形略有起伏的天然山水园,建造其是为了下野之后安享山林之乐趣,兼作服食吟咏。

③寺观园林。此时期战争频繁,各种宗教易于流行,思想解放,促进了本土宗教及外来宗教学说的传播。佛、道教盛行,使得宗教建筑的佛寺、道观大量兴建,并由城市逐渐流行于远离城市的山野地带,相应出现了寺观园林这个类型。它的世俗化并不直接表现宗教意味及特点,而是受时代园林艺术思潮的影响,更多的追求人间的赏心悦目、畅情抒怀。

3)园林的全盛期——隋、唐、五代(589—960)

隋、唐时期是中国封建社会走向繁荣昌盛的高峰。此时,长安和洛阳的园林,数量之多,规模之宏,显示了其泱泱大国的气概,是该时期全盛局面的集中反映。

(1)皇家园林　此时的皇家园林建设已趋于规范化,大内御苑、行宫御苑和离宫御苑已大体形成。其中,大内御苑紧邻于宫廷区的后面或一侧,呈宫、苑分置的格局。唐代长安城中的三大宫殿区史称"三大内",即西内太极宫、东内大明宫、南内兴庆宫。"三大内"既是政治活动中心,也是各具特色的园林胜区,其中建筑宏伟壮观,山水花木配置精致。与太极宫和大明宫相邻的"大内三苑"(西内苑、东内苑和禁苑)成为著名的皇家园林风景区。行宫、离宫则多建置在山岳风景优美的地带。代表性的行宫、离宫有:标志着中国古典园林全盛期到来的西苑以及华清宫、上阳宫、九成宫、翠微宫等。

(2)私家园林　盛唐以后,中国园林开始升华,由自然山水园发展到写意山水园,也称为文人山水园。园林的艺术风格焕然一新,文人将诗情画意带进园林,寓情于景,情以境出。主要以长安、洛阳为盛。私家园林类型分为以下两种。

城市私园:唐代称为山池院、山亭院。多为皇亲和大官僚所建。筑山理水追求缩移模拟自然山水、以小观大的意境,如白居易的履道坊宅园。

郊野别墅:指建在郊野地带的私家园林,通称为别业、山庄、庄,规模较小者叫山亭、水亭、田居、草堂等。有的单独建置在离城市不远处的风景优美地带,如杜甫的浣花溪草堂;有的单独建置在风景名胜区内,如白居易的庐山草堂;有的依附于庄园而建置,如王维的辋川别业。

(3)寺观园林　唐代采取"儒、道、释三教共尊"的政策,随着佛教、道教的兴盛,寺观遍布全国。此时,寺观园林从世俗化转向文人化。寺、观的建筑往往是庞大的建筑群,制度已趋于完善。寺观除进行宗教活动外,也开展社交和公共活动等世俗活动,成为城市公共交往的中心,更重视庭院的绿化和园林的经营;不仅在城市兴建,而且遍及郊野。

4)园林的成熟期Ⅰ——宋代(960—1271)

南北宋是中国古典园林进入成熟期的第一个阶段。

(1)皇家园林　宋代的皇家园林集中在东京(今河南开封)和临安(今浙江杭州),造园的规模和气魄不如隋唐,但规划设计较精致。有代表性的大内御苑有后苑、延福宫、艮岳。其中,艮岳为人工山水园(图2-3),代表宋代皇家园林风格特征和宫廷造园的最高水平。其特点为:园林掇山构思奇特,经营精心,体现了山水画论的"先立宾主之位,决定远近之形"和"主山始尊"的构图规律;大量运用千姿百态的石块;园内形成的完整水系几乎包罗了河、湖、沼、游、溪、瀑、潭等内陆天然水体的全部形态;动植物珍奇丰富;园林建筑形式体现出当时所有的建筑形式;假托道教风格,创设多样意境。

此外,有代表性的行宫御苑有琼林苑、宜春苑、金明池、玉津园,它们是当时著名的"东京四苑"。

(2)私家园林　宋代私家园林,主要分布在中原的洛阳、东京,江南的临安、吴兴、平江等地。洛阳的私家园林较多,据北宋李格非所著的《洛阳名园记》记载有

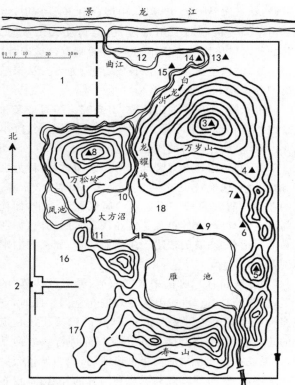

1.上清宝箓宫；2.华阳门；3.介亭；4.萧生亭；5.极目亭；
6.书馆；7.尊绿华堂；8.巢云亭；9.绛霄楼；10.芦渚；
11.梅渚；12.清漪阁；13.消闲馆；14.漱玉轩；15.高
阳酒肆；16.西庄；17.药寮；18.射圃

图2-3 艮岳平面示意图（冯永强 改绘）

19处，如环溪、湖园、富郑公园、归仁园等。其特点是：山水园形式，因高就山，因低为池；建筑依景而设，散漫自由，借景，很少叠石。江南的私家园林以吴兴园为代表，特点在于追求精炼，在小的环境内模拟大自然，假山叠石，选址依山靠水。

（3）文人园林　宋代的文人园林是对唐代文人园林进一步的传承与发展，逐渐达到兴盛。文人园林的风格特征是：简远、疏朗、雅致、天然。

（4）寺观园林　宋代寺观园林与对唐代的不同之处在于，由世俗化而进一步文人化；与私家园林之间的不同在于，只保留一些烘托佛国仙界的功能，其他功能基本已完全消失。

（5）公共园林　以东京、临安为代表。著名的"西湖十景"在南宋时已经形成。在宋代，中央官署的园林绿化很普遍，农村也有公共园林的建置，如迄今发现的

唯一一处宋代农村公共园林——浙江南溪江苍坡村。

5）园林的成熟期Ⅱ——元、明、清初期（1271—1736）

元、明、清初是中国古典园林成熟期的第二个阶段。

（1）皇家园林　元代皇家园林的建置均在皇城范围内，数量不多，主要一处为在金代大宁宫的基址上拓展的大内御苑，沿袭了皇家园林的"一池三山"传统模式。明代皇家园林的建设重点也在大内御苑，规模趋于宏大，突出皇家气派，带有更多的宫廷色彩。其中，少数建在紫禁城内廷（紫禁城内大内御苑仅有御花园和慈宁宫花园两处），几座主要的大内御苑都建在紫禁城外、皇城内的地段（如西苑、万岁山、兔园、东苑）。清初皇家园林的重点在离宫御苑，主要成就：融糅江南民间园林的意味、皇家宫廷的气派、自然环境的生态美为一体。此时期皇家园林更加突出宏大规模和皇家气派。明清第一座行宫御苑是畅春园，第二座是避暑山庄，第三座是圆明园。这三座是中国古典园林成熟时期著名的皇家园林。

（2）私家园林　江南的私家园林是中国古典园林后期发展史上的一个高峰，代表了中国风景式园林艺术的最高水平，以扬州私园和苏州园林为典型代表。其中，扬州的江南名园有影园、休园、嘉树园、五亩之园；而苏州著名园林主要有沧浪亭（图2-4）、狮子林（图2-5）、拙政园（图2-6）、留园（图2-7）。

6）园林的成熟后期——清中期、清末（1736—1911）

清代乾隆期是皇家园林鼎盛时期，它标志着康、雍以来兴起的皇家园林建设高潮的最终形成。

（1）皇家园林　此期，代表性的大内御苑有西苑、慈宁宫花园；代表性行宫御苑有静宜园、静明园；代表性离宫御苑有圆明园、避暑山庄、清漪园（颐和园）。

西苑：琼华岛婉约而又端庄，其北坡模拟镇江北固山"江天一览"之景。整个岛屿四周因地制宜创造不同的景观，规划设计匠心独运，是北京皇家园林造景的一个杰出作品。

慈宁宫花园：规整式布局，建筑密度低；古树参天，严肃清雅。

静宜园：是著名的三山五园皇家园林之一。位于香山东坡，共有大小景点50余处，是一座雄浑大气的大型山地园，也相当于一处园林化的山岳风景名胜区。

静明园：位于玉泉山，山形秀美、林木葱翠，是一座以山景为主兼有小型水景的天然山水园。

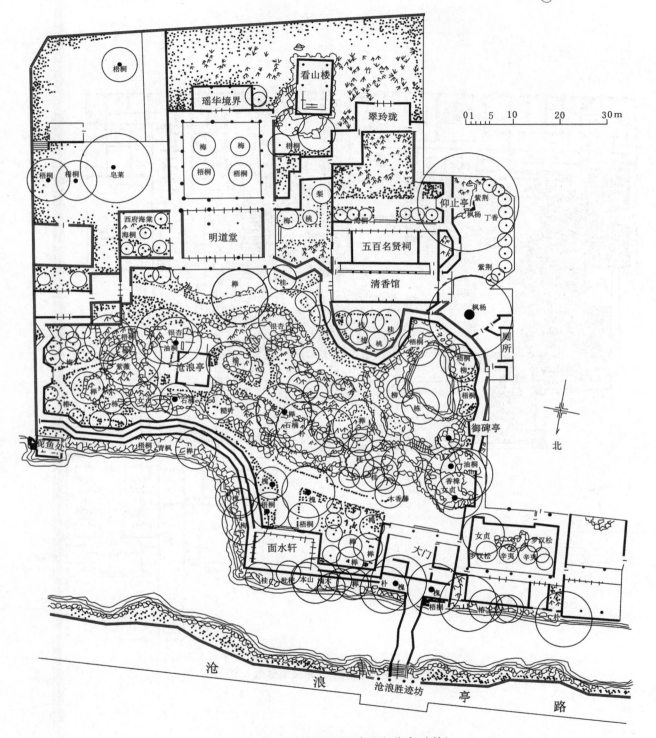

图 2-4　沧浪亭平面图（李飚和孙凌 改绘）

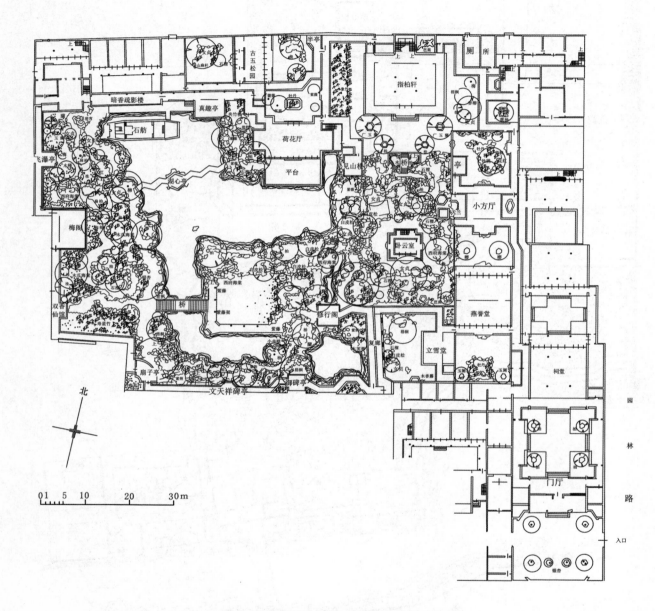

图 2-5 狮子林平面图(李飚和周韬 改绘)

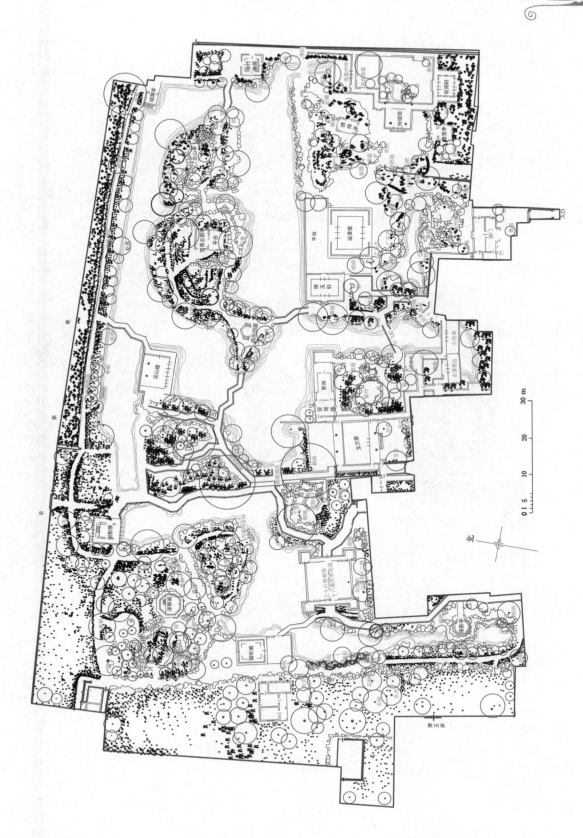

图 2-6 拙政园平面图（刘梓良和刘干睿 改绘）

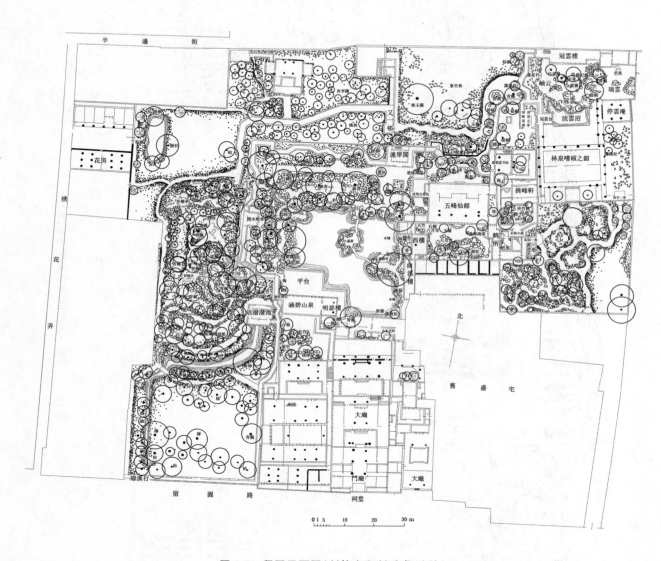

图 2-7　留园平面图(刘柿良和刘千睿 改绘)

圆明园：是一座平地起造的人工山水园，是清朝五代皇帝倾心营造的皇家宫苑，由长春园、绮春园、圆明园三园组成，被世人称为"万园之园"。各园本身的风景园林设计及它们之间联系的安排经营都体现出园林匠师们的智慧。各园景色不同，各有宫门和殿堂，形成园中有园的景观布局，是"园中有园"的集锦式规划的代表，颇具江南水乡景观的特色(图 2-8)。圆明三园模拟江南风景的意趣，借用前人的诗、画意境，再现神仙境界，运用象征和寓意的方式来宣扬有利于帝王封建统治的意识形态；以植物造景为主要内容，或者突出某种观赏植物的形象、寓意。

图 2-8　圆明园远瀛观遗址

避暑山庄：是清代皇帝夏天避暑和处理政务的场所(图 2-9)。总体布局为前宫后苑，包括三组平行的院落建筑群。苑林区的三大景区——湖泊景区、平原景区、山岳景区，形成鼎足而三的布局。湖泊景区具有浓郁的江南情调，平原景区宛若塞外景观，山岳景区象征北方的名山，是移天缩地，荟萃南北风景于一园之内的杰作。

清漪园(颐和园)：是以万寿山、昆明湖为主体的大型天然山水园。清漪园的布局与设计以杭州西湖为蓝本，形成山嵌水抱的形态，宽广的昆明湖是布置景物的最好基础。总体分为宫廷区、万寿山和昆明湖。景点以万寿山脊为界分前山前湖景区和后山后湖景区(图 2-10)。园中主体建筑佛香阁是全园构图中心，全园水面积约占总面积的 4/5。颐和园是汲取江南园林的设计手法而建成的一座大型山水园林，也是保存最完整的一座皇家行宫御苑，被誉为"皇家园林博物馆"。

1.丽正门；2.正宫；3.松鹤斋；4.德汇门；5.东宫；6.万壑松风；7.芝径云堤；8.如意洲；9.烟雨楼；10.临芳墅；11.水流云在；12.濠濮间想；13.莆田丛樾；15.萍香泮；16.香远益清；17.金山亭；18.花神庙；19.月色江声；20.清舒山馆；21.戒得堂；22.文园狮子林；23.殊源寺；24.远近泉声；25.千尺雪；26.文津阁；27.蒙古包；28.永佑寺；29.澄观斋；30.北枕双峰；31.青枫绿屿；32.南山积雪；33.云容水态；34.清溪远流；35.水月庵；36.斗老阁；37.山近轩；38.广元宫；39.敞晴斋；40.含青斋；41.碧静堂；42.玉岑精舍；43.宜照斋；44.创得斋；45.秀起堂；46.食蔗居；47.有真意轩；48.碧峰寺；49.锤峰落照；50.松鹤清越；51.梨花伴月；52.观瀑亭；53.四面云山

图 2-9　避暑山庄平面图(尹怡 改绘)

图 2-10　颐和园鸟瞰图(引自清铜版画《颐和园》)

(2)私家园林　在众多地方园林风格中，江南、北方、岭南三大地方风格特色突出，集中反映了私家园林的精华所在。

①江南私家园林。是开池筑山为主的自然式风景山水园林。主要特点体现在：平面布局灵活，建筑体量小巧，色彩淡雅。苏州四大名园为：留园(图

2-11)、网师园(图 2-12)、拙政园(图 2-13)、狮子林
(图 2-14)。其中,拙政园是苏州园林的优秀实例,
全园包括西部补园、中部拙政园、东园三部分,呈前
宅后园格局。东部景观稀疏,以水为全园纽带和灵
魂,面积约占全园面积 1/3。中部为典型的多景区、
多空间复合的大型宅院,有山水为主的开敞空间,有
山水与建筑相间的半开敞空间,也有建筑围合的封
闭空间。主要景观有远香堂、小飞虹、香洲、荷风四
面亭。西部以水池为中心,水面呈曲尺形,以散为
主、聚为辅,理水的处理与中部截然不同,主要景观
为与谁同坐轩。

图 2-12 网师园(引自苏州市网师园管理处)

图 2-11 留园(引自丁绍刚《风景园林概论》)

图 2-13 拙政园(引自苏州拙政园管理处)

图 2-14 狮子林

此外，还有苏州怡园（图 2-15）和扬州个园（图 2-16）。怡园建于清代晚期（1874—1882）。浙江宁绍台道顾文彬在明代尚书吴宽旧宅遗址上，经过九年的建设，取《论语》"兄弟怡怡"句意，名曰怡园。该园由顾承主持营造，画家任阜长、顾芸、王云、范印泉、程庭鹭等参与设计。入园即为东部，以庭院、建筑为主。循曲廊南行经玉延亭，折向西北，至四时潇洒亭。廊由此分

为两路：一路西行经玉虹亭、石舫、锁绿轩，出复廊北端院洞门，达西部北端假山；另一路南下至坡仙琴馆、拜石轩，再西行由复廊南端可进入西部。扬州个园以竹石为主体，其中最负盛名的是个园的假山堆叠精巧：运用不同的石头搭配不同的植物，分别表现春、夏、秋、冬景色的"四季假山"。

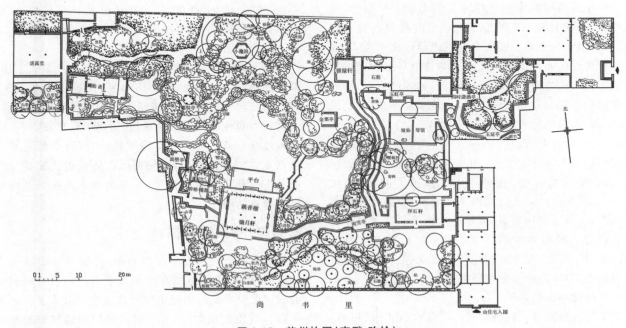

图 2-15　苏州怡园（李飚 改绘）

图 2-16　个园（引自扬州市个园管理处）

②北方私家园林。类型为王府花园、会馆园林。代表性园林有半亩园、萃锦园。北方园林的特点主要体现在：平面布局比较严谨；体量比较庞大；色彩比较丰富。因此，敦实、厚重、封闭、富贵气固存，而庸俗之处也难免。

③岭南私家园林。粤中四大名园为顺德的清晖园、东莞的可园、番禺的余荫山房、佛山的梁园。岭南私家园林的特色在于：平面布局均为有韵律地接踵而成；体量比较轻盈舒展；色彩比较瑰丽鲜艳。

3. 中国古典园林的特点

中国古典园林自诞生以后，在特殊的历史文化背景下发展，把自然与人造的山水、植物及建筑融为一体。中国园林历史悠久，内涵丰富，具有以下几个特点。

1）本于自然，高于自然

自然风景以山和水为地貌基础，植被作装点。在

造园艺术上师法自然:并不是简单地利用或者模仿这些构景要素的原始状态,而是有意识地改造、加工,从而展示出一个精炼浓缩的自然、典型化的自然。以筑山、理水、植物配置等方式,在有限的空间表现自然的变化万千。例如,人工理水务必做到"虽由人做,宛自天开"等技法。

2)建筑美与自然美有机融合

中国古典园林中的建筑与其他要素有机融合,彼此协调、相互补充,强调"天人合一"的境界。建筑把山、水、植物、鸟兽等造园要素有机地组合在一起,从而在园林的总体布局上达到人工美与自然高度和谐的境界。园林中的建筑,其形和神都与自然环境吻合,同时又使园内各部分自然协调相接,以使园林体现自然、淡泊、恬静、含蓄的艺术特色。

3)浓郁的诗情画意

中国古典园林与文学、书画密不可分,"造园如做诗文,必使曲折有法,前后呼应""以画入园,因画成景"。诗情是指将前人诗文的某些境界、场景在园林中表现出来,或者利用景名、匾额等文学手段对园景作直接的点题。对树木花卉等处,重视文人墨客喜爱的"古、奇、雅、秀"。在姿态和线条方面,不仅表现出自然天成之美,也表现绘画的浓厚意趣。

4)深邃高雅的意境

中国古典园林不仅利用具体的景观(山、水、植物、建筑等)再现自然,而且还通过文学艺术方式(以具体的文字方式如园名、景题、匾额、刻石)来表达深邃的园林意境。这是典型的"寓情于景",能够"触景生情"。正是由于中国的文学、书法艺术与园林艺术的结合,园林意境获得了更多的表现手法,达到了深邃而高雅的境界。

2.1.2 中国近代园林

中国近代园林发展于第一次鸦片战争至辛亥革命期间(1840—1912)。

1. 近代园林特色及产生原因

近代中国,社会崇尚西方文化,园林也不例外。规划、构图呈对称的几何式,雕塑、喷泉等新式小品出现。随着城市公园的出现,园林逐渐成为平民游憩之处。近代公园的建造吸收了西方园林思想的合理内核,具备游赏、健身、教育等公共设施,形成集休闲、娱乐、教育于一体的新式园林。不过,中国近代园林大多数是由传统的私家园林、历史风景名胜区改建、扩建而成的,继承了自然山水的传统形式。

2. 中国近代园林代表

1)城市公园——大众理念的倡导

黄浦公园始建于1886年,是上海乃至中国第一座公共园林,按照英国自然式风景园风格设计,是上海滩第一家正式公园。园中布置不仅有音乐台、西式亭子、草地、座椅、喷泉、雕像,还引入了欧洲花卉品种,可以看出黄浦公园具有"西洋属性"。

2)租界园林——西洋文化的植入

潮阳西园是岭南著名古典园林,由邑人萧钦创建、萧眉仙设计。该园始建于1898年,历经十余载竣工。在造园技艺方面,西园既继承了岭南传统庭园的精髓,又对西方园林形式模仿借鉴,并运用了近代新材料、新技术进行创新。独特的空间布局、中西合璧的造园手法以及先进的技术手段,使西园在岭南近代园林发展史中占有相当重要的地位,并成为粤东地区乃至岭南近代著名私园。

2.1.3 中国现代园林

随着城市公园逐步发展起来,特别是新中国成立之后,各地城市公园、绿地系统以及自然风景区得到空前的建设与发展。中国现代园林基本上沿袭了中国古典园林的建置理念,凸显皇家园林的磅礴气势及私家园林的宁静深远,以为人民服务为原则,更具现代理念与科学思想。中国现代园林也继承了中国古典园林的高超艺术成就,将大自然的山水、花木浓缩在小范围空间中,通过总体布局、山石布置、道路设计、植物配置再现自然之美。

1)中国现代园林的发展

中国现代园林的发展包含传统园林、城市园林绿地系统和大地景观规划3个层次,已初步形成以生态园林、城市系统绿化、风景园林设计等为基础的,具有中国特色的,符合现代园林发展的大园林理论。该理论的核心是园林不仅仅是公园建造、城市园林绿地系统规划,更是一个城市、区域乃至整个国土的大地景观规划,要实现的是城市、区域乃至整个国家的园林化。大园林是园林生态功能、艺术功能和使用功能的和谐统一,是城市建筑、城市设施与园林艺术的和谐统一,是人与自然的和谐统一,从而达到城市规划、建筑设计和园林设计三位一体,创造人性化的、生态的、艺术的人居环境。

2）现代园林的特点

现代园林的特点主要凸显于对传统材料的继承与扬弃。传统材料如石材、水、土、植物等为古代园林中常使用的材料，在现代园林中依然发挥着重要作用，而且在园林中的应用也越来越普遍。同时，随着结构工程材料，如钢筋混凝土等现代工程材料的出现，石材的应用逐渐减少。除了工程材料，新工艺材料在现代园林中不断涌现，特别是建筑物、构筑物的装饰材料。中国现代园林更多地以混合式布局的形式表现，这种布局模式适应现代人口密集的现状及现代工业化的规整，又继承了中国传统的山水文化，是对中国传统园林的有机更新。

2.2　日本风景园林发展

日本园林与中国园林同为东方园林的两枝奇葩。两者之间存在着深深的渊源关系。相比中国园林，日本园林善于吸收先进文化并与之交融，从而形成具有历史复合变异性的特点。具体而言，飞鸟·奈良时代是引入中国式自然山水园的时期，平安时代是日本园林形成时期和三大园林（皇家、私家和寺院园林）的个性化分道扬镳时期，镰仓·南北朝时代和室町时代则是寺院园林的发展期，安土桃山时代是茶庭露地的发展期，江户时代是茶庭、石庭与池泉园的综合期，而现代的日本园林是一个传统与西方融合的新时期。

2.2.1　日本古典园林

1. 飞鸟·奈良时代日本园林

飞鸟·奈良时代（593—784），由于受中国盛唐文化中汉代佛教及园林艺术的影响，日本宫廷、贵族中出现了中国式园林——池泉式园林，即池泉庭园。该类庭园模拟海景和山，有水池，中设岛。代表作品是奈良中心三条二坊，平城宫东庭园以广袤的水面为中心，无墙无门的干阑建筑立于水中，突于水面上，园内东南小山上建有楼阁，其间半岛状的沙洲逶迤伸展于湖面上，沙洲汀岸上立颜色不一的庭石（图 2-17）。

2. 平安时代日本园林

平安时代（784—1185）是从桓武天皇迁都平安京（京都）开始的，到源赖朝建立镰仓幕府一揽大权为止。此时期是日本园林史的辉煌时期，以舟游式池泉庭园

图 2-17　奈良中心三条二坊平面图（王涛　改绘）

的发展为代表。由于受中国唐文化和汉代佛教的影响，日本文化摒弃完全模仿，由汉风文化向和风文化过渡。平安时代日本园林的特点主要体现在园林艺术中类型和形式的差异上。

（1）私家园林　此时，日本出现了宅院形式的寝殿式庭园。寝殿式庭园分为三部分：寝殿造建筑、一露地、一池岛。

（2）皇家园林　水面较大，可行舟。代表园林有神泉院、朱雀院、云林院、淳和院、嵯峨院。

（3）寺院园林　受中国道家神仙思想和中国汉代佛教净土宗（汉传佛教十宗之一）的影响而形成的净土宗庭园。该类园林带有宗教意义，通常面积较大，以自然式风景园为主体，不仅有池、泉、岛、树、桥，还有亭台、楼阁等，寺院中大门、桥、中岛、金堂、三尊石共处一轴线上。代表园林为毛越寺庭园。

3. 镰仓·南北朝时代日本园林

镰仓时代（1185—1333）是幕府建立在镰仓（今神奈川县镰仓市）的日本历史时代，而南北朝时代（1336—1392）是日本历史上一段分裂时期。此时期日本传统的贵族文化开始衰落，武士文化迅速成长，开始了武士执政的历史。日本园林的设计思想是寝殿造园

林的延续,寺院园林也是净土园林的延续。只是到了镰仓后期,中国元朝禅宗传入日本,政权的不稳定使人们更多地用佛教禅宗的教义来指导现实生活,追求于深山幽谷中参悟,强调内在精神,从而形成禅宗园林,枯山水即是其中一种形式。

枯山水是指在没有水源的条件下,通过细沙、碎石的结合达到模拟水景的效果,其中的"水"通常由沙石表现,而"山"通常用石块表现。也有用植物替代沙的,叫作植物枯山水。枯山水通常分为两种:一种是在庭内堆土、叠石,成山或成岛,使其富于变化;另一种是在平坦的庭内点置、散置、群置山石。最著名的作品为天龙寺庭园和西芳寺庭园(图2-18)。

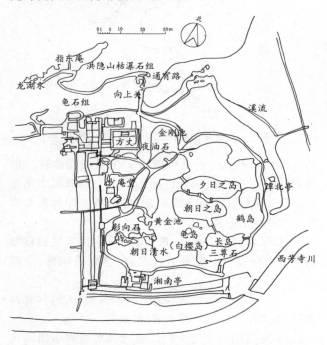

图2-18　西芳寺庭园平面示意图(赵予頔 改绘)

4.室町时代日本园林

室町时代(1336—1573)是日本历史中世时代的一个划分,名称源于幕府设在京都的室町。该时期"寝殿造型"逐渐消失,"书院造建筑"出现,空间划分采用非对称式,内部空间可分合,由柱支撑,分隔灵活。内外通过桥廊过渡和联系,敞廊前为枯山水,以"席"为单位,盘地而坐,有乡土风格。书院造后期枯山水成为一种象征写意式的园林。代表作品有大德寺大仙院,其面积仅约99 m²。大仙院是十分具象和有动感美的庭园,它的特点是庭园平面为L形,分为南、东两庭,两庭

皆为独立式枯山水,南庭无石组,皆为白沙;东庭则按中国立式山水画模式设计成二段枯瀑布,以沙代水,"流水"过石桥弯曲缓缓流去。大仙院是受水墨画家影响极为典型的枯山水代表庭园。另一个是平庭枯山水式庭院最为著名的代表作——龙安寺方丈南庭(图2-19)。它借鉴中国水墨画表现技法,以岩石、白沙、青苔等作素材,采用象征主义和抽象主义的表现手法将三者巧妙组合起来,不种一草一木,却能摹写自然万物,体现了日本艺术的纯粹性。

图2-19　龙安寺方丈南庭(引自张祖刚《世界园林发展概述》)

5.安土桃山时代日本园林

安土桃山时代又称织丰时代(1568—1603),该时期出现了以"茶庭"作为茶室的辅助庭园,其起源与"茶道"相关,来源于禅宗。所谓"茶道",即品赏茶的美感之道。"茶庭"主要包括茶室建筑和茶室园林。

(1)茶室建筑　草庵式建筑,面积较小,屋顶覆草。

(2)茶室园林　常布置石灯笼、石水钵等,种植常绿树木,大面积为草地或绿苔,开花植物常用梅等。

6.江户时代日本园林

江户时代(1603—1868)是日本历史上武家封建时代的最后一个时期,也是日本园林的黄金时期,此期发展了新的园林形式——洄游式庭园。该类型园林建造摆脱了宗教的影响,造园园林大型化,园林功能多样化,造园思想及风格多元化。这也是江户时期园林的主要特征。

2.2.2　日本近现代园林

1.明治时代日本园林

明治时代(1868—1911)是革新的时代,因西洋造园法的引入而产生了公园,缓坡草地、花坛、喷泉及西洋建筑等在园林中被广泛运用。其中,寺院园林受贬

而停滞不前,神社园林得以发展,私家园林以庄园的形式存在和逐步发展。此时期的公园来源有3种:一是古典园原封不动地改名为公园,二是古典园经改造后更名为公园,三是新设计的公园。

2. 大正时代日本园林

大正时代(1911—1925)园林的发展主要在于私家宅园和公园。此时期的园林具有主人意志和匠人趣味,传统茶室、枯山水与池泉园任意组合。西洋风在此时发扬光大。同时,园林研究和教育发展迅速,造园领域涌现出一批本土造园家。

3. 昭和时代日本园林

昭和时代(1925—1988)园林发展分为第二次世界大战战前、战时、战后三个时期。日本园林的飞速发展随着全面侵华战争开始而停止。战争结束后,日本掀起了全面建设公园的热潮,各种公园绿地普遍发展。

4. 平成时代日本园林

平成时代(1989—2019)是日本后现代建筑时代。日本现代风景园林设计师很好地继承了日本传统园林思想,并大量地借鉴了西方的造园手法,与现代风景园林设计理论相结合,实现了东西方的融合,形成了日本现代园林。日本现代园林中既有西方现代现实主义精神,又蕴含尽虚空灵的东方抽象境界。

2.3 西方风景园林发展

2.3.1 伊斯兰园林

伊斯兰园林是世界三大园林体系之一,是古代阿拉伯人在吸收两河流域和波斯园林艺术基础上创造的。

1. 波斯伊斯兰园林

1)波斯伊斯兰园林形成背景

波斯的造园是在气候、宗教、国民性这三大因素影响下产生的。波斯地处风多荒瘠的高原地区,因此水成为造园中最重要的要素。古波斯人信奉拜火教,认为天国中有金碧辉煌的苑路、果树、盛开的鲜花及用钻石和珍珠造成的凉亭。征服波斯的阿拉伯人也在拜火教中宣传穆罕默德的宗教信仰,认为天国本身就是一个巨大的庭园。中世纪的波斯庭园中有果树和花卉,设置有凉亭,还将数个庭园相互连接在一起。同时,波斯人都喜欢绿荫树,这也是国民性的最好体现。

2)波斯伊斯兰园林特点

地毯式的园林是波斯伊斯兰林不可或缺的部分。其园林布局规整,中央为矩形水渠,四股流水从中涌出,两条垂直相交;高于庭园地面的苑路将园林分为4块规则区域,区域间通过小沟渠浇灌;在苑路的焦点上设置用花砖镶边的浅水池或爬满藤蔓的凉亭。波斯伊斯兰园林总体呈现亲切、精致、静逸的特点。

2. 西班牙伊斯兰园林

1)西班牙伊斯兰园林概括

阿拉伯人在697年进入西班牙半岛,统治该半岛直至8世纪。在此期间,西班牙的文化受到了很大影响。阿拉伯人大力移植西亚,尤其是波斯、叙利亚的地方文化。庭园中虽然引进一些外国植物,但在造园上仍以西班牙的阿拉伯式造园为主,从而创造了富有东方情趣的西班牙阿拉伯式造园。

2)西班牙伊斯兰园林实例

(1)阿尔罕布拉宫苑 阿尔罕布拉宫苑(Alhambra Palace)为中世纪摩尔人在西班牙建立的格拉纳达埃米尔国(Emirate of Granada)的王宫。该宫殿建造在格拉纳达的一座海拔700多米高的山丘上,其建筑与庭园结合,具有无与伦比的神秘而壮丽的气质。

(2)桃金娘宫庭院 桃金娘宫庭院(西班牙语:Patio de los Arrayanes)是最大的一个院落,极其简洁,东西宽33 m、南北长47 m,是近似黄金分割比的矩形庭院(图2-20)。正殿是皇帝朝见大使举行仪式之处。庭院为南北向,两端柱廊是由白色大理石细柱托着精美阿拉伯纹样的石膏块贴面的拱券,显得轻快活泼。中央大水池几乎占据了庭院面积的1/4,水池两侧为桃金娘绿篱带。

图2-20 桃金娘宫庭院

(3)狮子宫庭院 狮子宫庭院(西班牙语:Patio delos Leones)是第二大庭院,也是最精致的一个。周围是一圈拱廊,十字形的水渠将庭院四等分,中心是圆形承水盘,下为12个精致的石狮雕像,由狮口向外喷水,成为庭园的视线焦点,形成高潮(图2-21)。

图 2-21　狮子宫庭院

(4)达拉克萨花园　该花园又名柏木院,为近方形庭院,空间小巧玲珑。花园中央八角形的盘式涌泉,呈现出典型的伊斯兰图案。环绕中央喷泉布置规则式的各种花坛,以黄杨(*Buxus sinica*)绿篱镶边。庭中植物种植十分精简,只有四角耸立着4株高大的意大利柏木(*Cupressus sempervirens*)。

(5)格内拉里弗花园　格内拉里弗花园建造在格拉那达城的塞洛·德尔·索尔的山坡上,它是西班牙最美的花园,也是欧洲乃至世界上最美的花园之一。该花园规模并不大,采用典型的伊斯兰园林的布局手法,将山坡辟成8个台层,依山势而下,在台层上又划分了若干个主题不同的空间。

①水渠中庭。又名里亚德院,其三边为建筑物,一边为拱廊的狭长的主庭园。中央狭长水渠纵贯全园,水渠两端设置有形同莲花的"莲花喷泉"。从水渠中庭西面的拱廊中可以看到西南方150 m开外的阿尔罕布拉宫的高塔。

②柏树院。又称罗汉松中庭,庭内高高的挡土墙边挺立着数棵罗汉松(*Podocarpus macrophyllus*)古树,水渠在此处变为U形。庭中无华丽的装饰,但是空间处理手法精细,风格朴实。

3. 印度伊斯兰园林

1)印度伊斯兰园林的类型

16—17世纪,印度的伊斯兰园林达到鼎盛时期。印度伊斯兰园林的类型主要包括宫苑、庭园、陵园。其中,泰姬陵是典型的伊斯兰园林,位于长583 m,宽304 m的长方形地段,环绕以红砂石墙。其中心位置是取代水池和凉亭的陵墓建筑,陵墓四周沿轴向的十字形路把陵园分为四大块花园,然后再将每块划分,陵园中的树木花卉非常茂盛。泰姬陵的特点在于陵墓后置,而正方形的花园前置,使花园本身的景观完整性得到保证,同时也为高大的陵墓建筑提供了应有的观赏距离(图2-22)。

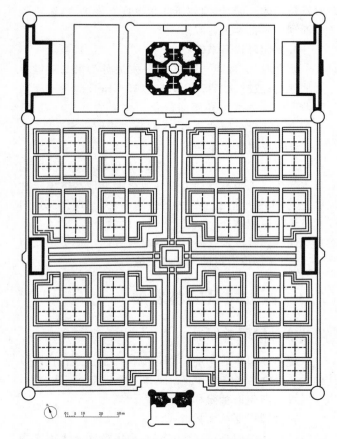

图 2-22　泰姬陵平面图(赵予頔 临摹绘制)

2)印度伊斯兰园林的特点

伊斯兰园林从西班牙到印度是一致的,都以波斯园林为蓝本,其客观条件和气候大致一样,都是干旱少雨。伊斯兰教世界观认为世界是形和色的世界,表现在园林艺术上是追求单纯的几何性、地毯式的花坛和鲜艳的色彩。伊斯兰园林布局简单,以树种绿化庭园为主,风格亲切、精致、静谧,与意大利和法国园林不同,没有大量使用雕刻,强调图案的重要和线条的精美及比例的和谐。

2.3.2 意大利园林

1)意大利园林发展概况

由于地理位置和自然条件的影响,意大利庄园大都建立在丘陵山坡上,一方面便于因借四周美景,另一方面利用清凉的海风形成宜人的园林环境。随着文艺复兴的推进,经济发展、文化繁荣,产生了初期人文主义(简洁)、中期风格主义(丰富)和后期巴洛克式(装饰过分)等园林风格。

2)意大利园林特点

(1)文艺复兴初期意大利园林风格特征 文艺复兴初期多流行"美第奇式"园林,选址注重丘陵地和周围环境,要求远眺、俯瞰等借景条件;没有明显的中轴线;建筑、水池、绿丛植坛等设计都比较简单大方。以喷泉水池作为局部中心,并与雕塑结合,注重雕塑本身的艺术性。水池形式简洁,理水技巧也不甚复杂。绿丛植坛图案简单,多设在下层台地。代表作品有菲耶索勒美第奇庄园(Villa Medici, Fiesole)(图2-23)。此外,还产生了用于科研的植物园,如帕多瓦植物园和比萨植物园。

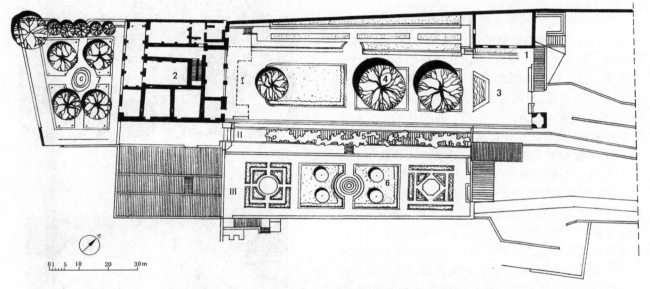

Ⅰ.上层台阶;Ⅱ.中层台地;Ⅲ.下层台地;
1.入口;2.府邸建筑;3.水池;4.树畦;5.廊架;6.绿丛植坛;7.府邸建筑后的秘园

图2-23 菲耶索勒美第奇庄园平面示意图(尹怡 临摹绘制)

(2)文艺复兴中期意大利园林风格特征 此时多流行台地园林,其选址也重视丘陵山坡,依山势辟成多个台层。园林规划布局严谨,有明确的中轴线贯穿全园,以联系各台层,使之成为统一的整体。建筑处于园地的最高处,庭园作为建筑室外延续部分,轴线有时分主、次轴,甚至不同的轴线呈垂直、平行或放射状。中轴线上多以水池、喷泉、雕像以及造型各异的台阶或坡道等加强透视效果,景物对称布置在中轴线两侧各台层上,常以多种水体造型与雕塑结合作为局部中心。此期园林的理水技巧已十分娴熟,植物造景日趋复杂。代表作品有玛达玛别墅园、兰特庄园、埃斯特庄园(图2-24)。

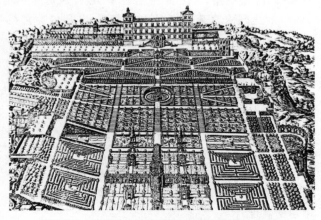

图2-24 埃斯特庄园全景示意图(干佳钰 改绘)

（3）文艺复兴后期意大利园林风格特征　此期主要流行巴洛克式园林，园林艺术追求新奇，表现手法夸张，并在园林中充满装饰小品，特别是绿色雕塑图案和绿丛植坛的花纹日益复杂精细。园中的林荫道纵横交错，甚至采用三叉式林荫道布置方式，对植物进行修剪及大量使用造型树种，花园的形状也从正方形变成了矩形。代表作品有阿尔多布兰迪尼庄园、伊索拉·贝拉庄园、冈贝里亚庄园等。

2.3.3　法国园林

1) 法国园林发展概况

法国以平原为主，多属海洋性温带气候，辽阔的平原、肥沃的农田、纵横交错的河流及大片的森林，构成法国国土的主要景观特色，对园林风格的形成具有较大影响。文艺复兴运动之前，法国园林多为寺院及贵族庄园，是以果园、菜圃为主的实用性庭园。文艺复兴时期，受意大利台地造园技术影响，法国建造了一些文艺复兴式样的园林，并开始努力探索真正的法国式园林。到16世纪下半叶，法国的文艺复兴园林取得了长足进步，不仅将意大利的造园手法运用得更加娴熟，而且尝试根据本土情况进行创新。到16世纪末，随着一批倡导园林艺术更新的造园先驱的出现，法国园林的发展逐渐进入到古典主义时期。其中最具时代特征的是造园师之王安德烈·勒诺特尔（André Le Nôtre）开创的勒诺特尔式园林，它的出现标志着法国园林艺术的成熟和真正的古典主义园林时代的到来。通常，勒诺特尔式园林分为宫苑园林、府邸花园和公共花园3种类型。

（1）宫苑园林　代表性园林有凡尔赛宫苑（图2-25）、特里阿农宫苑和枫丹白露宫苑，以凡尔赛宫苑最为著名。

（2）府邸花园　以沃勒维贡特府邸花园（图2-26）、尚蒂伊府邸花园和索园为杰出代表。其独特之处是宽敞辽阔，并非巨大无垠。各造园要素布置合理有序，刺绣花坛占地很大，配以喷泉，在花园的中轴上，具有突出主导地位；地形经过精心处理，形成不易察觉的变化；水景具有贯穿并联系全园的作用，并在中轴线上依次展开。环绕花园整体的绿墙，美观大方。整齐而协调的序列，适当的尺度，对称的规则，皆达到难以逾越的高度。

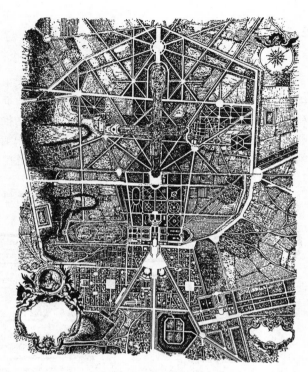

图 2-25　凡尔赛宫平面示意图（干佳钰 临摹绘制）

图 2-26　沃勒维贡特府邸花园

（3）公共花园　代表性公共花园是巴黎的丢勒里花园，它是法国历史上第一个公共花园。花园与宫殿统一起来，宫殿前面建有图案丰富的大型刺绣花坛，形成建筑前一个开阔的空间。刺绣花坛后面是茂密的陵园，由16个方格布置在中轴两侧，陵园中以草坪和花灌木为主。花园中轴上建有几何图形的泉池，以增加欢快的气氛。在花园两侧和中轴两端增加台地与坡道，加强了地形变化，使花园魅力倍增。

2)法国古典主义园林特点

法国古典园林中各园林要素的协调组织铸就了其"伟大的风格"。勒诺特尔成功地以园林艺术的形式(均衡稳定的构图和庄重典雅的风格),表现了皇权至上的主题思想。在总体布局上,府邸总是全园的中心,通常建造在地势的最高处,起着统帅作用,而刺绣花坛有着举足轻重的作用,成为全园的构图核心。法国古典主义园林是作为府邸的"露天客厅"来建造的,艺术地再现了法国国土典型的领土景观,特别是运用水镜面、大水渠、乡土植物等,并在宫殿前方开辟出直至地平线的深远透视线,展现出意大利园林中不曾见到的恢宏场面。

2.3.4　英国园林

1)英国园林发展概况

英国园林是欧洲造园领域里的一个特殊分支。它一反近千年来欧洲园林由规则式统治的传统,开创了欧洲不规则式造园的新时尚。英国风景式园林的产生与其本身的自然地理条件有着密切的关系。英国气候潮湿多雨,对植物生长,尤其是草本植物生长十分有利,因而草坪地被植物无须精心浇灌即可碧绿如茵。地形地貌以起伏的丘陵为多,这种地形特点更适合自然式风景。启蒙思想家在英国起到了相当重要的作用,他们主张回归自然,反对园林中一切不自然的东西。同时,由于受到中国园林的影响,英国风景园更多地模仿自然、再现自然。

2)英国风景园林的代表人物及作品

(1)查理·布里奇曼(Charles Bridgeman,? —1738)　布里奇曼是自然风景式园林的实践者,是使规则式园林向自然式园林过渡的典型人物,其作品被称为"不规则化园林"。运用非整齐对称的方式种植树木,抛弃了植物造型运用。在扩大空间感方面有独到之处,首创了被称为"哈哈"(ha-ha)的隐垣,它既可以起到区别园内外、限定园林范围的作用,又可防止园外的牲畜进入园内。而在视线上,园内与外界却无隔离之感,极目所至。代表作:白金汉郡斯陀园的改造设计。

(2)威廉·肯特(William Kent,1686—1748)　肯特彻底摒弃规则式园林的设计手法,将尚未完善的风景式园林体系完善化,成为自然风景园真正的创始人。他善于以细腻的手法处理地形,经他设计的山坡和谷

地高低错落有致,毫无人工雕琢的痕迹。他十分重视自然野趣景观,核心思想是模仿并再现自然,在园中布置荒漠、沼泽。代表作:切斯威克府邸花园、罗珊姆花园和斯陀园的改造。

(3)兰斯洛特·布朗(Lancelot Brown,1715—1783)　布朗是肯特的学徒,早期跟随肯特在斯陀园工作,直到1741年布朗被任命为首席造园师。布朗改造设计的园林遍布全英国,他是风景式园林的代表人物之一,被誉为"大地的改造者"。他追求辽阔的风景构图,并在追求变化和自然野趣之间寻找平衡点;擅长处理园林中的水景,以蜿蜒的蛇形湖面和非常自然的护岸为其造园特色。代表作:斯陀园的改造设计(图2-27)、布伦海姆的改造设计。

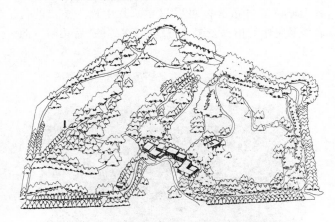

图 2-27　斯陀园改造示意图(鲁可竹 临摹绘制)

(4)汉弗莱·雷普顿(Humphry Repton,1752—1818)　雷普顿为18世纪后期最著名的风景园林大师,主张风景园林要由画家和造园家共同完成,给自然风景园林增添艺术魅力。他吸收布朗和勒诺特的特点,进而形成自己的特点;他学习布朗的优雅与勒诺特的华丽气派,追求平衡的构图,有自然的韵律与野趣。代表作:阿丁华花园的改造、恰波罗花园的改造。

2.3.5　美国园林

1)美国园林发展概述

美国园林风格的形成发展与美国历史文化发展具有异曲同工之处。早期庭园以实用性为主,有果树园、蔬菜园和药草园,建筑周围点缀花卉。到18世纪中叶,出现了经过规划而建造的城镇,呈现出公共园林的

雏形。例如,波士顿在市政规划中保留了公共花园用地,为居民提供户外活动场所;费城在独立广场中也建有大片的绿地。奥姆斯特德作为美国最杰出的园林大师,主持制定了很多城市公园规划和道路及绿地规划,使城市公园走向世界,成为真正服务于居民的大型公园。

2)美国园林的类型

美国园林分为城市公园、城市园林绿地系统和国家公园3种类型。

(1)城市公园 1851年,美国第一部公园法规定,城市公园就是利用公共土地为所有普通民众创造娱乐休闲的场所。从此,美国成为拥有真正意义上城市公园的国家。19世纪,美国城市公园得到迅速发展,各大城市的城市公园星罗棋布。其中最为杰出的代表作品是纽约中央公园,它被誉为纽约的"后花园"(图2-28)。

图2-28 纽约中央公园实景

作为美国城市公园发展史上的一座里程碑,纽约中央公园的建立标志着美国园林走向大规模风景式发展。在大规模的用地上,设计了以田园风光为主要特色的公园风貌,并首创了下穿式道路交通模式,既解决了城市交通问题,又确保公园的完整性。园内有大块的绿茵、葱郁的树林、波光粼粼的湖面景色,以及露天剧场、网球场、溜冰场、美术馆、动物园等文化娱乐设施,以满足居民休闲娱乐需求。奥姆斯特德通过设计连续的公园空间,将游人从拥挤热闹的城市逐渐引导到充满活力的公园。

奥姆斯特德式城市公园的特征为:以英国浪漫式自然主义风格为基础创作;为满足人们休闲娱乐而兴建,设计采用大胆平面形式,公园各具特色、变化多端;采用人车分离的交通组织,将配套服务设施引入公园中,并将建筑融入风景之中;在草地、树林和水体等要素之间取得某种平衡,种植设计突出公园的艺术性构图;每个公园以均衡统一的视觉元素形成一系列精心设计的空间,以产生连续性体验;公园景色与城市景观形成鲜明的对比,城市远景往往成为公园中的景观元素之一。

(2)城市园林绿地系统 城市广场、滨水地带、公共建筑、居民住宅、学校周围等公共场所的绿化起源于近代欧洲,而将它们作为城市园林绿地系统,却创新于美国、大盛于美国。其中,以"绿色宝石项链(Emerald Necklace)"规划设计的波士顿公园(Boston Common)系统为杰出代表。与早期建设的城市公园相比,该公园最大的特点是引入了系统的概念,通过一系列公园式道路或滨河散步道,将分散在城市中的各个公园串联起来,共同构成一个完整的公园体系。宝石代表蓝色的水,项链代表绿色的树。波士顿城市公园系统一方面满足人们休闲娱乐的需求,另一方面解决了困扰城市多年的排水问题。

(3)国家公园 美国地域辽阔,自然风景资源极其丰富,奇特的地貌类型、丰富的森林植被和珍稀野生动物,构成美国丰富多彩的风景旅游资源。为了保护原始状态的自然生态系统和地形地貌特征(作为科研科普、旅游观光、休闲娱乐的素材),将游乐与探索大自然的奥秘相结合,美国建立了世界上的第一个国家公园——黄石国家公园(Yellowstone National Park)。其占地面积约89万hm^2,是世界上面积最大的国家公园。公园内以天然喷泉吸引游人(图2-29),园中有河流、湖泊,有数百种鸟类和各种珍奇野生动物,使其成为美国规模最大的野生动物庇护场所。随后美国又陆续建立了许多国家公园,如大峡谷国家公园、热泉国家公园、华盛顿郊外森林公园、红杉国家公园等。

3)美国园林风格特征

美国园林在吸收借鉴英国自然风景式园林风格的基础上,结合本国自然地理条件,加以独特创造,形成了美国特色的园林风格。

(1)真正公众服务 近代美国园林不仅是为观赏园林艺术之美而创造的,更重要的是为公众的身心健康而创造的。因此,园林规划设计体现出提高城市生态环境质量,将自然引入城市,使人们获得更多健康和快乐的生态园林理念,这代表了美国园林的根本特征。

图 2-29 黄石公园中的间歇喷泉

（2）国家公园为独创 以冰川、火山、沙漠、矿山、山岳、水体、森林和野生动植物等自然资源保护为主，兼备人文自然的保护及对在科研、美学、史学等方面有价值的资源都给予保护。然而，美国的国家公园并未继承传统欧洲园林，是其独特创造。

（3）自然式城市公园 美国园林属于自然风景式园林。开阔的水体，弯曲的水岸线，中心地带，牧场似的起伏草地，蜿蜒的园林小径，天然的乔、灌木树林，给人以悠闲舒适之感。丰富的娱乐设施，更符合居民的需要，使城市公园成为真正意义上的公园。

2.4 近现代风景园林发展趋势

2.4.1 自然生态为核心

现代风景园林设计的核心原则是生态，"自然是最好的园林设计师"，要遵从自然规律。随着自然生态系统不断被破坏、人类生存环境日益恶化，保证生存环境的可持续发展成为当务之急。风景园林师们将自己的使命与整个地球的生态系统联系起来，通过各种科学技术手段减少对非可再生资源的消耗。生态文明的时代，风景园林规划设计必须以生态为核心。以生态优先为原则，减少对原生系统的干扰；以变废为宝理念，对材料和资源进行再利用。也可借助高科技技术，探索更适宜于现代生态环境的风景园林设计手法与景观要素。

2.4.2 地域景观为特征

景观与地域环境相融合。因此，风景园林规划设计往往要考虑地域环境的反应。地域性景观包括自然景观，如气候特点、地形地貌、水文地质、动植物资源以及人文景观等。再现本地区的地域景观特征，是风景园林师设计的要旨。首先，应熟悉园林景观立地的历史与现状，了解当地的气候条件、民风民俗、生活习惯，特别是掌握传统的文化特征、城市风貌、历史遗迹。风景园林设计理念在满足人们需求的同时，充分利用当地独特的自然和人工景观元素，与当地文化相互融合，结成整体，创造"此时此地"的景观环境。

2.4.3 场地精神为基础

任何场地都具有大量显性或隐性的景观资源。自然过程和空间格局，都会为新的设计打上独属的不可抹去的烙印。保留、呈现、再利用场地中原有的景观元素和自然进程，使其发挥新的实用与审美功能，是现代风景园林设计的基础。风景园林师首先要深入细致了解并理解场地，关注边界、关注内部、关注遗迹，充分发掘与利用场地景观资源，将重要特征加以提炼并运用于设计之中。

2.4.4 景观空间为骨架

景观由景观元素构成的实体与实体构成的空间组成，而空间是风景园林设计的核心，是评价风景园林作品的重要因素。园林不再从轴线或平面形态开始设计，其基本形态是从空间的划分演变而来的。所有景物均在某个紧密相连的空间体系内，并以此把景观空间与实体区分开。因此，现代风景园林师应注重空间彼此联系所形成的游赏序列，把一个个单体空间组织成为一个有秩序、有变化、统一完整的"景观联盟"。风景园林设计不仅要关注空间本身，更要关注该空间与周边空间之间的联系方式。

2.4.5 简约设计为手法

以简约的设计手法突出风景园林设计的本质特征，减少不必要的装饰和烦琐的表达方式，强调以少胜多，追求抽象、简化。简约手法至少包括设计方法、表现手法及设计目标的简约。通过对场地及其周围环境的认真研究，以最小的改变获得最大的景观效果；力求以简化的形式表现深刻而丰富的内容，以最少的景物表现最主要的景观特征；围绕设计目标，尽量减少对原有景观的人为干扰。应注重简约的设计风格，不要轻易地改变空间，而应充分认识并展示空间的个性特征。

第**3**章

风景园林环境与构成要素

风景园林学科综合运用生物科学技术、工程手段和美学理论等,遵循科学原理,创造出生态美观,具有文化内涵和科学价值,适应现代人们娱乐观赏和永续发展的人居生活环境。良好的园林景观具有净化空气、保护生态系统的作用,同时能够满足人们日常休闲健身、游憩、放松身心的精神需求。

影响风景园林建设与发展的环境要素众多,不同要素发挥着不同作用,但究其根本也不外乎有气候、土壤、地质、水文、野生动物、植物、人文等要素。而与风景园林构成要素相对应的共有地形、水体、植物、建筑、园路及铺装、园林设施6种构成要素,它们各自在园林中扮演着独特的角色,并彼此联系,构建具有美学价值和生态价值的园林景观。

3.1 风景园林环境要素

环境是针对某一主体而言的,风景园林环境则是指与人类主体有关的周围一切事物的总和,主要包括自然因素或人工因素。特定区域或场所的环境影响因素众多,其影响程度不尽一致,但也不外乎自然环境和人文环境两大要素。

3.1.1 气候

气候是一个地区在一段时期内各种气象条件和天气现象的总和,它包括极端气候和平均天气。人类活动与气候密切相关。在进行规划设计之前,应充分调查当地的气候条件,这不仅有助于建设良好的园林环境,而且有助于经济发展和资源保护。

1. 区域气候

区域气候(或称大气候)是一定区域大范围内的各种气象要素特征。大气候受纬度、地形、海陆位置、盛行风向、下垫面等自然因素的影响。对于区域气候来说,便于记录的天气变量,如温度、降雨量、风、太阳辐射和湿度等,对大型风景园林规划设计场地有着直接的影响。

在城市地区,热量是最重要的气候因素之一。从热量平衡上考虑,尽管吸收的太阳热辐射较少,但总收入仍高于支出,从而产生城市地区的气温高于农村地区的现象。这种现象通常在城市中心地区更加明显,在景观学中称这种现象为“热岛”效应(图3-1)。例如,深色沥青路面以及无遮挡的屋顶吸收太阳辐射并释放热量,使城市的大气温度上升。通常,大城市的热岛效应在晴朗的天气条件下更为突出。

图 3-1 热岛效应(陈东田 绘)

2. 地形气候

通常,地形气候是指基于地形特征的小气候由地形区域向大气圈较高气层和地表景观的延展,是处在大气候和小气候之间的中等尺度气候类型。

地面起伏的地形会对基地的日照、温度、气流等小气候因素产生影响,从而改变基地气候条件。引起这些变化的主要因素为地形起伏程度、坡度和坡向。对于具有地形起伏的大型基地,应考虑地形气候,而地形平坦的小型基地则可以忽略地形气候的影响。在分析地形气候之前,首先要了解基地的地形和区域气候条件。

3. 微气候

地表基质构造如微地形、植被数量和水面大小等的差异,造成基地的热量和水分收支不同,从而在大气层接近地面的部分区域形成异于其余区域的气候,即微气候。在很小的尺度范围内,各种气象要素在垂直方向和水平方向上都会发生显著的变化。

影响微气候的主要因素有地表的坡度和坡向,土壤成分和土壤湿度,岩石性质,植被类型、数量和高度以及人为因素。微气候在很大程度上影响着人们的体感温度,这是风景园林规划设计的首要考虑因素。考虑微气候条件,对于风景园林整体用地规划以及局部区域的设计很有必要。

1)光

光是地球上动物、植物及微生物生命活动的最终能量来源。风景园林规划设计师在进行规划设计时,应将光线作为环境分析的一部分,并对其给予与供水、暴雨、地表的坡度和坡向及土壤稳定性等环境因子同等重要的考虑。

2)温度与湿度

一般情况下,空气湿度和温度在环境气候因素中占有重要地位,并与人体的舒适度有直接关系。人体舒适度会随着湿度的降低而提高,而与温度的关系则会随着季节和人自身的差异而变化。相对于其他风景园林要素,温度与湿度往往是不易改变的。

3)风

从科学角度来看,风常指空气的水平运动分量,包括方向和大小,即风向和风速。气象上把风的来向称为风向。某个方向的风出现的次数,通常用风向频率来表示,它是指一年(月)内某方向风出现的次数占各方向风出现总次数的百分比。风速最易受外界的影响,即使在同一区域的小面积范围内,风速也存在较大差异,会随着建筑物的大小、形状以及布置的不同而变化。

我国盛行季风,因此可以通过了解季节性主导风向及风速强度因地制宜地构建宜人的景观环境。例如,当设计在凉爽季节里使用的区域时,应种植密林,使用围篱等有效的防风方法;当设计在温暖季节里使

用的区域时,应提供通风廊道。

4)雨、雪、霜

雨、雪、霜在某些地区是比较正常的自然现象。其产生与持续时间,尤其是年最大降雨、雪、霜量,年最小降雨、雪、霜量,年平均降雨、雪、霜量对风景园林环境有着巨大的影响,如影响该地区动植物的分布、数量、种类以及生长状况(图3-2)。同时,对场地的使用时间及时长、材料的选择以及场地的舒适度都有很大的影响。一般情况下,城市地区的降雨通常要多于乡村地区,而雪、霜的发生频率则明显低于乡村地区。

图3-2　古典园林与雪交融景观(李飚 绘)

3.1.2　土壤

土壤是指覆盖在地球表层的物质。影响土壤各种性质的主要因素有气候、土壤中的生命物质及地形地貌等。由于许多生物演变等自然过程都与土壤有关,因此与其他的自然要素相比,土壤往往能显示更多有关该区域的信息。一般来说,土壤的质地、组成成分和酸碱度是最具意义的3项属性。

1)土壤组成

土壤组成指构成土壤的所有物质,主要包括矿物质、有机质、水和空气。其中,主要成分矿物质颗粒占土壤体积的50%～80%。有机质是构成土壤的另一主要成分,对土壤的肥力和水文非常重要。通常,不同土壤的有机质含量存在很大的差异。

2)土壤质地

土壤是由固体、液体和气体组成的三相复合系统。其中,土壤固相主要包含矿物质颗粒和有机质,最为常见的颗粒有砂粒(1～0.05 mm)、粉粒(0.05～0.001 mm)和黏土粒(<0.001 mm)。土壤的质地对风景园林环境中的动植物生命活动、建筑物或构筑物的建设位置与方

式及工程造价有着一定的影响。

3）土壤酸碱度

土壤酸碱度主要反映土壤的酸碱性,如土壤呈酸性、中性或碱性。在我国,一般将土壤酸碱度分为五级:强酸性（pH＜5.0）、酸性（pH 5.0～6.5）、中性（pH 6.5～7.5）、碱性（pH 7.5～8.5）、强碱性（pH＞8.5）。土壤酸碱度的强弱直接影响到植物的生长及分布。

3.1.3 地质

地质调查有助于对某区域的建筑用地进行适宜性评价,展现地质的历史演变信息。对保护居民的健康和人身安全,道路、桥梁、房屋的修建以及其他发展建设都有重要的意义。因此,在风景园林规划设计之初,应对场地进行地质调查,从而对该地区的地质历史和演变过程有一定的了解。

1）山峰

山峰包括峰、峦、岭、嶂、崖、岩、峭壁等不同的自然形态。其不同的形成方式和岩石构造的差异展现出多样的山峰景观,如我国的五岳及佛教四大名山,它们都是以山地景观为主的风景旅游区。其中,华山（图3-3）的花岗岩山峰作为五岳最高峰,高耸威严,险峻秀美。

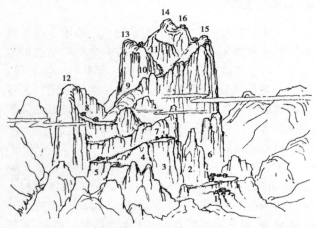

1.云门;2.回心石;3.千尺峰;4.百尺楼;5.群仙观;6.青柯坪;
7.聚仙台;8.真武宫;9.苍龙岭;10.仙人掌;11.中峰;12.北峰;
13.东峰;14.南峰;15.西峰;16.炼丹炉

图3-3 华山全景图（陈东田 绘）

山峰既是高瞻远望的佳处,又能展示出奇绝的意境。例如,福建武夷山的玉女峰、桂林的独秀峰（图3-4）。

武夷山—玉女峰　　桂林—独秀峰

图3-4 山峰组图（陈东田 绘）

2）岩崖

岩崖是指由地壳运动、断裂风化面形成的悬崖危岩。如朗朗上口的《蜀道难》中的“枯松倒挂倚绝壁”和《望庐山瀑布》中的“飞流直下三千尺”等诗句,都描述了陡立的岩崖景观。

3）洞府

洞府构成了山腹地下的神奇世界。喀斯特景观有地貌（地表）景观和溶洞景观两类,绝大多数在名山中。常见的喀斯特地貌类型众多。典型的喀斯特地形石灰岩溶洞内主要有石钟乳、石笋、石柱等各种象形石,形态各异,充满着神秘感;地下泉水叮咚作响,更是奇妙万千。

4）峡谷

峡谷是由地形断裂产生的奇特秀丽的自然景观。例如,长江三峡是世界闻名的大峡谷,幽深险峻,江水蜿蜒东去,两岸古迹又为其添彩;雅鲁藏布江大峡谷具有世界称绝的马蹄形状,同时富含生物资源,风景独好。

5）高山

我国西部海拔较高,如青藏、云贵高原地区耸峙着许多海拔高度超过5 000 m的山峰。高山风景也包括冰川世界,如云南的玉龙雪山,气势磅礴,还富有龙胆等高山植物。

6）火山口景观

火山口景观是由于火山活动所呈现出的独特景象,主要展现形式有火山口、火山锥、熔岩流台地等。如著名的五大连池黑龙山火山口积水成湖,形成独特景观。

7）古化石及地质奇观

古生物化石是动植物经过漫长的历史时期形成的,见证了地球生命的发展演化过程。因此,古化石的出露地和暴露物就成为极为珍贵的科研材料。例如,山东临朐的山旺化石宝库,世界少有,至今完整保存着距今1 200万年前的多种生物化石,被誉为化石界的“万卷书”。

3.1.4 水文

水是地球景观的血脉，是生物繁衍的条件，是风景园林规划设计中的重要造景因素，也是风景园林景观不可缺少的一部分。园林中水景的应用手法丰富多样，一般包括泉水、湖池、瀑布、溪涧、河川、滨海、岛屿等形式。

1）泉水

泉是指地下水的自然露头，或依山、或傍谷、或出穴、或临河，被赋予了神奇的观赏价值。泉水的动态万千和人们的亲水性，使泉水成为园林中的主要景点。例如，著名的天下七泉、济南七十二名泉等。

2）湖池

湖池宽广静态的水面带给人一种舒畅与安宁的感受。在园林中，湖是常见的水体景观，一般水面平坦，视野明朗，水波不兴，如杭州西湖、扬州瘦西湖、江苏太湖、济南大明湖（图 3-5）、北京玉渊潭公园八一湖（图 3-6）等。

图 3-5 济南大明湖

图 3-6 北京玉渊潭公园八一湖景观

3）瀑布

瀑布为水流经过河床纵断面陡坎或悬崖处倾泻而下形成的景象。瀑布融形、色、声之美为一体，具有独特的表现力。例如，云南昆明瀑布公园瀑布（图 3-7）、螺髻九十九里温泉瀑布、贵州黄果树瀑布、江西庐山瀑布、山东泰山黑龙潭瀑布、山西黄河壶口瀑布等，都是我国著名的瀑布景观。

图 3-7 云南昆明瀑布公园瀑布（刘柿良 绘）

4）溪涧

溪涧是泉水或瀑布从山林间流淌出而形成的一种流水潺潺的景象。溪涧大多蜿蜒曲折、绵延悠长、源源不绝。多采用自然式驳岸，砾石铺底，但溪水不宜过深，可数游鱼，又可涉水，如浙江莫干山国家森林公园中干将莫邪铸剑处的溪涧景观（图 3-8）。曲水是溪涧中的一种特殊动态水景，常作为文人墨客对诗饮酒的场所。后常在园林中设计"流杯亭"，意境非凡，是园林中常用的一种建筑小品。

图 3-8 莫干山国家森林公园溪涧景观示意图（李飚 绘）

5)河川

祖国河川孕育了中华文明,滋润着大地万物,传承和延续着中华民族的精神与文化。我国幅员辽阔、河川众多,有长江、黄河、辽河、海河、澜沧江、怒江等。

6)滨海

我国东部沿海地区是重要的旅游胜地,拥有多姿多彩的潮汐通道、海蚀洞、沙砾质海岸以及生物海岸等滨海景观。天蓝水绿、白云碧海、浪卷沙鸥、美妙绝伦,展现出一幅幅精美的画卷。在此基础上建设的滨海公园也形成了优美的景观,如烟台海滨风景区和青岛海滨风景区。

7)岛屿

东海仙岛的神话传说,激起我国古代众多皇帝对永生的追求,同时也构成了中国古典园林中"一池三山"(蓬莱、方丈、瀛洲)的传统格局。在水面中的岛是水岸边观赏的视线焦点,岛上又是欣赏四周开阔风景的佳处,如杭州西湖最大的岛屿——小瀛洲。此外,岛屿还能增加园林的内容,活跃气氛。岛屿造型各异,可分为山岛、平岛、半岛、岛群、礁等几种类型。

3.1.5 野生动物

一般来讲,野生动物是指那些除人和家畜之外的动物,保护野生动物具有伦理、道德、娱乐、经济以及旅游价值。动物是园林中最活跃、富有生机的元素。全世界有动物约 150 万种,包括鱼类、昆虫类、两栖类、鸟类、哺乳类等。

1)鱼类

鱼是动物界中的一大类。在园林中,主要养殖色彩艳丽、姿态万千的观赏鱼。观赏鱼类包括热带鱼、温带淡水鱼、中国金鱼、锦鲤鱼等。另外,水母等水生软体动物,海螺等贝类动物及珊瑚类,都具有不同的观赏价值和营养价值。

2)鸟类

鸟类一般有五类,即鸣禽类(画眉、黄鹂等)、猛禽类(鹰、鹫、鹭等)、雉鸡类(孔雀、锦鸡、鸵鸟等)、游涉禽类(白鹭、鸳鸯等)、攀禽类(杜鹃、鹦鹉等)。

3)昆虫类

昆虫的数量约占动物总数量的 2/3。昆虫对植物界有着举足轻重的作用,观赏类昆虫还具备观赏和科学价值,常用来展出和研究。其中,观赏价值较高的有各类蝴蝶、萤火虫、甲虫等。还有作为天敌的有益昆虫,它们是生物防治病虫害的材料。

4)哺乳类

哺乳类动物多数全身披毛、运动性强、器官发达、恒温胎生。如虎、狼、鹿、貂、猴、马、熊、象、狮子、豹等。

5)两栖类

两栖类有龟、蛇、蜥蜴、蝾螈、蛙鲵、鳄鱼等。有名的如绿毛乌龟、巨蟒、扬子鳄等,具有较高的观赏和科研价值。

3.1.6 植物

植物类包括森林、草原、花卉三大类。我国具有丰富的植物种质资源(基因库),有花植物约 25 000 种,其中乔木约 2 000 种,灌木与草本约 2 300 种。植物具有重要的光合作用、调节作用、观赏作用、生态作用等,与园林景观营造和人类生命活动息息相关。

1)森林

森林是绿色的金库,是地球的肺腑,也是园林中不可或缺的要素。按其成因可分为:原始森林、自然次生林、人工森林;按其功能分为:用材林、经济林、防风林、卫生防护林、水源涵养林、风景林。我国森林景观因地域、功能不同,各具显著特征,如华南南部的热带雨林,华中和华南的常绿阔叶林、针叶林及竹林(图3-9),华中、华北的落叶阔叶林,东北、西北的针阔叶混交林及针叶林。

图 3-9 西天目山倒挂莲花峰森林景观(陈东田 绘)

2）草原

草原是地球上面积最广的植被。我国的草原资源最为丰富，有以自然放牧为主的新疆、西藏及内蒙古牧区的草原；有以风景欣赏为主的园林、绿地的草地。草地往往是自然草原的缩影。

3）花卉

花卉有木本、草本两类。花园，即以花卉为主体的园林。我国的花卉植物资源最为丰富，如国色天香、花中之王的牡丹，花中皇后芍药，天下奇珍琼花，天下第一香兰花，20世纪60年代新发现的金花茶，以及梅花、菊花、桂花等。花卉与树木常结合成为专类园。

3.1.7 人文

人文环境通常被定义为一定社会系统内外文化变量的函数，文化变量包括共同体的态度、观念、信仰体系、认知环境等。人文环境是社会本体中隐藏的无形环境，是潜移默化的民族灵魂。人文景观是园林的重要元素之一，包括名胜古迹类、文物类、民俗与民间节庆类、地域特产与工艺类。在我国园林发展史上，人文景观成为最具区域特色的要素，而且丰富多样，工艺价值及科学价值极高，是中华民族传统文化的瑰宝。

1）名胜古迹

名胜古迹通常是从古代历史上传承、保留下来的各类建筑物、名园、遗址古迹、风景游览区等，拥有很重要的文化、美学、纪念、欣赏、科研价值。一般分为古建筑遗迹、古建筑、古工程遗址及古战场遗址、古典名园、风景区等（图3-10）。

图3-10 赵州桥（陈东田 绘）

2）民俗风情

民俗风情是人类社会发展过程中所形成的一种精神和物质现象，是人类文化的一个重要组成部分。社会风情主要包括民居村落、民族歌舞、地方节庆、宗教活动、封禅礼仪、生活习俗、民间技艺、特色服饰、神话传说、传统庙会、集市、逸闻逸事等。我国拥有56个民族，各民族分布在不同地区，因此我国有许多的生活习俗和传统节日。如壮族的农历三月三歌会、彝族的火把节（图3-11）、哈尼族的扎勒特、傣族的泼水节等。

图3-11 中国·楚雄2018彝族火把节景观（夏天彧 摄）

3）文物艺术景观

文物艺术景观指石窟、壁画、碑刻、摩崖石刻、石雕、雕塑、假山与峰石、古代名人字画、文物作品、特殊工艺制作品等，与文化、艺术相关的作品和古人类文化遗址、化石等。古代石窟、壁画与碑刻承载着古人的画作与书法作品，具有极高的历史与文化价值。有些艺术景观现在已成为名胜区受到保护并供人欣赏，有些原就是园林中的装饰（图3-12）。诗词楹联和名人字画常常被用来点明园林意境的主题，它们既是情景交融的产物，体现出古人的精神境界，又构成了中国园林的思维空间，是我国风景园林文化色彩浓重的集中表现。我国文物及艺术品异彩纷呈，列于园林中则为园林大增光彩，提高了园林的文化价值，吸引着人们进行观赏、研究。

图3-12 太原碑林公园碑刻景观（黄玉婷 绘）

4）产业经济结构

自古以来，风景园林就与人民生活及社会生产活动息息相关。因此，众多具有生产功能的观光项目、各地名优产品及风味特产也成为风景园林中不可或缺的人文景观要素。具有生产功能的观光项目有果蔬采摘、水产养殖及捕捞；名优工艺产品有手工艺产品、民间传统技艺、现代化建筑等。风味特色产品更是一个琳琅满目的大家族，如著名的酒文化、八大菜系、北京满汉全席；丝绸纺织品等土特产；陶瓷器具、刺绣、剪纸等工艺美术品；灵芝、当归等名贵药材。还有地方风味食品，如南京盐水鸭、云南过桥米线、绍兴黄酒、黄岩蜜橘、武汉热干面等。

3.1.8 其他要素

人们在改造自然的过程中，由于忽视了对自然资源的科学开采与合理开发，并在将其转化为工农业产品生产的过程中产生了一些废弃物，以至超出了生态的自净能力，对自然环境的安全产生影响。按照污染类型来划分，可分为以下几种。

1）空气污染

空气污染是指人类活动或自然过程产生的某些物质对大气环境造成了破坏，并在一定的时间内达到一定的浓度，对人体的呼吸健康造成伤害或污染环境的现象。

2）水体污染

水体污染是指污染物进入水中，引起水质下降，从而对水体造成物理、化学性质的危害的现象。污染物打破了水体原有的生态系统平衡，削弱了水体的生态功能及破坏了水在人类社会生活中的作用。

3）固体废弃物污染

固体废弃物通常是指人类在生产、生活中遗弃的固体和泥状物，包括一般工业固体废弃物、生活垃圾和危险废物三种。

4）噪声污染

噪声，一般是指使人烦躁并妨碍人们正常的生产、生活的声音。一般情况下，在公园景观环境中，常借助地形地貌、建筑物、植物群落来削减噪声。不同的植物群落削减噪音的效果有所不同，较好的搭配方案是：多种树木搭配，形成层次有加、上下屏蔽的植物群落，针叶树的外边搭配落叶树种，乔木的外边搭配灌木。

5）光污染

光污染是指自然环境中的光辐射已经远远超过了各种生物进行正常生命活动时所能承受的指数，进而影响了人类和其他物种正常生活和社会活动的现象。光污染是继废气、废水、固体废弃物和噪声等污染之后的新的环境污染。可分为3种：人工白昼污染、白亮污染、彩光污染。

3.2 风景园林构成要素

3.2.1 地形

地形是风景园林空间的基底面，它承载着景观建筑与小品设施，与其他自然景观要素密不可分，具有主导作用。地形会影响景观的视觉效果和空间构成，也会影响排水、小气候等要素的功能布局。

1.地形的功能作用

1）景观骨架作用

地形是园林景观的空间骨架，在风景园林规划设计中，应根据地形条件进行处理和改造设计。例如，意大利的台地式园林利用丘陵地形，依山就势地建造层层平台，并在每层平台上构筑园林景观（图3-13）；英国的自然风景园则是以开阔的草地、河湖作为景观的载体（图3-14）。此外，地形对建筑、水体、道路、植物等的选线、布置等都有重要的影响。

2）空间作用

地形是园林空间的直接制约因素。地形的水平面和垂直面都能构成特点和意境迥异的园林空间。例如，山谷和坡地地形能够利用垂直面的高低界定或围合空间范围，也能够通过与植物搭配控制视线来构成封闭、半封闭及开敞的空间类型。地形还可构成空间序列，引导游览路线等（图3-15、图3-16）。

3）工程作用

地形对地表排水有巨大的影响。合理地改造地形，能使地形利用其自身的坡度变化自然排水、自然积存，又不造成水土流失。同时，适当地改造地形，也可以改善局部地区的小气候状况，创造多样的生境条件，满足植物的生长需求，有利于改善生物多样性。

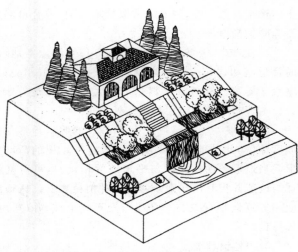

图 3-13 意大利台地式园林(陈东田 绘)

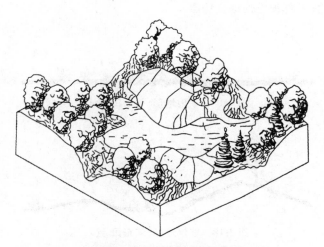

图 3-14 英国自然风景式园林(陈东田 绘)

图 3-15 泰山作为建筑的背景(陈东田 摄)

图 3-16 泰山十八盘

2. 地形的类型

园林中的地形一般可分为平地、坡地、山地 3 种类型。

1)平地

完全水平的平地不能满足地面排水的需要,通常需要微小的竖向或横向的坡度。因此,园林中所谓的平地是指相对平坦,带有 4% 以下坡度或轻微起伏的地面。

平地是最简便、最稳定的地形,视野开阔、没有阻隔,视觉连续性强(图 3-17),可作为举办大规模文体活动和疏散人群的各类广场用地,也具有潜在的观赏特征和功能作用。根据地面材料的不同,平地可分为绿化种植地面、土地面、沙石地面和硬质铺装地面。

2)坡地

坡地是指具有一定倾斜角度的地面,与平地相比,更有利于地面排水。根据地面的倾斜程度,可将坡地分为缓坡(坡度为 8%～10%)、中坡(坡度为 10%～20%)和陡坡(坡度为 20%～40%)。

坡地通常是平地与山体的过渡地段,也与丘陵或水体并存。坡地的高程变化和明显的方向性(朝向)可以打破地形单调的平坦(图 3-18)。坡地在园林环境中最具变化性,能激发规划师的灵感以营造不同的园林空间。如在坡地高处植树,能够阻挡视线形成屏障,围合空间范围。

3)山地

与坡地相比,山地的坡度更大。一般坡度不小于 50%。山地包括自然山地和人工叠石堆山。山地按材料组成可分为土山、石山和土石混合山。园林中的山地往往是依托原有地形因地制宜的。山地具有提供视点、划分空间、丰富园林景观的作用,故在平坦的城市园林中,常运用挖湖堆山的手法,重塑地形,以充分发

挥园林地形的综合功能。

图 3-17　平地地形（陈东田 绘）

图 3-18　坡地地形（陈东田 绘）

3. 地形的设计要点

1）平地设计要点

为了防止地面积水和雨水造成水土的破坏，平地通常具有一定的坡度。而坡度的大小，可根据植被的数量、气候条件和地面铺装材料以及排水要求而定。

（1）用于绿化种植的平地　可适度增大供游人散步的草坪的坡度，以增加趣味性。此外，一般草坪较为合理的坡度在 1‰～3‰，花坛、树木种植带的坡度宜为 0.5‰～2.0‰。

（2）铺装平地　为方便游人活动，坡度大小宜为 0.3‰～1.0‰，防止积水。同时，规划多个方向的坡面，如广场、建筑物周围、平台等场地。

2）坡地设计要点

坡地的坡向和坡度受土壤条件、植被类型、铺装材料、工程改造措施、使用性质以及其他地形地物因素的直接影响。当坡地的角度超过土壤的自然安息角时，

土体稳定系数不够，因此应采取植草防护、堆叠自然山石等防护措施。

（1）缓坡　缓坡是坡度为 3‰～12‰ 的倾斜地形。通常道路和建筑应与等高线平行布置或倾斜相交；若垂直于等高线布置或倾斜角度较大，须将建筑与地形设计结合起来进行错层和跌落处理。

（2）陡坡　陡坡是坡度大于 12‰ 的倾斜地形。因坡度原因，此种地形难以满足一般娱乐场地的活动要求。当地形条件良好并与平坦地面相接时，可对陡坡适当改造并将其用作观众看台或种植植物。园区道路应与等高线平行或与等高线斜交环绕上坡，并应设计成梯道。

3）山地设计要点

山体一般可以分为观赏山和登临山两种类型。山又有主山、次山、客山之分。山可在园中作主景、前景、障景和隔景等。山水相互关联，山前水畔、横斜疏影。我国的画论中说，"水得地而流，地得水而柔""山无水泉则不活"。体量大的山体与大面积的水面结合设计，山南水北，太阳照射，使山体南坡和水的北面有较好的小气候条件。山坡南缓北陡，山南向阳，便于游人活动和植物的生长。山南的景物色彩明亮，宽阔的水面回光倒映，容易形成优美的景观。

根据山体的地形特点，加大绿化，层层拦蓄，减少雨水外排，对生态敏感区应强化生态恢复和修复。根据山体的地形特点，汇水分区等，对雨水进行层层阻拦，降低雨水径流速度，增加雨水渗透。结合山体末端地形或周边低洼地带等集中汇水区域，建设渗透塘，收集雨水，增加渗透量。

筑山的设计手法可以小结如下（图 3-19）。

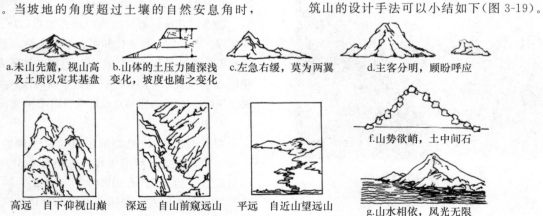

图 3-19　筑山的设计手法（陈东田 绘）

3.2.2 水体

无水不成园,水体是园林中重要的造景元素。水在风景园林规划设计中可以形成丰富多样的景观形态,如平静的湖面(图3-20)、规整的池塘、喷涌的泉水、潺潺的溪水(图3-21)等。在海绵城市公园中,水体往往是雨洪管理的重要载体,具有一定的生态价值、实用功能价值以及美学价值。

图3-20 平静的大明湖湖面(王栩锐 绘)

图3-21 潺潺的溪水(何白婷 绘)

1. 水体的功能作用

1)基底作用

水面可以与岸边景物结合形成镜面景观,使园林空间更加开阔和丰富。例如,北京北海公园的琼华岛(图3-22)、扬州瘦西湖的五亭桥(图3-23)等,均以水面作基底,使其在水面的衬托下更加突出秀丽。

2)系带作用

水面作为软质景观,可以中和园林空间和景点的差异,从而使园林空间更加和谐。流线性的水可作为一种系带,串联园林中分散的景点。前者称为面型系带作用,后者称为线型系带作用。例如,扬州瘦西湖风景区就是以带状水面将各个分散的景点联系在一起来,从而形成优美的景观序列的。

图3-22 北海公园琼华岛

图3-23 扬州瘦西湖五亭桥

3)景观作用

水体可构成城市中特有的水景观,为城市提供开阔的水域空间以及居民休憩嬉戏的场所。园林中动态水景如喷泉、喷雾、水帘等,变化水体形态和声响以吸引视线从而形成景点。

4)环境作用

水体能够稀释污染物,起到改善空气的作用。同时,水分的蒸发吸热能调节小气候、降低气温、增加空气湿度,还能起到蓄洪排涝、供给灌溉用水和消防用水等作用。

5)实用功能

水体可供养殖鱼类等水生动物和栽培水生植物,还可以为人们提供垂钓、游泳、冲浪、戏水、泛舟和赛艇等各种娱乐活动场所。

2. 水体的类型

中国文化寄托在山水之中,山水表达了中国园林

的造园特色。水体的潺潺流动或跃动喷涌为园林景观增添了生机，是营造园林景观的重要元素。

水体的类型按照水体形式可分为自然式、规则式和混合式 3 类；按照水体使用功能可分为观赏类水体和开展水上活动类的水体；按照水流的状态可分为静态水体和动态水体。

水体的不同类型，可以简单小结如下（图 3-24）。

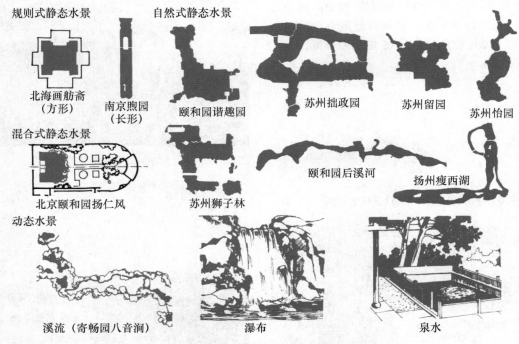

规则式静态水景　北海画舫斋（方形）　南京煦园（长形）　自然式静态水景　颐和园谐趣园　苏州拙政园　苏州留园　苏州怡园

混合式静态水景　北京颐和园扬仁风　苏州狮子林　颐和园后溪河　扬州瘦西湖

动态水景　溪流（寄畅园八音涧）　瀑布　泉水

图 3-24　水体的类型（陈东田 绘）

3. 水体的设计要点

在规划新建水体或扩大现有水域面积时，应核实区域海绵城市建设控制目标，并根据目标进行水体形态控制、平面设计，确定水际轮廓线以及产生的河湾、跌水等多种多样的空间形态，给人们提供一个集生态、休闲娱乐及经济功能于一体的水域景观空间。同时，要保持湖岸线的稳定，防止湖泊溢漫，维持地面和水面的固定关系。对驳岸的设计须在满足实用、经济的前提下考虑美观性，使之与周围的景色协调。同时，进行容积设计、水位控制，确定岸顶、湖底的高程及水位线，保证游人安全。水体深度一般控制在 1.5～1.8 m，硬底人工水体近岸 2.0 m 范围内的水深不得大于 0.7 m，超过者应设护栏。无护栏的园桥、汀步附近 2.0 m 范围以内水深不得大于 0.5 m。另外，还要解决水的来源与排放、湖中设岛等问题。水中设岛不宜居中和过于规整，一般多在水面一侧或按障景要求考虑岛的位置。岛的形状富有变化。岛的数量和大小应视水面大小和景观的需求而定。

在城市水体水质要求较高、防涝高风险区。可利用现有子湖等水域设计自然水体缓冲区。自然水体缓冲区应设置水质污染风险防范措施，以防止上游污染事件对主水域的水质破坏。

3.2.3　植物

园林植物是指适合在园林中栽植且观赏价值较高的植物材料，是园林树木及花卉的总称。园林植物作为一种充满生命活力的景观元素，在生长周期中，表现出鲜明的季相特征和逐步茁壮成长的生长规律，使得周边环境富有生机、活力和优美质感，为营造景观创造了各式各样的功能空间。通过合理搭配乔木、灌木、草本植物，营造多层次的植物结构，可为单调的城市空间增加多样、美丽、秀丽的生境。

1. 园林植物的功能作用

1）景观功能

（1）造景　在各类植物园、公园、自然风景区以及各专类园等绿地中，园林植物利用其自身的姿态或某一观赏特性或文化价值,单株或多株成组存在,起到类似于园林中的雕塑、主景建筑的作用。植物可作为园林的主题,或作局部空间的主景。如黄山的迎客松(图3-25)等。园林植物在园林中常作背景材料,以突出前景的主题思想,如烈士陵园中的纪念碑以绿色树木为背景,显得更加庄严肃穆(图3-26)。园林植物作为配景时,能够起到加强主景的观赏性的作用,主景与配景相融相衬,更加突出了景观的统一、和谐。有时也可起到画龙点睛的作用,如寺庙内的古松和古柏、著名建筑前的风景树等,其作用就是突出主景的观赏价值或整体效果。

图 3-25　黄山迎客松(陈东田 绘)

图 3-26　秋收起义烈士陵园纪念碑(陈东田 绘)

(2)联系景物　通过园林植物的应用,可以建立景物之间、景物与空间之间的联系或过渡,使之浑然天成。植物联系景物主要有连接、过渡、渗透与丰富等方式。

(3)增添季节特色　由于植物鲜明的季节特色,植物的叶、花、果、体形等在形态、色彩、结构、景象等方面会随着四季的变化发生变化,形成春花、夏荫、秋叶、冬藏四季不同的景色。

(4)控制视线　在园林景观营造中,植物具有控制游人视线,增强场地空间感和美学效果的作用。植物对视线的控制主要有阻挡和引导两种情况,即景物的藏与露。根据视线受阻的程度和方式,通常将阻挡视线的景观营造分为障景、框景、漏景、隔景、夹景。引导视线的景观营造是为了有目的地引导游人的视线,如在入口或者道路交叉口的植物配置,使视线自然地进行转折。

2)构建空间功能

构建空间功能指植物在构成室外空间时,如同建筑物的地面、天花板、墙壁、门窗一样,是室外环境的空间围合物。植物可以利用其树干、树冠、分叉点、枝叶来控制游人视线、控制空间的私密性。植物在空间中的3个构成面(地面、垂直面、顶平面)以各种组合方式,可形成开敞空间、半开敞空间、覆盖空间、垂直空间、封闭空间等5种空间形式。

(1)开敞空间　是指使用低矮灌木与地被植物来形成的空间。游人视线高于植物材料,视野通透、隐秘性较差。例如草坪、大面积水面等。

(2)半开敞空间　是指场地空间的一面或多面受到植物的遮挡,但至少有一面无植物遮挡而形成的空间。这种空间与开敞空间相似,但开放程度较小,受方向的影响具有一定程度的隐秘性,可形成围合空间,增加向心性和焦点作用。

(3)覆盖空间(冠下空间)　是指利用具有浓密树冠的乔木在顶平面上覆盖而形成的四周开敞的空间。这种空间一般指在树冠与地面之间的横向宽阔空间,类似于森林环境,夏季绿树成荫,冬季落叶后明亮开敞。还有另外一种类似覆盖空间是绿色廊道式空间,如林荫道。

(4)垂直空间　是指通过借用高大而又茂密的植被,构成的一个周边竖直、上方开放的开阔空间。此空间的开敞程度是由其垂直性的强弱决定的。该空间最大的特点是能够控制视线的方位,具有较强的视觉引导性。

(5)封闭空间　是指类似覆盖空间,但四周均被小型植物封闭,限制了视线的穿透而形成的隐秘感和隔离感极强的空间。这种空间常见于森林,光线较暗,无方向性,具有极强的隐秘性和隔离感。

3)生态功能

(1)改善空气质量　园林植物在吸碳释氧和净化

空气上作用明显。园林植物能够吸收有害气体,阻滞尘埃,防止尘土飞扬,并具有减菌效果。

（2）净化水体和土壤　园林植物具有改善土壤条件,吸收水体中有害物质的作用。植物的地下根系能够吸收土壤中大量的有害物质,并将它们转化为有利于植物生长的物质,从而改良与净化土壤。

（3）降低噪声　园林植物对环境声波具有散射和吸收作用,进而可以减弱噪声的强度。合理配置乔木、灌木和地被植物,形成复层群落,能够达到最理想的降噪效果。

（4）调节小气候　园林植物对小气候的调节效应主要体现在调节温度和湿度、通风和挡风。园林植物由于其蒸腾作用和光合作用能够消耗大量的热能而具有良好的降温效果,能够提高空气湿度,调节小气候条件,从而提高人们生活环境的舒适程度。

4）生产功能

大多数园林植物均具有生产物质财富、创造经济价值的作用。在不影响园林植物的美化、绿化和防护功能的前提下,可以利用其全株或某一部分,如根、茎、叶、花、果、种子以及其所分泌的乳胶、汁液等创造价值。

2. 园林植物的分类

园林植物种类繁多、千姿百态。按照生态习性和自然生长发育的总体特征,从使用上可分为乔木、灌木、藤本植物、竹类、花卉、草坪、地被植物等。

1）乔木

一般地,乔木是指高度在 5 m 以上且树体高大的木本植物,具有主干明显、分支点高、寿命较长等特点。依树木发育到成熟期时的高度,乔木可分为大乔木、中乔木和小乔木。大乔木高 20 m 以上,如毛白杨（*Populus tomentosa*）、雪松（*Cedrus deodara*）等;中乔木高 11～20 m,如合欢（*Albizia julibrissin*）、玉兰（*Magnolia denudata*）等;小乔木高 5～10 m,如海棠花（*Malus spectabilis*）、紫丁香（*Syringa oblata*）等。根据一年中四季叶片是否脱落可分为常绿乔木和落叶乔木两类,根据叶片形态可分为阔叶乔木和针叶乔木两类。

2）灌木

灌木是指具有木质茎,在地表或近地面部分具有多个分枝的落叶或常绿植物,是园林景观的重要组成部分。一般树体高度在 2 m 以上称为大灌木,1～2 m 高的为中灌木,高度低于 1 m 的为小灌木。灌木种类

繁多,效果稳定,灌木的线条、色彩、质地、形状是主要的观赏特征,其重要的叶、花、果实和茎干可供全年观赏。

3）藤本植物

藤本植物指茎细长、不能直立生长的植物,具有凭借自身的作用或特殊结构攀附它物向上伸展的习性。根据枝条伸展方式与习性,一般分为蔓生植物和攀缘植物两大类。攀缘植物根据其藤蔓的攀缘方式不同分为缠绕类、卷须类和吸附类 3 类。藤本有常绿藤本与落叶藤本之分,常用于垂直绿化,如花架、岩石和墙壁上面的附物。

4）竹类

竹类为禾本科常绿木本植物。其秆木质浑圆,有显著而实心的节与通常中空的节间,秆皮多为翠绿色;也有的种类秆呈方形或其他形状,如方竹（*Chimonobambusa quadrangularis*）;有的秆皮为其他颜色,如紫竹（*Phyllostachys nigra*）、金竹（*Phyllostachys sulphurea*）等。竹类也开花但并不常见,一旦开花,大多数种类会在开花后全株死亡。竹枝干挺拔,叶片青翠,具有很高的观赏价值、经济价值和文化价值。

5）花卉

广义上的花卉是指形态优美、花朵艳丽、芳香四溢,具有观赏价值的草本和木本植物,狭义的花卉通常指草本植物。根据花卉生长期长短和对生态条件的要求,生产上常将花卉分为一年生花卉、二年生花卉、多年生花卉和水生花卉等类型。

6）草坪与地被植物

草坪是指具有一定设计、建造结构和使用目的的人工建植的草本植物形成的坪状草地,具有美化和观赏功能,或供休闲、娱乐和体育运动等用。

地被植物是园林中用以覆盖地面的低矮植物。它能够很好地把树木、花草、道路、建筑、山石等景观要素联系并统一起来,使之构成有机整体,并作为景观基底衬托风景要素,从而形成层次丰富、高低错落、充满生机活力的公园景观。

3. 园林植物的种植设计

1）规则式种植

规则式又称整形式、几何式、图案式,规则式种植与自然式种植相对,是指园林植物列植或按几何图案种植,形成井然有序的规整式植物景观。植物有时还被修剪成几何形体,甚至动物或人的形象,体现人工

美,如西方古典园林中的刺绣花坛。在现代风景园林设计中,植物通常被用作艺术处理的组成元素,以形成具有特殊视觉效果的抽象图案,如巴西现代主义景观大师罗伯特·布雷·马克思(Roberto Burle Marx,1909—1994)的植物模纹设计。

2)自然式种植

自然式种植是指没有明显的轴线,模拟自然群落结构的种植形式,以大自然为创作本源,展现树木的自然生长姿态和生态习性,形成富有自然美的植物景观和视觉效果,如树丛、疏林草地、花境等。中国传统园林和英国自然风景园中常常运用这种种植模式。

3)混合式种植

混合式种植是指介于规则式种植与自然式种植之间或者规则式、自然式都具备的种植方式。此种方式不仅具有规律性,而且富有自然气息,既有自然美,又有人工美。

4)生态设计

依照海绵城市建设原则,遵循场地和设施条件,合理筛选植被,使绿色雨水基础设施能够长期有效地发挥作用。优先使用乡土植物,慎用外来树种,按照科学的规律进行配置和种植,提高美学价值及生态效益。不同的雨洪设施对植物的要求也不同,宜选择耐短暂水淹和具有一定抗旱能力的植物。收集储存设施中的主要以水生植物为主;过滤净化设施宜采用抗污染能力强的植物。

3.2.4　建筑

园林建筑是指园林中供人游览、观赏、休憩并构成景观的建筑物或者构筑物的统称。在园林中,园林建筑既能供人使用,又能与环境组成景致。

1.园林建筑的功能

1)使用功能

为游客提供休憩、观光的视点及场所。如满足餐饮需求的茶室、餐厅,满足休憩及观景需求的亭廊,满足文化需求的展览馆,满足文娱活动需求的体育馆等。

2)成景功能

园林以自然景观为主体,但园林建筑常常对自然景观起到点睛的作用。园林建筑体形或庞大或轻盈或奇特,往往成为园区或景点的焦点,其与自然环境要素相结合,构成美丽景致,丰富景观内容。如承德避暑山庄七十二景,多以建筑为题塑造美景。

3)观景功能

园林建筑布局往往依形就势,利用地形地貌进行设置,是园林中上佳的观景点,使人们在游玩、休憩,甚至是就餐时都可以欣赏周围的风景。因此,其位置布局常常要考虑赏景的需要。单体建筑能成为园林中的景观节点和赏景的停留点(图3-27),而一组由游廊连接的建筑群则会成为全园的观赏线。

图 3-27　单体构筑物景观(李飚　绘)

4)组织游线

一些园林建筑利用自身的空间关系与渐进关系,巧妙布局,引导游人按照一定游线进行游览,创造移步异景、起承转合的游动观赏效果,从而使游人获得特殊的景观感受。如中国古典园林中的廊。

5)组织园林空间

大型园林中"园中园"的建筑布局结构,自成景区,使园区空间划分更有层次感和意境。如北京颐和园中的谐趣园及画中游、北海公园的濠濮间及静心斋。此外,园林建筑中的游廊、花墙和月亮门也起到划分空间、组织空间的作用。

2.园林建筑的分类

按使用功能,园林建筑可分为三大类:游憩建筑、服务类建筑和管理类建筑。

1)游憩建筑

游憩建筑可分为科普展览建筑、文体游乐建筑、游览观光建筑、园林建筑小品四大类。

(1)科普展览建筑　科普展览建筑是供历史文物、文学作品、书画等展览的建筑。例如,北京双秀公园中的多功能曲廊,是一组融休闲、娱乐、书画展览和科普展览等多功能为一体的建筑群(图3-28)。

图 3-28　北京双秀公园多功能曲廊（陈东田　绘）

（2）文体游乐建筑　文体游乐建筑有文体场地、康乐厅、健美房等。游乐设施有陀螺类、水上游乐设施、攀爬网、小火车等。例如，"鸟巢"和"东方之冠"，它们都是近几年我国建造的高水平的文体建筑（图 3-29）。

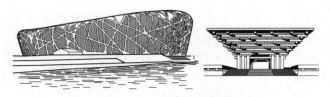

图 3-29　"鸟巢"和"东方之冠"（陈东田　绘）

（3）游览观光建筑　游览观光建筑不仅给游人提供放松和观景的场所，而且本身也是视线焦点或成景的构图中心。包括宫、亭、廊、榭、舫、厅堂、楼阁、殿、斋、馆、轩、码头、花架、花台等（图 3-30）。

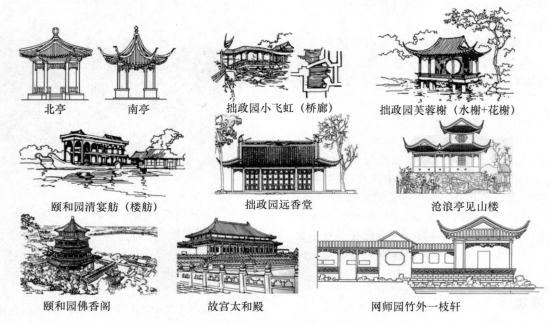

北亭　　南亭　　拙政园小飞虹（桥廊）　　拙政园芙蓉榭（水榭+花榭）

颐和园清宴舫（楼舫）　　拙政园远香堂　　沧浪亭见山楼

颐和园佛香阁　　故宫太和殿　　网师园竹外一枝轩

图 3-30　各类游览观光建筑（陈东田　绘）

（4）园林建筑小品　园林建筑小品通常尺寸较小，数量繁多，布局广阔，具备较强的景观性，对园林景观的装饰影响较大。一般包含长椅、坐凳、桌子、展示牌、景墙、漏窗、栏架、雕塑等小品。除以上几种游憩建筑设施外，园林中还有花池、树池、花架、灯具、果皮箱、纪念碑、标识牌、饮水池等小品。

2）服务类建筑

园林中的服务类建筑是指为游人提供休憩等服务或用于开展园林活动的建筑。如餐厅、接待室、商店、摄影处、售票处、公园厕所等。这类建筑虽然体量不大，但必不可少，它们兼备使用功能与艺术功能，在园中发挥着重要作用（图 3-31）。

图 3-31　泰山风景区天街（陈东田　绘）

3）管理类建筑

管理类建筑物主要指风景区、公园的大门、办公区建筑和进行其他事务管理的建筑及设施。

（1）大门　公园大门在公园中引人注目，给游客留下第一印象。大门的形象、规模因公园的类型而异，可分为柱墩式、牌坊式、屋宇式、门廊式、墙门式、门楼式及其他形式(图 3-32)。

(2)其他管理建筑　其他管理建筑包括办公室、广播站、医疗卫生、公共安全保卫、温室荫棚、变电室、垃圾污水处理场等。

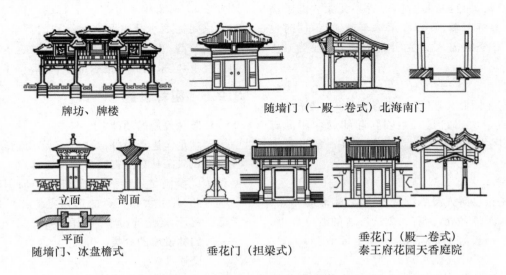

牌坊、牌楼

随墙门(一殿一卷式)北海南门

立面　剖面

平面

随墙门、冰盘檐式

垂花门(担梁式)

垂花门(殿一卷式)
泰王府花园天香庭院

图 3-32　各种形式的大门(陈东田 绘)

3.园林建筑的布局要求

1)满足功能要求

功能要求是布置园林建筑应考虑的首要因素,为了满足使用、交通运输、用地及景观性等要求,必须根据具体的情况分析、设置建筑的布局,做到因地制宜,依形就势。

2)选址

园林建筑的位置既要符合园林造景的要求,又要满足使用功能的要求,必须做到"相地合宜,构园得体"。园林建筑的选址要兼顾成景和得景两个方面。通常,以得景为主的建筑多建在视野开阔处和景观观赏轴线上,以成景为主的建筑多建在有典型景观地段而且具有合适的观赏距离和角度。

3)满足造景需要

园林建筑可以作为人们放松身心和观赏风景的场所,也可作为园林景点。园林建筑也是园林中的一种元素,可与周围的山水、树木等园林元素融为一体,共同营造宜人景观。

4)注重空间处理

园林建筑追求空间灵活多变。建筑的内外相互联系,虚实、繁简、明暗及人工与自然的相互转换造就了建筑空间的美学价值。

3.2.5　园路及铺装

1.园路的功能

园林道路是风景园林空间的"血管",是划分和联系各景区景点的系带,也是园林的重要组成部分。园路的规划布局和宽度应满足人车通行、消防和综合管线排布的需要。

1)组织交通

园路与城市道路相连、人车分流,提供舒适方便的交通条件。

2)引导游线

园路给人方向感,可以引导人们到达各景点、景区,从而形成游赏路线。

3)组织空间

园路可以根据园林景点布置并能起到分隔空间的作用。

4)工程作用

许多水电管网都是结合园路进行铺设的,因此园路设计应结合综合管线设计考虑。

2.园路的分类

园路按功能可分为主要园路(主园路)、次要园路(次园路)和游憩小路(游步道)。

1)主园路

主园路是园区内的主要道路,从园区入口连接各主要景点以及活动设施,是全园的骨架元素。能够满足大量游客、游览车辆、管理和运输车辆通行,同时也能满足消防安全的需求。主园路最宽,一般为 4～7 m。

2)次园路

次园路与主园路相连,分布于各景区内,联系各主要建筑及景点。次园路是对主园路起辅助作用的道路,构成各景区内的骨架。次园路的宽度一般设置为3～4 m。

3)游步道

游步道是指供游人漫步游赏的道路,串联各景点,引导游人深入园区各处,为游人创造舒适的游览环境。游步道的宽度一般为 1.2～2 m,小径也可小于 1 m。

3.铺装

铺装如同其他景观要素一般,具有美学价值与使用功能。园林中常配合场景及场地氛围选择铺装的颜色、形式、尺度、质感、材料,拼接图案和地纹,增加景观特色,丰富视觉效果,深化园林意境。

园路按路面材料可分为土草路、泥结碎石路、块石冰纹路、砖石拼花路、条石铺装路、水泥预制块路、方砖路、混凝土路、沥青路、沥青砂混凝土路等(图 3-33)。路面的铺面形式一般有单一色彩、条带、花街、特殊图案等形式。

图 3-33　各类铺装材料的园路(陈东田 绘)

4.园路的设计要点

园路不同于只用于交通运输的道路,园路的设计必须兼顾交通功能与游览功能:各级园路必须明确区分主次,方向性强,便于观光管理;应因地制宜,依据园林的地形地貌采取不同的布置形式、平面线性、宽度和铺装材料;园路网要疏密得体,依据地形地貌以及景区性质进行设置;应避免出现过多的交叉口。

园路布置可引入海绵城市的公园雨洪管理系统设计方法,实现园林多功能、多目标的可持续发展。主园路在满足路面承载力及交通运输的要求下,可采用透水铺装材料;次园路及游步道在不影响基本使用功能的前提下,宜采用园林透水铺装材料。

3.2.6　园林设施

1.园林设施的功能

园林是人进行户外活动的场所,舒适美观、充满人性化的风景园林环境需要由各类园林设施来营造。这些设施既要满足使用的要求,还须与周围环境和谐统一。因此,其形状和色彩的选择应结合风景园林设计考虑。此外,还应充分考虑无障碍设计。

2.园林设施的分类

1)交通设施

园林中的交通设施指台阶、路缘石、汀步、阻隔物、停车场等与通行相关的设施。停车场是风景区和公园不可缺少的设施,为了方便游人使用,常将其布置在景区入口附近,但不应占用门外广场的位置。

2)休息设施

园林中的休息设施指座椅、廊架等,其功能是方便游人休憩。休息设施也是装饰景观的重要设施,通常结合周边环境与具体使用要求来考虑其造型与色彩。应优先选择触感好的材料,给人以舒适的体验。

3)供电设施

供电设施主要包括园路照明,景观照明,生活、生产照明,生产用电,广播宣传用电以及娱乐设施用电等。公园照明除了能够营造明亮的园内环境以满足夜间游园活动、节日庆祝活动以及保卫工作等要求以外,更是创造现代明亮的公园景观的手段之一。

4)信息类设施

信息类设施是指展览牌、解说牌、广告等在园林中为人群提供信息的设施。信息类设施的颜色搭配、形状设计应与周围建筑风格相协调,同时应能够满足景观环境以及自身功能的需要;材料应耐用,不易损坏且便于维护;应统一格调和背景色调。例如,在公园中的路口设立标识和指引牌,可引导游人轻松抵达园区景点,尤其在道路系统复杂和景点众多的大型公园中,还能起到点景的作用(图 3-34)。

| 方向牌 | 导游牌 | 指向牌 | 多向标志 | 停车指示牌 |

图 3-34　各式导游牌、路标(陈东田 绘)

5)管理设施

管理设施指围墙、栏杆、篱等设施，它们的设置是为了确保人员和车辆安全和便利。不同管理设施的设计应与不同的使用场所相结合，首先必须充分考虑其强度、稳定性和耐久性；其次要考虑造型的美感，以突出其功能性和装饰性。

6)卫生服务设施

卫生服务设施指垃圾箱、饮用水池、洗手盆等为游人提供各种便利的设施。饮水器的高度应为 80 cm 左右，儿童饮水器的高度应在 65 cm 左右，并应安装在高度为 10～20 cm 的踏台上。垃圾箱一般设在道路两侧和靠近住宅单元出入口，其外观色彩及标志应符合垃圾分类收集的要求。垃圾容器应美观又实用，并且与周围景观相协调，同时要求坚固耐用，不易倾倒。

7)供水及排水设施

园林中用水有生活用水、生产用水、养护用水、造景用水、园林绿化用水和消防用水。一般水源包括引用原河湖的地表水、利用天然泉水、利用地下水、直接使用城市自来水或通过设置深井水泵抽水等。供水设施一般有水井、水泵(离心泵、潜水泵)、管道、阀门、水龙头、窖井、储水池等。消防用水为单独体系，有备无患。园林造景用水可设置为循环水系统，与园林绿化养护用水结合，一水多用、节约用水。山地园和风景区应设分级水站和高位储水池，以便山体引水上山，均衡使用。

8)体育运动设施

体育运动设施指儿童游乐设施、运动场、游泳场等为人们提供运动场所和健身活动的设施。不同的使用目的，对体育运动设施的要求也存在差异，但必须满足其安全性、适用性、环保性，充分保护使用者。

9)无障碍设施

无障碍设施是指解决残疾人在行走、手部活动、视觉和听觉上的困难以及照顾到老人和儿童使用的设施。如在梯步的旁边设置相应的坡道供轮椅使用，宽度不小于 2 m，坡道两旁必须有扶手；在道路上设置 0.2～0.3 m 的盲道，方便盲人行走等。

10)紧急救险设施

紧急救险设施指消防箱、消防井等应对紧急情况的设施。具有容量小、占地面积小、易于识别、造型特殊、使用便利、分布广泛等特点。

第 4 章
风景园林规划设计基础理论

4.1　风景园林生态学

4.1.1　相关概念

1. 生态学的定义

生态学的发展经历了三大阶段：第一次定义是个体生态学；第二次定义是种群生态学和群落生态学；第三次定义是生态系统生态学。三次定义反映了生态学发展的不同阶段，强调的是基础生态学的不同分支领域。

生态学在不同时期均被赋予不同的定义。英国动物生态学家查尔斯·萨瑟兰·埃尔顿（Charles Sutherland Elton，1900—1991）在《动物生态学》中，把生态学定义为"科学的自然史"，强调生态学与动植物个体之间的关系。植物生态学家尤金·瓦尔明（Eug. Warming，1845—1923）提出植物生态学主要研究"影响植物生活的外在因素及其对植物的影响；地球上所出现的植物群落及其决定因子"。自 20 世纪 30 年代后，生态学的基本概念和论点已基本成型，食物链（food chain）、生态位（ecological niche）、生物量（biomass）、生态系统（ecosystem）等成为生态学研究的热点而被提出，生态学逐渐成为具有特定研究对象、研究方法和理论体系的独立学科。随着人类文明的发展，至 20 世纪六七十年代，在环境、人口、资源等世界性问题的影响下，生态学的研究重点趋向于生态系统的研究。

在学科交叉的大背景下，生态学发展至今，其研究的范围，小到生物与非生物个体，大到生物圈，也因此形成了众多的交叉学科和边缘学科，如植物生态学、风景园林生态学、分子生态学、行为生态学等。生态学研究中的各学科相互依托，相互渗透，发展衍生了多个边缘学科。建立学科间的综合性研究，是现阶段生态学发展的特色。

2. 风景园林生态学的定义

风景园林生态学（Landscape Ecology）是随着人们对其生存环境要求的逐步提高而出现的一门新兴的边缘学科。它是一门以生态学原理为指导，研究风景园林生态系统的结构、功能及其与其他生态系统相互作用和相互关系的科学；是研究人工栽植的园林树木、花卉、草等植物与自然的或半自然的植物群体等所共同组成的园林生物群落，及其与所在的环境之间的相互关系的科学。其涉及多个学科门类，如生态学基础、植物生态学、城市生态学、恢复生态学、环境生态学、植物生理学、气象学、土壤学、树木学、花卉学等。

风景园林生态学的研究对象包括：园林生态系统内植物、动物和微生物；风景园林生态系统中非生物环境和生物与非生物环境之间的相互作用、相互影响。风景园林生态系统的范围指的是城市中各类园林绿地、风景名胜区及自然保护区。

其研究的主要内容包括：

①风景园林生态系统的结构和功能。研究风景园林生态系统的组成及结构特点，风景园林生态系统中能量的输入及流动原理，风景园林生态系统中养分的循环特点及其应用。

②风景园林生态系统的自然环境。研究影响环境的因素，如太阳辐射、大气因子、温度因子、水分因子、土壤因子等对风景园林生态系统中的主要要素如植物的影响，以及它们之间相互影响的机制及原理。

③风景园林生态系统的生物成分。研究风景园林生态系统中的生物个体、种群及群落之间的特点及演变规律，揭示风景园林生态系统的演替过程及规律，为风景园林规划设计提供理论依据。

④风景园林生态系统的构建与管理。侧重如何构建景观、生态和社会效益俱佳的风景园林生态系统，并在此基础上进行优化，实现能量的输入最小化和风景园林生态系统的健康化。

⑤风景园林生态系统的退化与恢复。研究风景园林生态学的演替机制，并根据相关生态学原理研究相关措施，对已退化的风景园林生态系统进行合理的生态修复。

⑥风景园林生态系统效益评价。包括建立评价指标体系，确定评价指标权重，收集和处理评价资料，确定评价标准。

⑦生态学思想在不同绿地中的应用。包括不同园林绿地的作用，生态学评价的准则、指标和方法等。

4.1.2　风景园林生态系统的能量流动

1. 生态系统的能量流动

生态系统（ecosystem）是指在一定空间中共同栖居着的所有生物（即生物群落）与其环境间由于不断地进行物质循环、能量流动和信息传递而形成的相互作用和相互依存的统一整体。

能量是生命运动的基本条件，也贯穿了自然界中的所有过程。地球的能量来自太阳，太阳的能量通过阳光照射传递到地球上，部分被生物体（这里主要指植物）吸收利用，并通过食物网传递到整个生态系统。根据生态功能的不同，生物共被划分成三类亚系统，分别是生产者、消费者和分解者。生态系统中的能量流动，其实指的是能量在生态系统中流动的过程，包括输入、传递、转化等多个阶段，其中还包含了部分能量的散失。

1）输入

太阳光是生态系统中所有能量的最终来源，太阳光照射到地球上，其中的一部分能量被生态系统中的某些物质吸收，通过光合作用，这部分能量最终在生态系统中固定下来。而这部分具有吸收和固定太阳光能量的物质，成为生态系统的第一营养级，即生产者。但输入到生态系统中的能量仅仅是太阳光能量中很小的一部分，其余的部分则以散射、反射等形式散失，或者被大气层吸收。

2）传递

能量被一部分生产者吸收之后，不断地进入第二、三营养级，依此类推，逐级传递，其能量的主要传递方式是通过食物链进行的。例如，次级消费者取食初级消费者，而后再被更高级消费者所取食。正是这种取食与被取食的过程，使得能量在不同营养级之间传递，直到传入最高级消费者。

3）转化

正如生产者只能吸收和固定一部分的太阳光能一样，第二营养级也只能从第一营养级中获得一部分的能量。第一营养级固定下来的太阳能经过转化，变成化学能的形式，其中一部分在生产者呼吸的过程中以热能的形式散失，另一部分要用于满足生产者自身生长、发育和繁殖等生命活动的需要。第二营养级的生物取食第一营养级生物后，所获得的能量只是第一营养级转化成生物体的有机物中的能量。同样的道理，之后的每个营养级也都只能获得上一营养级所获得能量的一部分。这样，在各营养级之间传递的过程中，能量要不断地被转化和散失。

整个能量生产、传递、转化和散失的过程如图 4-1 所示。

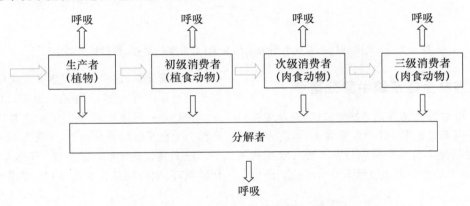

图 4-1　能量生产、传递、转化和散失示意图

生态系统中的能量流动呈现出一定的特点,主要是单向性和递减性。单向性是指能量流动只能按照营养级顺序流动,而不能往相反方向流动。生态系统中的取食与被取食的关系构成食物链和食物网,这些食物链和食物网是不可逆向的,营养级的顺序也是不可反转的。递减性是指能量在流动过程中要不断散失和消耗,每进入下一个营养级,就会减少一部分,呈现出逐级递减的规律。这是因为一方面每一个营养级自身要消耗一部分能量,用以维持各种生命活动;另一方面每个营养级的生物总会有一部分没有被下一个营养级生物取食。一般情况下,下一个营养级能够获得上一个营养级全部能量的 10%~20%,即能量传递的效率是 10%~20%。

2. 风景园林生态系统的能量流动

风景园林生态系统是指在绿地空间范围内,生物成分和非生物成分通过物质循环和能量流动相互作用、相互依存而构成的一个基本生态学功能单位,该功能单位被称为风景园林生态系统。

与生态系统的能量来源不同的是,风景园林生态系统的能量来源可分为:以太阳能作为能源的生态系统;以太阳能为主、人工补充能源为辅的生态系统;以人工补充能源为主的生态系统。

不同于自然生态系统的是,在风景园林生态系统中,人工补充的能源占相当大的比重。一旦人工补充的能源终止,风景园林生态系统就会按照自然生态系统演替的方向发展,而不是按人的意愿发展。因而,对风景园林生态系统,必须不断地投入能源,保证风景园林生态系统持续运转,保证园中良好的景观、舒适的环境,以利于生态环境的良性循环,最终使其服务于人类。

风景园林生态系统中的能量流动如图 4-2 所示。与一般生态系统相比,风景园林生态系统中的人工补充能源的数量较多,同时流出系统的能量也较多,主要以枯枝落叶的形式流出系统。另外,人为的修剪园林植物也是能量流出的另一重要形式。

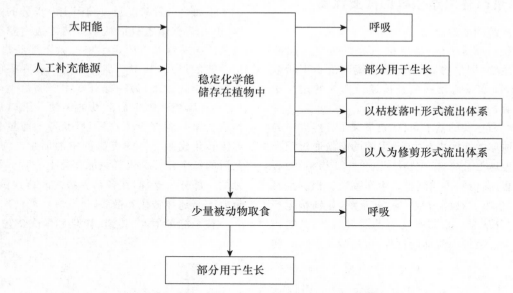

图 4-2　风景园林生态系统能量流动示意图(引自廖飞勇《风景园林生态学》)

4.1.3　风景园林生态系统中养分循环

生态系统中的养分是储存化学能的载体,又是维持生命活动的物质基础。比如,对于大多数生物,有大约 20 种元素是生命活动不可或缺的,有约 10 种元素生物需求量很少,但对于某些生物而言是不可缺少的。还包括一些微量元素,这些物质在生态系统中不断循环。生态系统之间矿质元素的输入和输出,以及它们在大气圈、水圈、岩石圈之间,生物与非生物之间的流动和交换即称为生态系统的养分循环,又称为物质循环。

根据养分循环活动的范围,可将其分为三类:地球化学循环、生物地球化学循环和生物化学循环。其中,地球化学循环是指养分元素在生态系统之间的循环,生物地球化学循环是指养分元素在生态系统内部的循环,而生物化学循环是指养分元素在生物体内部的循环。

风景园林生态系统涉及的范围相对较广,因此养分循环的三个类型也基本都涉及,且过程相对复杂,但主要以生物化学循环和地球化学循环为主,其主要具有以下 2 个特点。

(1)人工投入的养分量相对较多　生态系统的养分大都来源于土壤。不同于自然生态系统,风景园林生态系统中的主要功能是用于观赏和休闲,因此养分的来源主要是人为投入的化肥如氮、磷、钾等,用于补充和维持特定景观下的植物生长及其效果。

(2)养分元素的流失量相对较大　风景园林生态系统中养分元素的流失也是相对较大的。除了被雨水冲刷、淋洗而流失等原因外,一部分是以枯枝落叶的形式被人为收集而流失,一部分是为了控制景观效果而对植物进行修剪,以修剪落叶落枝的形式流失,一部分是人为的破坏导致的流失。

4.1.4　风景园林生态系统构建与管理

随着城市的进步和发展,生态建设理念逐步深入人心,成为城市规划、绿地系统规划、园林绿地规划的重要考虑因素,使森林进城、生态优先、生态园林等理念得到了普遍倡导。绿地的环境效益不仅是纯粹的绿化覆盖率,而且取决于空间结构和绿地类型,以及构成绿地的生物群落类型。风景园林生态系统的构建与管理就是指以生态学的基本原理为指导,从景观效益、生态效益、社会效益和经济效益的角度对生态系统进行科学的、合理的构建。同时,通过人工和物质的输入,让风景园林生态系统的结构和功能在一定时间内保持在相对稳定的状态,使其物质和能量的输入和输出接近相等,从而维持其生态系统的平衡。

风景园林生态系统的构建除了必须遵循生态学的基本原理外,还须考虑到美学、经济等因素。配置植物时,应考虑统一、均衡、协调、韵律的美学原理,能够给人以美的视觉享受。同时,作为人类参与度较高的生态系统,在建设时还须考虑满足人民群众的精神文化需要,既要做到人性化设计,还要满足景观的功能性和人们的具体需求。构建的风景园林生态系统要符合社会道德和人们的审美观念。另外,在构建中还须考虑到效益,在满足生态效益和景观效益的前提下,发挥其创造社会效益和经济效益的功能,改善人居环境,通过促进旅游等方式来提高绿地的整体效益。

风景园林生态系统的正常运转往往依靠大量的人工和物质输入来维持,如果人工投入的能量不足或停止,风景园林生态系统的景观就将无法维持人为设计的现状,而会朝着自然生态系统的演替方向进行正向演替。因此,在风景园林生态系统的构建与管理中,须要不断投入物质和能量。

(1)人为养护　如球形绿篱景观,如果缺乏养护,就将无法保持原来的球形造型,转而向自然的植物形态发展,形成分枝散乱,遮挡人视线的高大灌木。

(2)防止外来物种入侵　外来物种往往容易对本地植物和动物造成极大的生存冲击,从而对风景园林系统构成严重的威胁。

(3)地形处理　地形的处理能够使局部地区的坡度减缓,减少降雨径流对土壤的冲刷,从而更利于景观的维持。

(4)植物配置　合理的植物配置除了要考虑植物的外观形态外,还要考虑植物的特性,如充分利用植物间的相生相克现象,合理地进行植物的选种,从而更好地维持植物景观。

4.2　人居环境学

人居环境学(The Science of Human Settlements)是一门以人类聚居(包括乡村、集镇、城市等)为研究对象,着重探讨人与环境之间相互关系的科学。它强调把人类聚居作为一个整体,而不像城乡规划学、地理学、社会学,只涉及人类聚居的某一部分或某个侧面。研究人居环境学的目的是了解和掌握人类聚居发生、发展的客观规律,以更好地建设符合人类理想的聚居环境。

人居环境学起源于 19 世纪末 20 世纪初,英国著名风景规划与设计师、现代城市规划先驱者埃比尼泽·霍华德(Ebenezer Howard,1850—1928)提出社会城市(social city),他首次提出用快速交通联系旧城与新城市等新的规划模式,把城市与乡村的改造作为一个统一的问题来处理。苏格兰著名生物学家、人文主义规划大师帕特里克·盖迪斯(Patrick Geddes,1854—1932)倡导综合规划的概念,他用哲学、社会学与生物学的观点揭示城市在空间与时间发展中所展示的生物与社会方面的复杂性,指出在规划中要把不同部门和工作统一起来考虑。美国社会哲学家、城市规划师刘易斯·芒福德(Lewis Mumford,1895—1990)强调要密切注意人的基本需要,包括人的社会和精神需求;强调以人的尺度为基准进行城市规划,提倡重新振兴家庭、邻里、小城镇、农业地区、小城市和中等城市,把符合人的尺度的田园城作为新发展地区的中心。希腊建筑师道君士坦丁堡·阿波斯托洛斯·多西亚迪斯(Constantinos A. Doxiadis,1913—1975)最先创建了人类聚居学(Ekistics),他认为人类聚居有 5 个基本要素:自然界、人、社会、建筑物与联系网络。人类聚居是地球上可供人类直接使用的、任何形式的、有形的实体环境;人类聚居不仅是有形的聚落本身,也包括其周围的自然环境;人类聚居也包括人类及其活动,以及由人类及其活动所构成的社会。

我国清华大学教授、中国科学院和中国工程院院士、中国建筑学家、城乡规划学家和教育家、中国人居环境科学的创建者吴良镛先生,在其著作《人居环境科学导论》中发展了道氏的人类聚居学理论,认为人居环境科学是一个综合性的学科群组,是"以人为本"兼具地理学、环境学、生态学、土木学、经济学等的集成学科。同时,把聚居地作为一个整体,探索聚居地的人与环境间的彼此影响作用,研究人居环境演变的客观规律,寻求较为理想的人居环境。同济大学刘滨谊教授提出了可持续发展背景下人居环境工程体系化思想,基于对古今中外人居环境的变迁与审视,确立了关于人居环境价值观和认识论的理论框架,归纳总结并提出了人居环境研究方法论与应用,阐释了人居环境"三元"哲学认识论和方法论,提出人居背景、人居活动、人居建设三位一体的理论体系。

根据刘滨谊在《人居环境研究方法论与应用》中的阐述,当代人居环境以自然环境、农林环境和生活环境三者为存在基础,形成包含自然环境、农林环境、生活环境三类空间环境,以及环境所具有的各类资源、生态环境等,它们维持着人类的基本生活,是人居环境的必要前提,称之为人居背景;而在此前提下的人类居住、聚集和游历的活动则为人居活动;人居环境的课题及其表现形式是建筑、城乡、风景园林与景观,其集中体现了人类在各类空间中的建设活动,称之为人居建设。三元素重叠部分即为系统的、综合的人居环境三元论的研究内容(图4-3)。

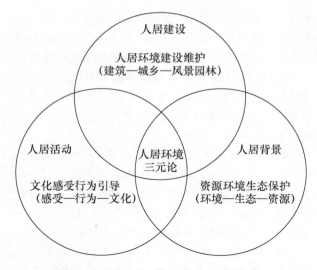

图 4-3　人居环境三元论示意图(引自刘滨谊《人居环境研究方法论与应用》)

4.2.1　人居背景

人居背景指由自然环境、农林环境和生活环境三元素组成的环境系统,正是这三元的环境、资源及生态系统的相互融合,才得以形成人类生存的背景。

(1)自然环境　主要包括山川湖泊、沼泽湿地、自然林与次生林、草原等,其特点是受人为活动影响相对较小。按照人类对其影响的程度以及其所保存的结构形态和能量平衡,可分为原生自然环境和次生自然环境。它们是人类赖以生存的物质基础的基础,也受人类的活动与行为所影响。只有充分了解自然环境的特征,才能提出对其加以利用的合适手段,进而实现人与自然的和谐共生。

(2)农林环境　主要包括农田、人工林地、果园、荒地、养殖湖地等。农林环境是人类逐渐介入自然环境并对其进行改造的结果。自然环境被渐渐改造,取而代之的是人类自身价值取向所决定的物质、能量和信息,其功能性质也趋于为人类所利用化,转化成为人类服务的性质。这种改造是人类社会经济发展的必然途径,也是人类改造和利用自然的表现形式。

(3)生活环境　主要包括住宅用地、行业用地、办公用地、工业用地、道路交通用地等。生活环境是人类改造自然达到一定成熟程度而形成的由人类思维主导的非自然环境。

在城乡规划设计中,根据 2012 年 2 月 1 日起实施的《城市用地分类与规划建设用地标准》(GB 50137—2011)，城乡用地即市(县)域范围所有土地分为建设用地(development land，H)和非建设用地(non-development land，E)。城市建设用地(urban development land)指城市和县人民政府所在地镇内的居住用地、公共管理与公共服务用地、商业服务业设施用地、工业用地、物流仓储用地、交通设施用地、公用设施用地、绿地。2019 年公示的《城乡用地分类与规划建设用地标准(征求意见稿)》已将"交通设施用地"改为"道路与交通设施"，将"绿地"改为"绿地与广场用地"。按照 GB 50137—2011，城市建设用地又分为 8 类，其代码及中英文对照如表 4-1 所示。

表 4-1　城市建设用地分类中英文对照表(GB 50137—2011)

序号	代码	用地类别中文名称	英文同(近)义词
1	R	居住用地	residential
2	A	公共管理与公共服务用地	administration and public services
3	B	商业服务业设施用地	commercial and business facilities
4	M	工业用地	industrial
5	W	物流仓储用地	logistics and warehouse
6	S	交通设施用地	street and transportation
7	U	公用设施用地	municipal utilities
8	G	绿地	green space

4.2.2　人居活动

人居活动是指人类在环境中从事居住、聚集和游历的活动。其中，生存方式是人居活动的基础。从心理学角度分析，人首先需要满足的是生理、安全需求，其次是心理、娱乐需求，再次是精神、社交、尊严和自我实现的需求。在人居活动中，生产是最为基础的，也是生存的重要基础，是维持生命的养料和能量的来源。同时，也是提供生活经济保障的一系列活动。只有保证了最低限度的生存及居住不受侵害，人们才会有对娱乐、休闲、旅游的追求。

因此，对城乡规划而言，首先要保证居民的生产及生存主线，确保生产区和居住区能够长久维持，再考虑满足人民精神文化及生活娱乐方面的相关内容。对风景园林规划设计而言，人类对人居环境的感觉是通过听觉、嗅觉、视觉、味觉和触觉五感完成的。在风景园林场地规划与设计中，首先应该注重场地的功能性，即从场地的实际问题出发，以具体对应的规划设计思路解决现场的实时问题，同时还需要从人类活动的生理、心理、社会三个层面赋予场地人文化的信息。生理层面主要满足人们对场地的感观认知，即满足人们对场地的积极生理反馈，如温暖、舒适等。心理层面需要满足人们对场地的精神及内涵追求，涉及人们的价值认同，更涉及具体区域内的传统与习俗、文化与信仰。因此，具体的场地规划须要结合地方特色的文化精神内涵打造。

社会层面包含人们的精神层次和行为层次。人作为社会属性单元，其社会性行为层次包括交往和交流。因此，在相关的规划设计中，应先了解人类的感觉及其感知的方式和范围，进而通过具体的设计从空间、场所、领域等方面满足人们对社会交往的需求。

4.2.3　人居建设

人居环境泛指人类集聚或居住的生存环境，特别是指建筑、城乡、风景园林等人为建成的环境。人居环境建设就是对人类居住环境的合理性设计，是探索人类因生存活动需求而构筑空间、场所、领域的学问，是对建筑学、城市规划学、景观建筑学的综合应用。

从人居环境规划设计的层面上说，居住环境是与人类生活紧密关联的生活环境空间。因此，贯彻以人为本的设计理念是居住环境设计的根本。以居住区人居环境为例，科学合理的规划对居住区人居环境的意义不仅在于外部环境的改变，更在于环境作为人类活动的载体所承载的人类活动方式的融入，这些均是规划设计者对人的行为包括生活方式等进行深入、理性思考而获得的结果。新时代的人居环境，应该为社会公众提供合理的人性的"建筑空间"，并赋予其现代精神及人性化、个性化的生活方式与价值。

从人居环境建设艺术的角度来说，人居环境包括与居民相关的人文状况和物质建设的所有软环境和硬环境。人居硬环境即人居物质环境，主要由居住条件、

生态环境质量、基础设施与公共服务设施水平组成(图4-4)。人居软环境是居民在利用和发挥硬环境系统功能中形成的生活方式、舒适程度、交流沟通、社会秩序、安全和归属感等非物质形态事物的总和。人居硬环境是人居软环境的载体,而软环境的可居性是硬环境的价值取向。人居软环境与人居硬环境的协调程度是衡量人居环境优劣和环境效益、社会效益、经济效益统一程度的主要标志。

图4-4　人居硬环境示意图(李飚 绘)

4.3　人体工程学

4.3.1　基本概述

人体工程学(Human Engineering),也称为人类工程学、人体工学、人机工程学或工效学(Ergonomics),是20世纪中后期发展起来的一门技术科学,是研究人、人造物(即产品)和环境之间的关系的学科,也是随着科技的进步和人类文明的发展而逐步完善的边缘学科。根据国际工效学联合会(International Ergonomics Association)给出的定义,人体工程学是一门研究人在某种工作环境中的解剖学、生理学和心理学等方面的各种因素,研究系统中各组成部分和人的交互作用(效率、健康、安全和舒适等),研究在工作中、家庭生活中和休假环境中如何实现人—机—环境最优化问题的学科。

人体工程学伴随着人类发展的每个阶段,从最初的人类为了适应环境,学会创造、发明和使用工具,到工业社会的大量生产机械设备,探求人与机械的协调关系。人类的人体工程学知识产生于人们的劳动和实

践中,并随着人类技术水平和文明程度的提高而不断发展。到19世纪60年代,工业发明的优势逐步体现,此时期涌现出一大批以实现功能为目的的机械设计,人们越来越认识到科学理论研究是创新生产技术和提高生产效率的关键所在,人们开始积极开展理论研究、实验,并付诸实际生产。这时,科学技术发展的一个重要特点是,各学科相互影响、相互渗透、高度综合,从而出现了整体化、系统化的趋势。第二次世界大战之后,人体工程学开始广泛渗透到各行业之中,其中空间技术、工业生产、建筑及室内外景观设计的融入尤为突出。1960年创立的国际工效学联合会,进一步推动了该学科的发展。人体工程学提倡以人为本、为人服务的思想,强调从人自身出发,在以人为主的前提下研究人们的衣、食、住、行以及一切与生活和生产相关的各种因素及其如何健康、和谐地发展。

4.3.2　研究内容与方法

1.研究内容

前面提到了人体工程学是研究实现人—机—环境最优化问题的学科,在人机系统中,不管机器的设计多么高端,自动化水平多么发达,它始终是被人有目的有意识地控制、监管、利用和操纵的,人永远是处于主导地位的。因此,该学科研究主要是对人的研究,而对机器和环境的研究与对人的研究是相辅相成、相互依存的关系,从而保证人的操作简单快捷、安全舒适、准确便利,以获得最高的经济效益和社会效益。因此,人体工程学研究的主要内容可分为以下三类。

1)工作系统中的人

研究的内容包括:人体的尺寸、人对信息的感受和处理能力、人的运用能力、人的学习能力、人的生理及心理需求、人对物理环境的感受性、人对社会环境的感受性、人的知觉与感觉能力、个体的差别、环境对人体的影响、人的长期和短期能力的限度及愉悦点、人的反射及反应形态、人的习惯与差异(包括民族、年龄、性别、生活习惯等)、错误形成的研究等。

2)工作系统中直接由人使用的机械如何适应人的使用

该部分涉及人与产品关系的设计和人机系统的整体设计等。除了探究人同时作为自然人和社会人的形态特征、感知特征、反应特征的一系列参数及社会行为、价值观念、人文环境的综合影响之外,还要考虑设备设

施、机械工具、作业用具能否促进使用者提高效率。

3)环境与人

该部分涉及工作场所设计、信息传递装置设计、室内外建筑环境设计(包含风景园林和景观设计)、环境控制和安全保护设计等内容。其主要目的是解决场所的宜人问题和促成高效、高舒适度的感官因素。从人的特征出发,在设计中融入多方面多角度的知识来传递更加精准、可靠、便捷的环境使用信息,并以此为基础深入研究预防措施、应急预案、防护保险装置、冗余性设计、防止人为失误的装置、事故控制方法、求援和实施救援措施等。

2.研究方法

人体工程学的研究方法与一般的科学研究方法没有本质的区别,有以下几种。

1)资料研究

资料研究是最基本的、最具普遍性的研究方法,不论从事人体工程学哪方面的研究,搜集和研读资料都是必须要做的工作。在搜集丰富资料的前提下对资料进行整理、加工、分析和综合,才能找到研究对象的内涵和规律。

2)调查分析

调查分析是人体工程学研究中较为普遍的方法,其应用广泛,既适用于经验性的问题,也适用于心理测试的统计;既包含自然观测,也包括口头询问。具体的方法有:口头询问法、问卷调查法、跟踪观察法。

3)实验预测

实验预测通常用于研究人的行为或反应,可在实验室中进行,也可在作业现场进行,一般需要借助工具和仪器设备。被测对象可以是真人,也可以是人体模型(如汽车撞击实验中的人体模型)。在作业现场进行实际操作实验,可获取第一手资料,但测试结果一般不宜直接用于生产实际,应用时应结合真人实验来进行修正和补充。一般分为客观仪器测试法和感官评价实验法。

4)模拟实验

模拟实验又称为仿真实验,是运用各种技术和装置,模拟最终产品或现实环境,如训练模拟器、计算机模拟(风景园林常用计算机模拟真实三维场景以便于观测整体效果)等。在价格上,模拟系统通常比真实系统便宜,用较低的成本即可获得基本符合实际的结果。

5)系统分析

系统分析是最能体现人体工程学的基本理念和学科特性的研究方法,此种方法将"人—机—环境"作为一个综合系统来考虑。它是以资料的研究作为基础的,结合使用其他方法,常用于评估作业环境、作业方法、作业组织、作业负荷、信息输入及输出等。

4.3.3 在风景园林中的应用

风景园林规划设计需要研究分析人、设计要素和环境的整体统一关系,以及人的活动。因此,人体工程学的相关知识是做好细部景观设计的理论基础之一。具体联系到细部景观设计,其含义为:以人的活动为出发点,运用人体计测、生理计测、心理计测等手段和方法,研究人体结构功能、心理、力学等方面与室外环境之间的合理协调关系,以适合人的身心要求,取得最佳使用效能,以求达到安全、健康、高效能和舒适的目标。比如,在确定园林中座椅的形式、材料的选择、安放的位置、座椅的高度及宽度尺寸前,都要了解人体活动的各种功能尺寸和行为特征,才能提高设计的合理性和有效性。人体工程学在风景园林设计中的应用主要体现在以下几个方面。

1)为确定人在室外风景园林景观环境中活动所需空间提供设计的依据

风景园林是设计者对植物、建筑、山石、水体及多种要素进行艺术性处理而创造出来的自然和人工境域,能够为大众提供游赏、休闲、交流的空间,涉及人们的视觉、听觉、触觉、行为模式,与人类生活息息相关。人体工程学在景观空间中的运用是指在风景园林设计中以人的环境需求为出发点,将人的行为空间、生理空间、心理空间等方面作为衡量风景园林设计中的时空尺度和植物、建筑、山石、水体等是否符合人体生理、心理尺度及活动规律的依据。例如,广场的设计需要依据美国人类学家爱德华·霍尔(Edward T. Hall)对人际距离的概括:亲昵距离、私交距离、社交距离和公共距离。其中,亲昵距离在 0.45 m 以内,主要适用于情人间的交往,一般不用于公共场所;私交距离的范围为 0.45～1.20 m,一般用于亲属、师生、密友之间;社交距离的范围为 1.2～3.6 m,这是人们在大多数商业活动和社交活动中所惯用的距离;公共距离的范围为 3.6～7.6 m,主要适用于演讲、演出和各种仪式。

2)为确定室外各种环境设施的形体、尺度及使用范围提供依据

室外的环境设施(包括游乐设施、休闲设施、服务

性设施、交通设施等)均是为人服务、为人所用的。如何使这些环境设施更适合人们的生理和心理需求并得到有效运用,是人体工程学需要解决的问题。比如,在户外设施中,栏杆、座椅、台阶等公共设计的尺寸必须符合人体工程学的要求。户外座椅的高度一般为0.35~0.40 m,这个高度能够使大多数人在坐下时感到舒适。对老年人活动场所中的座椅,须增设扶手和靠背。栏杆的高度,一般来说,高杆在1.5 m以上,中杆的高度为0.8~1.2 m,低杆的高度在0.4 m以下。这样的设计都是为了配合它们在风景园林设计中的不同用途。

3)提供适合人体的物理环境因素的最佳参数

风景园林涉及的物理因素主要有热环境、声环境、光环境、重力环境、辐射环境等。在对公共环境进行设计时,尤其要考虑这些物理因素对人的影响。例如,在确定座椅的位置和方向时,既要考虑风向对人的影响,还要考虑光照的方向,通常选择在一天里遮阳时间最长且通风较好、视觉效果最佳的位置。合理利用音乐则可以创造动听、悦耳的听觉环境。当环境噪声较低时,背景音乐的音量比噪声音量高出3~5 dB,可取得较好效果;当环境噪声较高甚至达到80 dB时,背景音乐的音量比噪声低3~5 dB,可在一定程度上抵消音量高的噪声。对于一般游园及居住小区,可以在景区草坪或灌木丛中布置背景音乐系统,将仿制成自然石头造型的音乐喇叭布置在园林游步道的两侧,使漫步其中的行人隐约感觉到"丝竹之声"萦绕耳侧,悠闲舒适,显得亲切感人;对于大型公共游园,则可以结合灯箱制作音乐喷泉。例如,湖北汉口江滩公园的玻璃广场、"水池树阵"等音乐喷泉,每到夜间,喷泉随着音乐节奏上下起伏,变幻莫测的喷泉造型和五光十色的霓虹彩灯吸引老人和小孩嬉戏,整个场景兼具声、色、形、意的美感。这些均是根据人体工程学原理进行设计的。

4)为风景园林中视觉要素的设计提供科学依据

人眼的视力、视野、光觉、色觉是视觉的要素,人体工程学通过计测得到数据,给光照、色彩、视觉区域的设计提供科学的依据。例如,从视觉角度来说,人的视野范围、视觉适应及错觉等生理现象均可以运用在风景园林设计中。人眼的水平视域角度在60°以内,则景观清晰而柔和,最宜静观(图4-5)。在此水平视野内,如果把握好合适的视距,主景与环境就能达到一定的平衡。如对小型景物,合理的视距约为景高的3倍。

布局景观时,可重点布置景观小品,形成游人静观的驻足点,结合一定的行走路线,随游人视角移动纳入不同的景观,步移景异,构成连续的动态景观序列效果。而仰角欣赏景物的最佳垂直视角为26~30°。因此,在风景园林设计中,可以在竖向设计上考虑带状景观序列的高低起伏变化,利用地形堆叠和植被配置的变化,在景观上构成优美多变的林冠线和天际线,形成纵向的节奏与韵律。

图4-5 视域范围内的景观(李飚 绘)

4.4 风景园林艺术法则

学习美学基础知识、探讨艺术规律是研究风景园林艺术法则的需要,同时也是在探讨风景园林艺术的美学特征之前所必须要进行的两个步骤。风景园林艺术有多方面的定性,可从不同方向进行深入探讨。为了总结出园林美学的深层规律,本章节将从艺术学角度对风景园林艺术的内容加以概括。

4.4.1 变化与统一

艺术形态有不同的组分,有构成形态的多种元素,它们的特点呈现多样变化的状态,可产生丰富且生动的艺术效果。同时,艺术形式也是一个整体,多样化的形式正表达着整体的形态特征和需要。缺乏多样性便会表现得极为单调,同时,没有整体的统一就会显得混乱。统一与多样是一切艺术作品达到完美的最基本原则。

园林艺术的变化与统一性原则是指风景园林中的各组分在体量、颜色、线型、样式、格调等方面,都需要具备一定程度的相似性与一致性。一致性程度的高低会造成统一感强弱的变化,类似的组分会给人以齐截感、庄重感、肃穆感;而过度一致的组分则给人以呆板、单调、乏味的感受。即相似的统一凸显气势,过度的统一就是呆板。因此,"多样性"往往被添加到统一中,这意味着统一须在变化的过程中实现,以避免成为大杂烩。变化和统一原则与其他原则密切相关,起着"总指挥"的作用。园林景观能真正让人感觉身心愉悦,均缘于各组分之间显著的和谐统一感。想要创造出变化统一的艺术效果,可通过以下方式来达到。

例如,常在纪念公园、陵园、墓地、庙宇等地的主要道路两旁栽植成排的松树和柏树,令人肃然生敬,形成统一的庄重感。北京天坛公园的西门入口干道和卧佛寺山门(图 4-6)就是如此。

图 4-6　北京西山卧佛寺山门成排的松柏植物

在自然山水中,生物和非生物长久以来形成了固有的和谐与统一,它们将不同的组分联合起来,形成各种类型的景观特性,如沙漠风景、海洋风景、池沼风景、高山草原风景等。每种风景都有自己的特色,都会给人带来不一样的感受和情绪反应。其中,宜人的风景的各组成成分之间具有显著的协调统一性,其协调统一的程度是权衡景观品质的标准。因此,我们应该在风景园林景观中创造多样的变化统一。

1. 形式与内容的变化与统一

园林建筑形式与其各自的功能在园林的长时间发展过程中已形成相对稳定的规律,尤其是体量较小的景观建筑,如亭、台、楼、阁、餐厅、厕所等,已成为其名称即能代表内涵和功能的人工环境。如果用亭或小卖部的造型建造厕所,显然是不能理解的;如在一个充满中国风的花园(图 4-7)中修建西洋餐厅(图 4-8),也会在形式上失去统一感。

图 4-7　中式花园

图 4-8　西洋餐厅

但园林建筑的形式千变万化,造型各异。花台不仅可以是圆形的,也可以是方形、线形的。风景园林设计不应局限于单一的形式,应注重与内容相呼应。在设计小型园林时,空间是很有限的,不宜表达多种园林形式。一味地追求园林形式多变,在园内簇拥多种园林形式,而忽略它们在功能方面是否合理,忽略它们在景观节点中的作用和位置是否有助于小空间意境营造等问题,则是不可取的。

完美的形式需要充实的内容,内容为形式的核心,二者缺一不可。统一形式前应先明确整体格调,再确定局部形式。在自然式和规整式园林中,各种形式都是相对统一的。混合式园林主要是指局部形式是统一的,而整体上两种形式都存在。但在两种形式的交界处不能太骤然,应有一个逐步缓冲过渡的空间。在公园中,最重要的表现形式是园内道路,规整式公园多用直路,自然式多用曲路。由直至曲可通过弧形或折线形道路,使人在不知不觉中转入曲径。统

一还表现在多个方面,如几何式花坛整体的形式统一,不同形状的建筑的勒脚样式统一或屋顶样式统一等。

2. 局部与整体的变化与统一

哲学证明,整体往往由多个局部构成。一个合理的整体的作用势必超越局部的作用。这就要求在前期思考问题时,务必从全局出发,由整体到局部进行考虑。对于一个场景的设计,须从统一的形体出发,又或者从统一的景观元素、统一的色彩出发,进行构思和设想,再进一步进行细部设计。

在风景园林设计中,整体上风格和布局应该统一,在局部的景观设计中要注意与整体呼应,不应脱离整体的掌控。倘若在设计中将风马牛不相及的元素拼凑在一起,所得出的景观通常会让人产生奇怪的、不协调的视觉观感。例如,巴黎圣母院的窗户(图4-9)就应采用花窗与哥特式整体风格相融合,如果采用中国古典的漏窗(图4-10)就会脱离主体风格,而与总体风格大相径庭。

图4-9　巴黎圣母院花窗

图4-10　中式漏窗

3. 风格的变化与统一

风格是一种综合整体特征的体现,是识别不同园林景观作品的标志。它受地域分布、历史时代、民族文化等多因素影响。这些因素相互影响,相辅相成,对园林风格既产生定性作用,又起到协调作用。因此,园林需要整体风格统一,来传达明确的设计语言倾向和文化艺术倾向;同时也需要一定的个性文化,以展示不同地域的独特文化、不同民族的个性和喜好。

中国古典园林整体上以自然山水的风格呈现。皇家园林突出金碧辉煌、对称严谨,江南园林散发古朴清幽、别致小巧,寺庙园林追求幽深静谧、山峻色美。所以,在风景园林设计时,要注意统一风格和流派。若是南北嫁接、东西拼凑,则会显得不伦不类。在前期思考时确定好整体风格,就像是定了主干,分枝围绕主干而产生。例如,在凡尔赛宫中,如果修建一个自然山水式的花园,就显得很不搭调,但在林荫道两边排列着的22组盘式涌泉就能和凡尔赛宫整体相融合,显得极为壮观、令人心旷神怡(图4-11)。

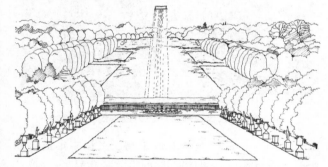

图4-11　法国凡尔赛宫水景示意图(鲁可竹　绘)

4. 形体的变化与统一

形体是由多种面形围合形成的三维空间实体,给人印象最深的是,其具备尺度、比重、体量、凹凸、虚实、刚柔、强弱的量感和质感。风景园林中的绮丽绚烂的形体美元素,体现在山石、水体、建筑、小品、植被景观等方面。不同类型的景物有不同的形体美感。现代雕塑艺术不仅能表现出景观形体的一般外在规律,而且还抓住了景物的内涵加以发挥,使其成为表达情感内涵的抽象艺术。

5. 图形线条的变化与统一

线条的变化和统一是指每个图形自身的线形与局部线形的变化统一。如山石岩峰的垂直统一,天然水池曲岸线的统一等。变化形成多样统一,也可以用天然土坡,山石构成曲线变化,求得多样统一。

6.材料和质地的变化与统一

质地是材料表面的视觉特性,是指表面的颜色、纹理、平滑度、透明度、亮度等。无论是一座假山、一堵墙面,还是一组建筑,无论是单体或是群体,在材料的选择方面既要有变化,又要保持总体在视觉上的统一性,这样才能显示景物的本质特点。

在形体简单的情况下,材料可视属性的变化可以带来丰富的视觉感受。在同一种材料表面,肌理粗糙与细腻、质地柔和与光亮、色彩淡雅与艳丽,能形成空间领域感;远近、强弱、大小等的强化透视感或奇妙的空间错觉,还能增强节奏韵律和动态效果。而在形体复杂、矛盾的情况下,统一材料的某些可视属性如颜色,则可以协调矛盾元素,使空间既丰富多样又和谐统一。

以日本熊本县菊池市建造的袖珍公园(图4-12、图4-13)为例,风景园林规划设计师以城市中的人们也能坐在"石块"上歇脚的主题理念,将水池、凉亭、汀步、座椅、石凳等设计成各种不规则的多边多面石块体,将日本传统枯山水高度精练概括的手法与现代简洁纯净的白色风格结合,以白色、银色、透明色、金属色等亮色调统一全园,且利用了反光金属、透明玻璃、清澈闪光的池水等材质的奇妙变化。

图 4-12　日本菊池袖珍公园一(引自景观中国网)

4.4.2　对比与协调

在风景园林设计中,协调是多方面的,如形态、颜色、线条、比重、虚实、光影等,都是可进行协调的方向。

图 4-13　日本菊池袖珍公园二(引自景观中国网)

场景之间的协调必须是互相关联的,并且包含共有的因素甚至相同的属性。

对比的形成是巨大差异的结果,由于差别大而失去平衡,走向了另一个极端而形成对比。所以,从统一到对比是不同程度的变化。园林中的很多方面可以形成对比,如形态、体量、方位、开合、明暗、虚实、颜色、肌理等,都可在风景园林设计师的笔下形成园林景观的对比。尽管如此,对比的手法也不能过多使用。

形成对比通常是为了突出某一个景点和景观,使之引人注目。其他艺术理论常提示人们"对比手法用得过多便是画蛇添足",这在风景园林艺术中也是一样的。风景园林中的主景,如颐和园佛香阁,采用对比的手法加以突出而明确主题,但主景毕竟是少数,所以对比手法不宜多用。另外,对比引起的是激动、热烈、浓厚、兴奋、崇高、景仰等。不同的情绪由不同的内容产生。如教堂和寺庙通常都建在山巅,利用位置突出引起人的尊崇。在游历的过程中,不能处处使人感到激动、振奋或惊奇,不同的人有不同的情感需求,有人需要的是安适、恬静,此为对比不可多用的原因。

1.适合用对比的场所

适合用对比的场所主要为一些开阔广袤的地带(如草坪)或高点(如山顶)。

2.对比的手法

1)面积对比

大园气势开敞、通透、深远,小园幽闭、亲近、精致、盘曲,若大园中套练小园,便会使游客当即产生新颖别致之感。

2)明暗对比

造园者改造一块林地的最佳的方法是开拓林中空地,该空地就如同一扇天窗,使明暗相间,形成光影对照,令人神往。草坪上阳光丰沛,如果在其上点缀树木,使其明中有暗,草坪上出现一些隐蔽处,这也是明暗对比的手法。

3)虚实对比

虚给人放松的感觉,实给人沉重的感觉,虚实相合,以达到"虚中间实,实中带虚,虚实共存"的目的。建筑和院落对比,建筑是体块,是实;院落是开敞空间,是虚。山水对比,山是厚重的,是实;水是流动的、无形的,是虚。岸旁的景物真实存在,是实;水里的倒影如海市蜃楼,是虚。虚实对比能够使场景更加坚实有力、虚幻生动、收放有度。

4)色彩对比

利用色彩可引人注目,如"万绿丛中一点红"。在风景园林设计中,色彩的对比与谐和是指在色调和明度上的对照效果。如红色和绿色,差异巨大产生对比;再如土黄色与嫩黄色,差异近似就产生和谐的效果。

5)动静对比

《入若耶溪》描述的"蝉噪林逾静,鸟鸣山更幽。"蝉声高唱,令环境平添三分静谧;鸟鸣声声,更显山间清幽。在院落中设置几处滴水,可创造诗境般的休憩空间;在庭院中种下几棵芭蕉树,雨天就可听见雨打芭蕉的声音,营造出空灵婉转的气氛。

6)质感对比

不同质感的材料,可增强不同的艺术效果。在风景园林设计中,利用植被与广场、建筑、道路、水体、雕塑等不同材料间的质感差异(图 4-14),可构成不同效果,并且产生"人工胜天然"的不同艺术成效。

3. 相似协调与近似协调

1)相似协调

形状相似而体量和位置排布上有变化,即为相似协调。当一个景观的组分反复出现,在相似的基础上发生变化,即可产生谐和感。例如,在一个大型圆形广场中,大量分布小的圆形植物区域和圆形水池等,重复出现圆形元素的景观,便可产生协调感。这两种内容不同而反复出现的结果,虽显得变化多样且和谐,但也须对其进行恰当的端头处理,让多种元素巧妙衔接,而不至过于突兀。

图 4-14　四川农业大学成都校区校园景观(李飚 绘)

2)近似协调

如果两种相似形体反复出现,令变幻更加多样且协调,即为近似协调。如正方形与矩形的变化,圆形与椭圆形的变化,三角形与多边形的变化,都是近似协调。近似协调有时也称为"微差协调",是指在一个共同的基点上改变,其结果只保持一定程度上的相似性。通过这个相似,人们可感到既统一又有变化,而且是协调的变化。

以上两种比较,后者更为常用且更具变化性。

4.4.3　节奏与韵律

节奏和韵律两者虽是音乐中的名词,但因其具有秩序美,能带给人们丰富的动态感受,也常被运用在风景园林设计中。韵律是充满变化的节奏,能增强整体感染力,拓宽艺术表现力。如果融入独特的变化,能形成有趣丰富的变化与重复。

1. 节奏

节奏是规律性、周期性的重复。通过对应、反复等形式将多种变化因素进行组织,形成连贯有序的整体,引起人的心理感受。节奏具有丰富多样的形式,画面中各要素或以相同间距接续,或以高低、疏密、大小等排列,都将产生不同效果。绘画通过色彩、线条、形状体现节奏,音乐靠节拍体现节奏。因此,节奏通常呈现一种秩序美。在景观元素的处理上,如树木或花坛等距排列、铺装设计规律变化、座椅和垃圾桶等基础设施均匀布置等,都能体现出节奏。

当相同元素反复出现时,可引入与之有极大反差的新元素,以形成视觉上的强烈冲击,打破空间的单调感,使其变得生动活泼。墨西哥卫星城纪念塔(图4-15)就是一个很好的例子,高低各不相同的彩色塔体

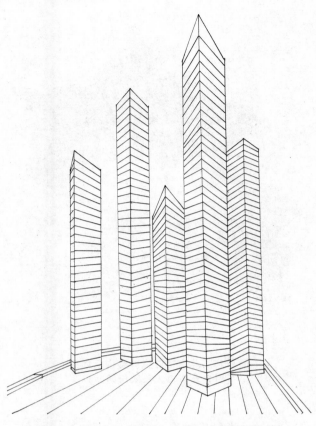

图 4-15　墨西哥卫星城纪念塔示意图（王涛 绘）

2. 韵律

韵律是组成系统各要素的特性之一，是一种能将大致脱节的感觉有效地调节至规律化的手法，能带来积极的氛围。韵律主要体现出灵动、感性的美。如植物的高低错落（图 4-16）、色彩的鲜艳或淡雅、树林的稀疏与茂密、道路的曲直变化等，都能带来灵动的美。在风景园林设计中，可采用多种韵律，其中起伏、重复、渐变和交错是较为常用的形式。

图 4-16　植物高低错落形成的韵律（陈凯 绘）

1）起伏韵律

起伏韵律的图形呈不明显的规律，是偏于自由发挥的跳动曲线。看似忽高忽低、忽快忽慢，却是经过设计者的精心安排的，是立意表达与情感抒发的体现。常表现在对湖岸的设计、环境景观造型的错落、植物绿化的竖向构思等。

2）重复韵律

重复是一种节奏、一种形态的反复出现，属于缓慢的过渡。在不断重复中，基本形态得到加强。重复韵律是齐整、安定、祥和、平叙的概念，具有条理性与秩序感。建筑物受其特殊条件的制约而形成较为刻板的重复，例如，柱列、窗洞、开间等，但它们可以在单体形态的线与面的塑造上寻求变化，从总体宏观的布局中产生节奏与韵律的生动效果。

3）渐变韵律

渐变的方向感很强且有明显走势，从一处过渡到另一处，逐渐规则减少或增加，形势常呈曲线形、直线形或折线形等。渐变是快慢变化的节奏，因而在表现韵律方面极具表现力。传统建筑中的多重屋檐的叠合，多重塔的收聚，台阶、栏杆的层次等，都是渐变的范例。现代建筑中的群体建筑的渐变组合，单体建筑递减渐变的处理以及风景园林设计中运用渐变的手法，不胜枚举。

4）交错韵律

交错是矛盾方位的组合，各种形态处于相互穿插、相互制约的结构中。在对立矛盾的同时，要使它们相互协调。组成交错的状态可能非常复杂，但其手法却十分单纯。例如，采用相同或相近的建筑实体、材料等。

交错不能是漫无目的的杂乱状态，无论交错规律是否明显，都要达到视觉的均衡。例如，建筑的窗格属于规律明显的交错，室内的博古架多属于规律不明显的交错。

4.4.4　比例与尺度

1. 比例

比例是各局部本身或局部与整体间的一种复杂关系，适宜的比例是营造美的视觉体验的前提。风景园林景观中的比例有两方面含义：一是指景观中构筑物、景观小品等要素本身或其与整体间的外部形状和大小的关系；二是指景观中整体或某局部自身存在的属性

（如高度、宽度和长度）之间的关系。

熟知的黄金分割比是美学中经典的比例分配，常用来分析各领域物体的比例关系，很多优秀的建筑物或构筑物都充分使用了这一概念。例如，高度约为 468 m 的上海东方明珠塔，中间一个球体设计在离地面 295 m 高的地方，这一设计与整体构成黄金比例，使单调的塔身变得更为美观、有趣。又如，法国巴黎埃菲尔铁塔的多层平台设计，其中离地面约 116 m 处的第二层平台就几乎位于整个塔身的黄金分割点。巧妙的设计使建筑具有独特的魅力，但是，黄金分割比不是唯一美的比例。随着社会的发展，人们的审美需求越来越高。在风景园林中，景观各部分之间、个体与整体之间的比例关系还须依靠人们经验上和感觉上的审美观念。

2. 尺度

尺度在景观空间中是指构筑物、建筑物、景观小品等组成要素与人所熟悉的某些既定标准或人本身的大小关系，是人对空间体量或物体的心理和视觉估量。当一个景观空间拥有合适尺度时，便能给人以舒适、便利以及与场地内涵相符的感受，同时能满足人的审美需求。在进行风景园林规划设计时，须考虑人在景观中的感受，景观中尺度过小会显得压抑，过大会显得空旷。在不同性质的环境中景观需要有不同的尺度，让人在特定的环境中有特定的感受。例如，纪念广场上大尺度的雕像给人以宏伟、肃穆的感受，园内的小尺度座椅或路边的公交站台给人以亲切的感受。

4.4.5 对称与均衡

1. 对称

人类、动物、植物大多具有对称的特征，这是宇宙、大自然所赋予的完美形态。在风景园林规划设计中，对称景观常有对称轴，左右两边元素相等，且各元素所具有的形状、颜色等属性也相同。它给人以理性和严谨性，表现出静态的平衡感。如中国古代传统建筑，现代大型公共纪念性建筑，各类尖塔、圆亭、拱桥等，多采用对称的形式。对称常令人产生平静、规整、稳定、庄重等视觉印象，但对称布局有时也会显得刻板，制约性较强。因此，目前较多的布局与形态都采用对称形式为基本格局，局部处理为变化的样式，如北京城市总体规划（2016—2035）的市域空间结构规划（图 4-17）和核

心区空间结构规划（图 4-18）。

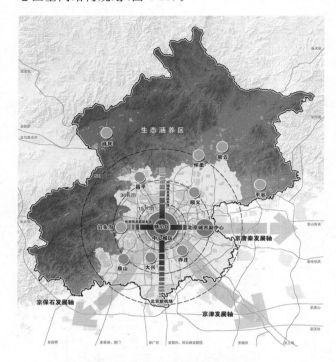

图 4-17　北京市域空间结构规划图
（引自北京市人民政府网站）

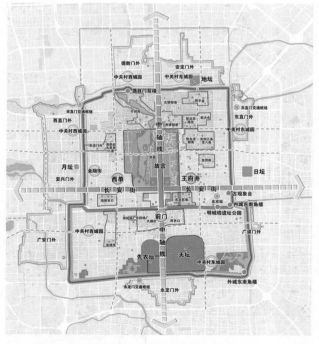

图 4-18　北京核心区空间结构规划图
（引自北京市人民政府网站）

2. 均衡

均衡是非对称的式样与布局。均衡不需要对称轴，也不需要构成元素的排列关系和各种属性完全相同。均衡是指利用视觉杠杆将大小不同、高低不等变化的景观因素处理成心理或视觉平衡的形态（图4-19）。这种状态不会给人以倾倒、失去重心、拥堵、过于疏旷等不安定的感觉，而是给人一种恰到好处的，饱满、平衡的感受。它偏于灵活和感性，表现出动态的平衡感。均衡形态是一种自由发展的形态，其形式活泼、生动，功能的适应性强，是现代设计中使用最多的方法。在进行细部景观构图布局时，要根据实际功能考虑运用的形式，要做到因地制宜，切不可因追求形式而落入"形而上"的陷阱。

图4-19　非对称均衡景观（李飚　绘）

4.4.6　比拟与联想

1. 比拟

1）模仿

模仿直接以自然形态之美为"模特"，这种造型方法比拟的对象明确、直接，得到的作品也容易被大众理解。但在运用时，须注重物质功能与景观形式的协调统一，不能过于注重模仿而失去原本存在的意义。

2）概括

概括是指接受自然形态的启示，对其形体之美进行归纳、提炼，然后运用到景观造型中。把物象美的特征运用到景观造型中，要求所呈现的形象凝练、含蓄，而不只是简单模仿。

3）抽象

在设计过程中，常取事物重要的特征，然后用线、面、体构成几何形态，将事物特征抽象化。这是园林景观造型的一种重要手法。

2. 联想

联想是思维通过现有的环境（如景观等）延展到有共同特点的事或物的过程，是人主观感受的递进，即"触景生情"。熟练地运用联想的手法，可以赋予园林景观更深的含义，可谓"以小见大，见微知著"。风景园林设计师可以运用形式美的原则，赋予艺术作品丰富的联想空间，激发观赏者潜在的情感，加深作品与观赏者内在情感的联系，从而提高作品内涵。

1）由自然现象和现实形态产生的联想

"赋予事物以联想"的概念并不是才提出来的。如《诗经》中形容古代建筑的屋角翘起为"如鸟斯革，如翚斯飞"，使人联想到鸟儿展翅飞翔时的鸟翼，以此表现屋角的轻快飞扬。古希腊的多立克柱式造型单纯简洁、粗壮有力，使人联想到男性的阳刚之美。而爱奥尼柱式造型丰富细致，曲线婉转，使人联想到女性的温柔之美。古今中外，这样的例子不胜枚举，也从侧面反映出人的情感是互通的，即使在时间、地点上有距离，也能产生情感上的共鸣，这便是联想的魅力所在。

2）由现实生活实践产生的联想

人们在长期的生产生活中，早已对各种形态的格式、体态、线性、色彩表现形成普遍的认知。艺术创作常用恰当的表现手法表现相适应的形态特征与内涵表达。例如，庞大浑厚的体量使人联想到雄伟厚重；垂直高耸的造型使人联想到崇高圣洁；流畅变化的曲面使人联想到优美精妙。此外，各种材质与色彩等都有与之相对应的联想内容。如设计表现庄严肃穆的纪念性建筑时，平立面的设计应遵从对称、端正、轮廓单纯的原则；质感要求粗犷大气，须采用坚固、耐久的建筑材料来处理；色彩的运用也十分讲究，应朴实稳重而不失华丽。这些形式特征暗合人们的认知习惯，人们由此展开联想，从而营造出庄重肃穆的氛围。

4.5　风景园林造景手法

风景园林造景手法是景观艺术中体现园林空间景观特色和风格的手法。景观艺术与工程技术结合，使造景技艺丰富而独特，是造园艺术的特点之一。大致可归纳为：主景、次（配）景、夹景、框景、对景、抑景、实景、虚景、俯景、仰景、前景、背景、近景、借景、季相造景等。

4.5.1　主景与配景

在设计园林景观时,一个空间中应有主景区和次景区。主景在整个景区中起主导作用,是全园的视线焦点,可吸引游客视线,给人一种眼前一亮的感觉。配景是对主景起衬托作用的景区,主景在配景的衬托下显得更加出彩。其中方法有如下几点:

第一,可提升主景高度,使全园构图清晰,游客视线集中,主景更突出。主景运用最经典的就是中国的假山艺术构图,高耸的主峰配之以趋平的客山,或是山围四周,中间平凹。其主次一目了然,不会让人产生喧宾夺主的感觉。在风景园林中,作为与主景搭配的植物置于高处,不仅突出了主景,也有利于自身的生长发育。

第二,可使用中轴对称的方法突出主景。比如,着重传达精神功能的纪念性园林,因为要体现强烈的艺术表现力,所以常用中轴对称的手法来使其主体更加突出。例如,哈尔滨防洪纪念塔(图4-20),其建筑、地形、道路、雕塑与植物配置等均使用了绝对对称的手法。

图4-21　主景建筑与配景植物景观(李飚和陈凯 绘)

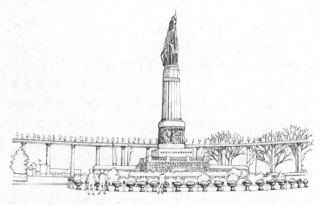

图4-20　哈尔滨防洪纪念塔示意图(王栩锐 绘)

第三,可利用对比手法突出主景。例如,配景在线条、明暗、色彩、动势和空间布局等方面和主景进行对比,让主景更加显眼,更加富有感染力(图4-21)。同时,在对比中,配景与主景会逐渐相互渗透,相互连接,从而达到高度的对立统一。例如,红花的娇艳动人是因有绿叶的衬托,使人向往,使人陶醉。拂柳在平静湖面的对比下,显得更加生意盎然。

第四,将主景布置在环拱空间的动势焦点上,配景将其包围烘托,会使主景更加吸睛显眼。在很多的自然式园林中,被植物、山石、水体等要素环绕在中心的庭院建筑就是采用了该手法(图4-22)。

图4-22　被园林要素环绕在中心的亭榭(吴汶优 绘)

第五,可以通过循序渐进的手法,由配景渐渐地向主景前进,让整个空间具有层次感,从而达到园中有园的境界,将主景引入高潮部分,让主景的感染力加倍(图4-23)。

4.5.2　夹景与框景

夹景是指人们在组织视线和定位视图时,将视线两旁的景观夹峙于中心观景;而框景则是将四周景观框围于中心观景。夹景可通过透视的原理来突显对景,这样可以加强空间感,类似摄像取景,可以实现增加景深、突出对象,传达出特定情绪和感染力。

夹景常使用山石、建筑、花草树木等,将视线两侧的贫乏景物加以隐藏(图4-24)。框景常利用走廊的窗门、框洞等,摄取空间中的精华部分,隔离空间中的平淡景观。通常在选择近景时,可以合理利用夹景与框景的手法,让它们在特定的位置或角度,撷取最优景观。这样可以产生一种隐秘的感觉,提高游客的兴趣,吸引游客向园林深处走去。

框景是指在一定位置设定框洞式结构,如门框、窗框、树框、山洞等,有选择地框取远处山水或人文美景,并指引游客于指定位置通过框洞欣赏景物的造景方法。框景可以分为五类:

①入口框景。入口框景为在入口园门内放置一些植物,游客可以通过园门观赏到植物景观(图 4-25)。

图 4-23　配景渐渐地向主景前进(陈凯 绘)

图 4-25　沧浪亭入口框景

②端头框景。端头框景为在走廊角落或景观尽头处放置一些植物或小品,游客透过窗口进行观赏。

③流动框景。流动框景是在走廊的墙体上按照某些规律设置窗洞,利用园外的美景,形成富有趣味性的流动景观(图 4-26)。

图 4-26　居住区流动框景

④镜游框景。镜游框景是指室内造型丰富的各式窗框,如圆形、多边形、梅花形等,人们可以透过窗框欣赏到室外的美丽风景。

⑤模糊框景。模糊框景又称漏窗,其包含各种各样的图案,游客可以模模糊糊地观赏到窗外的风景,从而产生一种朦胧美的感受。

图 4-24　成都杜甫草堂竹林与红墙形成的夹景

4.5.3 对景与抑景

"对"即为相对,指景观两端相互成景。对景分为正对和互对。正对即在视野的末端或景观轴线的一端设置景色,其特点是人流与观景着眼点关系较单一。互对是于视野的相对位置,即视野的某一端或景观轴线的两头都设,其特点是人流与观景着眼点相互成景。

游赏时,常在正前方栽植植物形成景观,以减少游客前方视野的空旷感,让游客有景可赏。在风景园林空间设计中,常将对景用于细部空间的中心位置,即在景区门口、走廊端点、广场中心、园路转弯处、草坪一角、水体对面等地设置小品、假山、瀑布、花台、植物、建筑等景物。在风景园林中,对景可丰富空间景观效果,使景观更具趣味性,以及吸引游客视线,引起游客的兴趣。

抑(障)景,是指用特定的物体阻挡视线,将重点景观藏于其后的构景手段。我国园林讲究"欲扬先抑""先藏后漏",也主张"俗则屏之",屏就是遮挡,体现我国传统园林含蓄的魅力。用抑景阻碍视线,让游人的视线随景色发生有规律的变化,从而丰富风景层次感和空间感,达到"山重水复疑无路,柳暗花明又一村"的效果。障景大多采用雕塑、山石或建筑小品等,通过营造神秘感,引起游客的好奇心,使其不断深入园林之中(图 4-27)。

图 4-27　山石和植物形成的障景(干佳钰 绘)

对景和障景通常设置在人流聚集的区域,可以引导游园路线,使人从明暗交替的封闭、半封闭空间转折,再通过透景引导,到达开阔的园林空间,营造出一

种柳暗花明、豁然开朗的感觉,如苏州留园(图 4-28)。利用树丛、建筑、园林小品、山石、地形等,在景观入口处设置隔景小空间,游人在穿过狭窄婉转的通道后,突然到达一个开阔的空间,视线明亮,也可营造豁然开朗的感觉,如北京颐和园入口区。

图 4-28　苏州留园(吴汶优 绘)

4.5.4 实景与虚景

在风景园林设计中,有很多虚景与实景的表现。实景是指在园林中占据一定空间比例的实体景物,如树木、假山、走廊等;而虚景则是园景空间中的留白之处,或是状态稀疏、轻快的景观或小品,如宽广的草坪、开阔的水面、轻盈的栏杆等。

在风景园林造景中,处理好虚实关系可增加园林景观的美感,展现其独特魅力。虚与实的对比、交互以及过渡,带来的视觉清晰与模糊的交替,使景观层次更加分明,从而给游客带来强烈的视觉冲击和奇幻的视觉体验。在风景园林中,门窗较少的建筑或围墙通常为实景,与之相对窗较多的建筑或开敞的亭廊、围篱为虚景;植物丰富密集的地方是实景,植物稀少的地方是虚景;山峦为实,林木为虚。这之间形成的虚实对比,突出了景观层次感,使景观充满生机与活力。

在风景园林中,对于不同的地方,其虚实可能不同。如果以青天树丛或庞大建筑为实,那么喷泉的水柱、烟雾则为虚景;如以水柱为实,则流水小溪为虚。所以,虚实也是相对而言的。例如,北京承德避暑山庄的烟雨楼（图 4-29），建筑为实物，背景即为虚景。

图 4-29　承德避暑山庄烟雨楼（张露　绘）

4.5.5　俯景与仰景

在风景园林中，常通过改变游人视点位置制造仰视或俯视的观景角度，以达到不同的视觉效果。给游人传达不同的情感体验，常通过改变地形起伏，改变走廊或园林建筑高低，创造位置独特的观景平台等方法实现。如在峡谷中仰视山峰，更显其高大巍峨，使游人产生崇敬仰慕之感，达到小中见大的视觉效果。相反，在高点上俯瞰波谷，视野更加宽广，景观更显渺小，营造出一种空幽感，实现大中见小的视觉感受。

俯景又称鸟瞰图，登高远望，可将低处景物尽收眼底，一览无遗。一般布置在园林的最高点位置，给人以登泰山而小天下的感觉。例如，泰山、华山（图 4-30）等的著名俯视风景。

图 4-30　俯瞰华山景观

仰景即用仰望视角汲取景物，以高大景物为主，如寺塔、楼阁、山崖、青天树丛、瀑布等，或是借一些处于高位点的事物，如蓝天白云、晚霞落日等。例如，峨眉山的金顶（图 4-31）、四川绵阳西山公园子云亭（图 4-32）均属仰借。但由于长时间仰望会使人疲劳，所以可在观赏点设亭台座椅供游客休息。

图 4-31　仰视峨眉山金顶

图 4-32　仰视四川绵阳西山公园子云亭（四川绵阳市园林局摄）

4.5.6　前景与背景

前景常处于园林景观的前面，以烘托主景，增强画面空间深度，给人眼前一亮的感觉。而背景常用于突出主景，通过其色彩、大小、形状、层次、质地等的不同来衬托主景，突出景观效果。

园林空间是由复杂多样的元素组成的，背景和主景在不同的地方会有所变化。利用不同的背景衬托连续空间中流动和变化的不同主景，可以产生丰富的景观，实现奇幻的景观转换效果。例如，有的地方以山石草地作为背景,突出白色雕塑主体;但有的地方利用白色建筑墙面与天空作背景,衬托古铜色的雕塑(图4-33)。其目的都是突出主景,产生丰富的景观效果,让主景更具美感,吸引游客的注意。

图 4-33　古铜色雕塑

4.6　风景园林艺术布局

　　风景园林艺术布局是根据风景园林艺术理论,对整个空间进行有组织的、合理的布局艺术,其目的是造就一个统一与变化的美好自然环境或休憩境域。在风景园林设计中,有意识地对构图进行巧妙的艺术加工处理,形成不同的空间尺度,可以给人带来丰富多彩的空间感受效果。

4.6.1　静态空间构图

　　静态空间构图是利用较固定的空间进行有序的布局,从而带来良好的视觉体验。在风景园林设计中,通常对人视角下的空间感和画面感进行推敲和布局,以此实现静态空间构图。静态空间构图可以使相对独立的环境产生精妙的艺术效果,因此注重构造视线四周的景物对园林的空间构图与布局尤为重要。

1.风景透视

1)多种视距,多种视角,体验多种风景

(1)景物的适宜视距　正常人能看清景物的最佳距离为 25～30 m;需要确切看到景物细节部分的视距为 40 m 左右;能分清景物类型的视距在 250～300 m;

能辨认景物轮廓的视距在 500 m 左右。一般地,垂直视角为 130°、水平视角为 160°时,游人可正常欣赏景观。垂直视角在 30°、水平视角在 45°以内,是游人欣赏景物的最好效果范围。所以,游人欣赏景物的最好效果范围是在距离景物高度的 2 倍或宽度的 1.2 倍的位置(图4-34、图4-35)。但在静态空间中布局这些位置会受到一些制约,另外,游人观景的位置也不尽相同。因此,在限定的范围内要留出更多的空间,以安置供游人漫步观赏的园林小品或建筑,如亭、台、廊、榭、花架等。

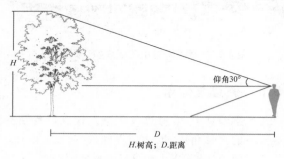

H.树高; D.距离

图 4-34　垂直视场立面图

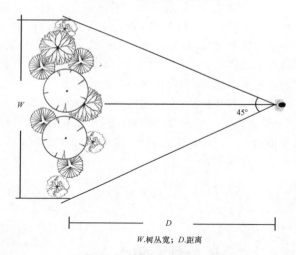

W.树丛宽; D.距离

图 4-35　水平视场平面图

　　(2)不同视角的风景感受　在风景园林设计中,游人可以在不同的位置上获得不同的欣赏景物的最好视觉效果。通常,游人会在不同垂直视角下观赏景物并产生相应的感受。因此,可将不同视角的风景感受划分为 3 种:平视风景、仰视风景和俯视风景。

　　①平视风景。平视风景是指游人在视线呈水平线状态下欣赏的风景。其垂直视角范围在以视平线为中心的上下 15°之间。由于此范围内的视线比较接近平行,会产

生不同程度的消失感,所以其会在视觉上产生远近深度的不同,从而使游人对空间感受更为强烈。平视风景一般在有利于游人视线往远处延长的地方,如宽阔的水面(图4-36)、平缓的草坪等。另外,这种风景一般会被设置在园林中较为安静且适合休息的地方。例如,休憩长廊、休疗平台等,有利于游人感受到宁静深远的氛围。

图4-36 四川农业大学都江堰校区九曲桥水面景观(吴汶优 绘)

②仰视风景。仰视风景是指游人通过仰头的方法使视线向上来欣赏的风景。在仰视时,游人会感受到与地面垂直的线条向上消失,而且当仰角分别大于45°、60°、90°时,视线会出现不同程度消失的现象。随着视线消失程度的不断增大,景物雄伟、高大和威严的感觉会随之增强。

我国皇家园林中的景观布置常常运用到这种手法。例如,风景园林设计师为了使佛香阁能够带给游人一种高耸巍峨的体验感,选择了一个合适的位置使游人仰望佛香阁的仰角是62°(图4-37)。除了皇家园林,风景园林设计师还会用仰视造景的方法来确定纪念雕塑等建筑在纪念性园林中的布局。一般地,游人的观赏范围会被限定在主景高度的1倍以内,再结合视线错觉方法的应用,从而增强游人的敬畏感。另外,布局园林中的假山时也常会运用上述方法,以给假山增添一种自然山体的巍峨感。

③俯视风景。俯视风景是指游人站在高处俯视四周景观,欣赏视点下方低而小的风景。通常这种风景会给游人一种高远辽阔的鸟瞰感觉(图4-38)。但是,随着俯视角度的变化,游人的感受也会产生相应变化。当俯视角小于45°时,游人会有高远感;小于30°时,会有如临深渊感;小于10°时,有如凌空中感;而当接近0°时,甚至有摇摇欲坠的紧迫感。在风景园林设计中,一

般会在最高地上布置亭子等园林建筑以供游人眺望远方。

图4-37 颐和园佛香阁仰视风景(刘柿良 摄)

图4-38 黄山云海佛光俯视风景

2)对景、透景与障景

(1)对景 对景是中国传统园林构景的重要手法。在古典园林中,造园者通过修建亭、榭、楼、台等建筑物,让停留在其中的人们能相互欣赏对方景色,以此来实现造景。根据对景布置方式不同,一般划分为正对和互对两种。

①正对。正对是指在构景时,风景园林设计师为了让景物正对游人,便在游人正常的视线另一终点布设景物。虽然这种构景手法会使人们觉得景物关系比较单一,但是这样可以使人们的视线落到需要重点关注的景色上。

②互对。互对是指在游人视线的终点,或者在园林中某一轴线的两个端点布设景物。通常,互为对景的两个景物有相互关联的特性。

(2)透景 透景是一种常用的园林构景手法,风景园林设计师需要构造透景线,使美好的景物不受遮挡。

另外,透景线还具有强化对景的作用。

（3）障景 障景又称抑景,是一种通过阻碍部分视线从而在空间上发挥引导作用的构景手法,给游人带来幽静深邃之感。根据在园林中位置不同,障景可以分为以下3种。

①入口障景。入口障景一般在园林门口位置,可以发挥欲扬先抑、增加园林层次等作用,同时也能阻碍大量人群拥入。

②端头障景。端头障景一般在园林观赏节点的最末端,能给游人流连忘返之感。

③曲障。曲障是利用园林建筑的曲折形式来实现的,如通过转折的廊院方可进入宅园中。

3）风景园林景深处理

（1）留出透景距离 由于透景线两边的景物有衬托景物的作用,所以风景园林设计师一般不会在透景空间内种植比人视点高的植物,同时还会留出足够的空间位置给在此空间范围内的景物。在风景园林设计中,设计师通常将前景设置在同时具有深透景线和远透景线的地方。例如,陶然亭公园的入口和主要风景点的设计,都是利用了深远的透景线来增强空间感。

（2）前景层次安排 前景又称近景,是比较接近观赏点的景物,在园林空间序列中,风景园林设计师为了烘托中景和后景,常运用框景、夹景、漏景三种手法和烘托、对比、呼应等强化景观的技法来巧妙地构造前景。在构思前景时,不能一味地布置大尺度的草地和水面,这样的设计缺乏空间层次。根据深度的不同,前景的布置也应划分为近景、中景、远景3个景观结构。

（3）色彩明暗处理 为了加强景深的感染力,在色彩或明暗方面常利用空气透视原理,弱化远景的饱和度和色相,使其显得柔和;而近景饱和度高,对比强烈。

（4）其他错觉应用 包括空间错觉、意境错觉、声音错觉和视觉错觉的运用。

①空间错觉的运用。作为园林设计中应用最广泛的艺术手法,空间错觉技法最为重要的就是空间的对比,即将两个或者多个相邻空间进行开合、大小等对比,继而突出各自的特性。也可以运用欲扬先抑的方式组合空间的序列,故意布置一些小空间,将其与主景区做对比,对园内的景观进行烘托。在水池尾部位置运用空间错觉也是一种常用的构景手段,一般在其位置上或有假山屹立,或有老树掩映,或有小桥阻隔,目的就是要达到一种欲露先藏、先抑后扬的景观感受,带

给人一种忽隐忽现、望不尽尽头的美好错觉。例如,位于留园小蓬莱的水池,其西北角的位置——水池尾部一上一下分别布局有峻峭的岩石和浓郁的树木,错落其间的还有大大小小无数座的石桥,从而营造出一种潺潺流水、烟水迷蒙的错觉。

此外,还可以运用转移注意力的方法来对空间进行拓展。如江南私家园林面积较小,为了保证园主的私密性,需要用较多的游廊与围墙将其包围起来。然而,高大的围墙与狭小的园林容易给人一种压抑沉闷之感。因此,在风景园林设计中,为营造宽敞明快的空间错觉可采取如下方法:第一,利用具有艺术性漏洞或纹样的窗户使景观在空间上有内部和外部的渗透;第二,将假门窗安置在围墙上,并用一些花鸟画等进行装饰;第三,将名人的诗词歌赋等艺术作品题写在长廊墙壁上;第四,在墙边上种植低矮花木。

采用以上4种方法可以将游人的注意力转移到具有艺术性的景物上,起到增大空间感的作用。如沧浪亭的曲廊,由于它一边靠墙,另一边临水,所以在其墙壁镶嵌不少漏窗以供游人透看墙外风景。

②意境错觉的运用。在风景园林设计中,可利用意境来对园林的主题进行提炼、升华。例如,私家园林多以退隐山林或世外桃源作为主题,并运用造景手法来进一步升华意境、寄托情思。例如,沧浪亭就是以沧浪之水作为喻义指向的。一般的寺观园林多会用神仙仙境和佛教禅宗等作为主题,如坐落在河北承德的普宁寺,其园林的南半部分和北半部分分别被设计成了汉式和藏式佛寺,而且北半部分建造在金刚墙上(比南半部分的地基高出9 m左右)。

③声音错觉的运用。在中国古典园林中,声音错觉运用最为精妙的典例当属扬州个园的冬山庭院。造园者在庭院南墙上运用孔洞设计,风从孔洞吹过就会发出像冬天大风吹过的声音,从而在园中营造出北风呼啸而寒冷的意境。而在拙政园的听雨轩,造园者通过将小金鱼池与几株芭蕉巧妙地搭配在一起,造就了一种雨打芭蕉的感觉。除此以外,像松涛声、鸟鸣声、流水声、寺庙梵音、秋虫呢喃等,都可以被借鉴到风景园林设计中。

④视觉错觉的运用。在风景园林中,"眼见不一定为实",因为设计者通常会运用一些手段或方法营造视觉上的错觉。比如,人们常感觉游泳池内的水格外清澈,其实那是设计者在水池的壁上涂上了一层绿色涂

料造成的假象；而岩石公园中那些形态各异的石头并不是自然界中真实的石头，而是利用混凝土制造出来的。设计师们就是乐于利用这种视觉的错觉艺术再现大自然的奇特景观，使观赏者浮想联翩。如扬州个园的春山庭院利用石笋呈现了春笋冒出的景色，而冬山庭院利用白色宣石呈现出了白雪覆石的景色。此外，在我国古典园林中，常在拐角处或围墙边上布置一些竹树、山石，这些景物在白粉墙的衬托下犹如一幅水墨画，让游人流连忘返、享受其中。

2. 空间分割

1）开朗风景与闭合风景

（1）开朗风景　开朗风景是指在观赏者视线领域中的所有景物都低于视平线，当视线不断平行延展至遥远无限的前方时，使人产生目光长远、胸襟开阔、壮观豪放之感，而不是疲劳感（图 4-39）。盛唐诗人李白的"登高壮观天地间，大江茫茫去不还"，正是开辟开朗风景的真实写照。

图 4-39　开朗风景（李飚 绘）

在风景园林规划设计中，开朗风景虽然能使游人有开阔宏远、引导全局的俯视体验，但由于人们的视线较低，在观赏远景时经常不能看出清晰形状，大面积且色彩单调的天空、河湖等尤其会大大降低风景的艺术价值与感染力。所以，在风景园林布局上，应适度布置开朗风景来最大限度地避免这种单调性。升高观赏视点的位置能让视线与地面之间产生出一个较大的视角，在大部分园林风景中，开朗风景常采用这种方法来增强远景的辨别率。例如，国内颇具盛名的旅游景点黄山、庐山、华山、泰山、衡山、嵩山等，因视点位置高而拓宽了游人的视界范围，给人一种"一览众山小"的感觉，因而获得人们的青睐。如同王之涣《登鹳雀楼》中流传下来的诗句"欲穷千里目，更上一层楼"。

（2）闭合风景　闭合风景是指游人在观赏视线被周围的树木、建筑、小品或山体等遮掩住的空间里所能看见的风景，如图 4-40 所示。

图 4-40　树木和建筑围合的闭合风景（李飚 绘）

人的视平线与景物顶部的高差大小会影响风景闭合性的强弱，闭合性随着高差的增大而变强。游人所在位置与景物所处位置之间的距离长短也能影响风景闭合性的强弱，闭合性随着距离的减短而减弱。闭合风景的近景艺术效果好且感染力强，周围景色使人目不暇接，不过游人观赏时间过长易导致疲乏。例如，北京颐和园坐落于北京西郊，与圆明园毗邻，其中有一谐趣园（图 4-41），园内风景均为闭合风景。

图 4-41　颐和园谐趣园的闭合空间

在观赏闭合风景时，仰角过小，会使人产生空旷感；仰角过大，会使人感到过于封闭堵塞，破坏景物原有的亲近感和艺术美感。在风景园林中，较大的湖面、开阔的草地与四周种植的花草树木所形成的景色大多都是闭合风景，当做此类设计时，需要把握好景观的空间尺度与栽植树木的高度。

2)开朗风景与闭合风景设计原则——对立统一

在园林风景设计中,开朗风景与闭合风景两者相互对立,但有着各自的优势与缺陷。因此,在营造风景时应将两者对立统一起来,单方面追求和重视其中一种风景是不合理的。由于开朗风景不如近景有着较强的艺术效果与感染力,其色彩和形象易显现得不够鲜明;但长时间观赏闭合风景又会让观赏者产生审美疲劳感,还有可能产生空间闭塞感。在风景园林构图中,要将两者相结合,在开朗中能体现局部的闭合,在闭合中也能体现局部的开朗,如此可增加景观效果。同时,在开朗的风景中适当布置一些近景,可以增强整个空间的艺术效果与感染力。在闭合的风景中,如果想要打开过度闭合的空间,可以采用漏景和透景的方法。

苏州拙政园的海棠春坞巧用走廊、围墙围合成三合院式小庭院,3个大小不同的小院仅占地约 140 m²,其中还有湖石和花木修饰,使整个空间显得更加灵动自然。廊、墙形式多样。廊有直廊、曲廊、波形廊、复廊等形式,墙则有花墙和云墙的不同变化。所形成的多种形式的变化离不开廊和墙灵活的转折起伏,如此打造通透空间,可克服封闭感。

在风景园林设计中,可在空旷的大草坪中央布置孤植树作为近景。在视野广阔、水体通透的湖面上,可布置岛屿或园桥来打破其空旷的单调性。著名的杭州西湖风景就属开朗风景,但湖中的三潭印月、湖心亭及苏堤、白堤等增加了其闭合性,从而形成了如诗如画、美妙绝伦的风景,实现了开朗与闭合的统一。

坐落于河北承德市中心北部谷地上著名的古代皇家园林——承德避暑山庄,运用的是以山为宫、以庄为苑的设计手法。对比同为帝王宫苑的圆明园,后者虽有"园中有园"的复杂华丽结构,但就园林地形空间塑造而言,则是在平地上挖湖堆山,即把原有平坦的大片土地改造成为有山有水的园林空间。因此,缺乏开朗空间和闭合空间的对立统一,更多的是趋于高远的开朗视角。承德避暑山庄拥有得天独厚的自然环境,可以说是集大小格局于一体的风景名胜装点园林;设计师又充分利用地宜,确定"鉴奢尚朴、宁拙舍巧"的风格,将闭合空间的细致和大开大合相融,使景观空间更加和谐流畅。

就承德避暑山庄的殿区而言,取正南方向和通往北京的御道相衔接,遵循前宫后苑、前殿后寝和"九进"

等传统宫苑布置之制,有明显的中轴线相连。由于用地面积有限,布置格外紧凑。宫殿建筑尺度较小而比例合宜(图 4-42)。正宫整体氛围严肃庄重,但又没有紫禁城宫殿的华丽之感。建筑灰顶,装修素雅,不施彩画,木显本色。两旁苍松成行,虬枝如伞,使殿区格外淡适、清爽、朴素、高雅、宁静、和谐、自然。从前宫到后寝,从宫殿到园苑逐渐过渡。正殿澹泊敬诚殿以北的廊子比重逐渐增多,山石布置比重也逐渐增大。正殿南面还用条石垂带踏跺,而殿北就过渡为山石如意踏跺了。到了云山胜地,已是古松擎天,云梯垒垒,环视皆有石景了。此时,观赏视野已经由开朗空间转向闭合空间,过渡自然,植物配置趋精细化。

图 4-42　避暑山庄殿区主景

3)闭合空间仰角的风景评价

闭合空间的长度、宽度和景物高度的比值会对闭合风景的观赏效果产生很大的影响。闭合风景通常要求景物的高度为空间直径的 1/6~1/3,游人不须要仰头就能观赏四周的建筑或其他景物。当闭合空间的直径超过四周景物高度的 10 倍时,会使观赏效果变差。例如,直径过小的广场与高度过高的建筑搭配,就会产生一种较强的闭塞感。

4.6.2　动态序列布局

在风景园林景观打造中,必然要用到序列的组织安排。各种组织序列的形成要运用到各类艺术手法,园林空间的动态序列布局便是重要的部分。

出于对园林建筑艺术及其使用功能的长期需要,应以动态序列安排对建筑群体组合的本身以及园林中的所有建筑进行布置。对于风景园林景观来说,其风景艺术价值和感染力,在于山石、流水、植物、建筑等要素相互精奇巧妙的协作与配合,也在于建筑与环境的关系和建筑群体之间的空间关系中,所有空间关系构成了有机的观赏整体(图4-43)。在时间与空间相互转换的过程中,游园存在连续与不连续的观赏过程。当人走动时,随着视线的转移,不断变化的景色形成"移步换景"的效果。"移步"需要时间,时间的变化带来视线的转移和景色的变化,这便是空间序列的效果。

图4-43　流水与植物、山石形成的动态序列布局(李飚 绘)

1. 连续风景序列布局

1)连续风景序列的连续方式与节奏

(1)断续　在此阶段,应利用周围地形地势的变化来形成断续的风景序列,使之有断有合。把差异性大的两个空间安排在一起,使之相互对比,从而突显出各自的特点与魅力。如果把两个空间大小具有显著差异的风景安排在一起,当从小空间进入大空间时,因为两者产生的对比和衬托,会让人有小空间很小,大空间更大的感觉。

例如,江南地区的私家园林,大多修建于市井之间,由于规模的限制,多借用断续的风景园林序列来展现园内的重点并引导游人游览,从而达到以小见大的景观效果。一是借助细窄曲折的入口,如留园的入口能与园内的主要空间形成强烈对比,就是因为在设计中充分利用了这一特点,从而有效突出园内主要空间。二是在住宅部分与园林空间中添加具有过渡性作用的小型空间,使这些过渡空间与园内主要空间形成对照。三是常常在通向主要景区的空间前方相宜地布置一些小型的院落或较为曲折的游廊,来突出主要景区,收敛和约束人的视域范围。

大型皇家苑囿与私家园林不同,后者多是人为创造的,常较为封闭、规整、严肃,将后者的空间院落和宽广无限的自然风景进行比较时,能够产生令人惊羡不

已的感觉。例如,颐和园入口处的仁寿殿及其后的玉澜堂,都是人为创造的既规整严肃又较为封闭的四合院,当经过这些规整封闭的空间来到昆明湖岸边,顿时能感受到自然界的山清水秀、美妙绝伦。

(2)起伏曲折　起伏曲折的序列多发生于空间尺度较小的景观区域,利用道路曲折打造中国古典园林的意境与文化内涵,利用景观错落有致的外轮廓线展示出空间的起伏状态。

例如,由于住宅旁的侧墙外轮廓线起伏错落有致、变化明显,故苏州园林中的房屋建造大多附着在侧墙上,而且园林建筑本身的外轮廓线也会产生一定的变换,就出现了两个层面的起伏与变化。此外,利用某些凌空的建筑还能形成第三个层次的起伏与变化。若三者在同一园内和谐共处,则犹如声部乐曲,可以产生此起彼伏、层次变化极为丰富的韵律节奏感。

(3)反复　反复的景观元素已成为序列的构成主力。一个庭院的基本组成元素有空间、构筑物、水景、铺装和植被等。完成各元素的藏露隐现,实现各元素之间的衔接与构成,要充分考虑到空间的开合收放及明暗关系和光影条件的交替反复。

(4)空间的开合　空间的开敞和封闭的对比。风景园林内各部分空间既相连又相隔,相互结合形成一个有机整体,开敞与封闭是相对而言的,不是孤立的存在。这就需要采用造园的曲折之法。所谓曲折,有以下3种形式:曲、折、弧。中国古典园林崇尚自然,还讲究诗画的情趣与意境的蕴意,探寻的是"曲径通幽"的空间意境。此类空间具有指引性的审美功能,目的是使审美主体体现出幽、深、静、妙的艺术效果,所谓"曲径"方可"通幽"便是如此。

2)风景序列的主调、基调与配调

在园林风景中,空间序列的合适与否与园林的整体结构和布局相关联。小型园林的主体部分常常是单一的大空间,建筑物被放置在园的周围,此时常常构成一个闭合的环形序列,其典型代表是苏州畅园(图4-44)。完整序列的形成还可通过用串联的形式将空间院落加以组织来实现。类似于传统的寺院、宫殿及四合院民居建筑,空间院落是沿着一条轴线按顺序渐次展开的。与之区别的是,园林常打破寺院、宫殿及民居等严格规整、机械呆板的对称构造,以追求丰富的自然兴致与变幻。

图4-44　畅园建筑围合的闭合环形序列

3）连续序列布局的分段、产生、发展与结束

把某个空间院落作为中心来连接周围环抱着的其他空间院落，也能够构成一个完整的空间序列。例如，北京画舫斋就采用了此种类型的序列，其中心院落位于园的适中部位，并与园入口密切相关，入院后须先沿着一定途径到达中心院落，再从此分别进入到园的其他部分（图4-45）。

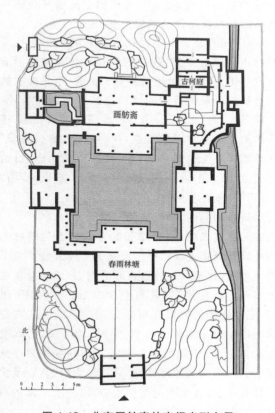

图4-45　北京画舫斋的空间序列布局

此外，某些大型私家园林的空间构成特别复杂，通常将整体空间序列划分为多个互相关联的"子序列"，这些"子序列"也可分别采用前述的几种基本序列形式。例如，留园入口部分的序列形式类似于串联，中央部分所呈现的序列形式大致为环形，东部则兼具串联与中心辐射两种序列形式的特征。

因此，怎样将疏密、开合、大小等对比衬托方式加以巧妙运用与配合，使之具有抑扬顿挫的节奏感和韵律感，是大型园林建筑空间序列组织最关注的问题之一。

2. 季节交替布局

一年四季，各有不同。所以，植物景观序列的色相与色彩布局，在四季中也有变化。通常，传统园林是春映桃红柳绿，夏主浓荫白花，秋收黄叶红果，冬赏松竹梅花。而对于一些更大的风景区或城市郊区而言，则可以打造春游梅花山，夏渡竹溪湾，秋去红叶谷，冬踏雪莲山的景象布局，以此作为总风貌序列。

园林风景的远近布局，应适应各类植物季相景观的变化，方能展现出风景的独特魅力。同时，园林布局也应注意不同季相景观最适宜展现和最适宜观赏的地点。鲜艳活泼的景物多用于景观开端，以吸引游人的注意力；严肃沉静的景物多用于整体景观布局的垫景，放置于景观后半段，以增强沉寂与闲适之感。因此，在景观的季相考虑上也应做到远近和谐布局。

"应时而借"是指所借之物由于时间的流逝而显示出差别，如一年间有春和景明、夏日浓荫、秋高气爽、冬寒岁暮。至于花木，随着季节时令的变化，它们更有多种不同的特色，可为园林景观增添丰富多彩的内容。

4.6.3　色彩布局

1. 组成色彩构图的风景园林要素

风景园林色彩构图由山石、水体、动物、植物，以及各种人造的建筑物、构筑物、园路广场等组成。

1）天然山石、水面、天空的色彩

（1）天然山石　天然山石因山体不同，岩石构造不同，形成原理不同，甚至远近不同而表现出不同的色彩。土山石多呈现灰黄色，石山石多以褐红色、棕黄色、灰红色等为主，其色彩变化较大。这些色彩在明度、色相及纯度上均与风景园林景观的底色——绿色有着不同程度的对比，两者既醒目又协调。在天然景区中，具有特殊色泽或形状的成片裸岩可形成独特的景观，如重庆万盛石林（图4-46）和广西大化七百弄峰丛（图4-47）。

图 4-46　重庆万盛石林色彩

图 4-47　广西大化七百弄峰丛色彩

图 4-48　九寨沟五彩色水面

呈现出灰黑色,混为一体(图 4-50);多云或雨天时则呈现灰白色,如山水画的远景,天地之间的景物若隐若现。

图 4-49　晴朗时的天空

(2)水面　水是无色透明的,所呈现的色彩多为其反映的岸边景物与天空的颜色。另外,由于水域面积大小及深浅不同,其受到环境和光源的影响而产生的色彩不同。水中矿物质种类及含量的不同,也将导致水的颜色不一样。例如,漓江因反映两岸植物与天空的颜色而呈绿色;大海因含各种化学元素及矿质元素含量较多而呈蓝色;九寨沟的湖水因清洁度高和反映周边环境,以及所含的矿物质较多而呈五彩色(图 4-48)。

(3)天空　天空的色彩大多数是气象变化所造成的,虽瞬息万变,却有规律可循。一年中,四季轮换交替,天空的色彩也随时间变化而轮换交替。一天中,晨光与晚霞照得天空与大地绚丽多彩。晴朗时,蓝天、白云把地上的花、鸟、鱼、虫、山林、水体衬托得明媚秀丽(图 4-49)。相反地,风雨欲来乌云蔽日之时,整个天地

图 4-50　阴雨时的天空

2)园林建筑物、构筑物、道路广场及假山石的色彩

（1）建筑物、构筑物　园林中的建筑物与构筑物在景观布局中所占的比重不大，多作主景，是园林景观中的点睛之笔。作主景的园林建筑物，其色彩丰富、艳丽，有统领全局的作用。其色调也多与周边环境色形成对比，如水边建筑宜用淡雅的色调与水面的色彩形成对比；建在山边的建筑多用在明度上形成对比的近似色，如红、橙、黄等暖色调。

园林建筑物、构筑物应根据当地气候和季节特点，选用不同的色调。如夏季炎热，宜采用冷色调；冬季寒冷，多用暖色调。炎热地带用冷色调调和景观氛围，寒冷地带则用暖色调来冲淡严寒肃杀的氛围。在北方园林中，皇家园林建筑的色彩多为暖色调，如红色的柱子、黄色的琉璃瓦以及长廊中的彩绘等，这样的色彩搭配显得富丽堂皇，既突显帝王的气势，同时削弱了冬季北方园林中的凋敝气氛所带来的寒意（图4-51）。此外，江南气候温暖湿润，园林建筑则多用冷色调，其建筑物大多采用栗色（深色相），不施彩画（图4-52）。

图4-51　故宫初雪

图4-52　西塘古镇建筑

（2）道路广场　在园林景观构建中，道路广场贯穿始终，是园林的脉络，但多用作配景，因而宜采用相对温和黯淡的色彩。如草地上的小路以淡化为妙，故多用浅灰色、土黄色等。当园林中的道路广场作主景时，就要对其做强化处理，利用铺装丰富的色彩和样式引人注目。

（3）假山石　在我国园林中，通常用假山石作点景。园林中的假山石多为灰白、黄褐等颜色，显得古朴、稳重，却又较为单调，故多与植物搭配来缓和气氛。

3）风景园林植物色彩

植物是风景园林色彩构图的骨干，也是其中最活跃的部分。风景园林植物的色彩是景观构图的基色，在一年四季的变化中，有其自身季相变化规律。大多数植物的不同部位都为风景园林景观提供了色彩美，最基本的是各种绿色，其枝叶、花果和茎干也具有丰富的色彩表现形式。风景园林植物的色彩既较为稳定又相对活跃，随时间的推移而变化，其受环境因素的影响比较大。

2.风景园林色彩构图的处理方法

风景园林景观色彩表现及构成并非由单一因素组成，而是由人造的或自然的，有生命的或无生命的等多方面因素综合组成的。因而，在风景园林景观色彩构图时，必须综合考虑各类素材的色彩在时间与空间上的变化。在风景园林设计时，要从整体出发，将两种不同性质的色彩结合起来考虑，以便达到完美的效果。例如，植物的色彩表现时间短、变化多，而周围非生物体，如建筑、道路等的色彩变化少而持续的时间长，两者相结合，取之所长而补己之短。

1）单色处理

单色处理是指采用明度相同的色彩或色相相同的颜色来处理。多数造园家认为单色死板、单调、不活泼，实际上却非如此。例如，单一的花色有叶色为其衬托；开花期不同时间段，开花有浓淡的变化；晨、昏、阴、晴以及明暗变化，结合周围景物反射的"条件色"，也会让原本色彩单一的植物产生丰富的颜色变化。另外，单一色相也能产生独特意境。例如，只在花坛、花带或花地内栽种同一色相的花卉，盛花期时繁密的花朵淹没绿叶所产生的效果要比多色花坛或花境更吸引人关注。

2）多色处理

风景园林空间多采用多色处理，少采用单色处理，多色处理可以带给人们生动活泼的感受。多种色彩搭配时宜采用点、线、面相结合的方式,但多色处理以少用为妙,大面积使用不但难以求得素雅,而且会干扰游人的兴致。以杭州花港公园的牡丹园为例,盛开的牡丹花(*Paeonia suffruticosa*)与红枫(*Acer palmatum*)互相映衬,周围植物以不同纯度的绿色为其陪衬,使得整个画面协调又统一。不同种类的花卉成片栽植,相同种类不同花色的花卉成片栽植,种类不同但花期一致的花卉成片栽植,形成花镜或模纹花坛,这些都是多色处理的运用。

3)对比色处理

对比色处理是指颜色互补的色彩的处理方式。两种可以明显区分的色彩是对比色。将一组对比色放在一起时,因对比作用两者的色相都被强化,引发的感情效应也更为强烈。不宜大面积使用对比强烈的颜色,只有当其对比有主有次时,才能协调有序地将其放置在同一个园林景观空间序列中,如宏伟壮丽的佛香阁建筑群在四季常青的松柏衬托之下尤为光彩照人。

4)类似色和渐变色处理

色相相同但饱和度与亮度不同的各种颜色为类似色。渐变色指某种色相由浅到深,由暗到亮的变化或与其相反的变化,以及由一种色相逐渐过渡到另外一种色相,或变为其互补色的变化。相同色相的色彩渐变会带给人明媚恬淡的体验,色相跨度比较大的色彩渐变给人以活泼灵动的感觉。渐变色搭配可用于花坛的布局、建筑物装饰以及园林景观空间色彩的转换。

第5章 风景园林景观分析与评价

经过长期发展,风景园林景观评价已成为以四大学派为代表的庞大团体,涉及多个学科领域,却又紧密地联系在一起。虽然各学派采用不同评价方法,但评价过程中都考虑了"人"的主观因素和"景观"的客观因素,针对同一个景观客体能得出或多或少相似的结果。各学派并不是同时出现、发展的,但它们有一个共同的目标,就是找到能更加客观、准确地对景观客体做出全面评价的方法,为景观本身和人类社会服务。

5.1 景观评价概述

5.1.1 缘起

随着工业、能源、交通等事业的迅速发展,人类在不断迈出前进步伐的同时,也给自然景观资源带来了严重破坏。自20世纪60年代中期至70年代初期,以美国为中心的发达国家在环境保护领域和风景园林发展领域颁布了一系列保护景观美学资源的法令。例如,美国在1964年颁布了 *The Wilderness Act*(《荒野法》),该法案源于19世纪的荒野思想、自然保护主义、浪漫主义和超验主义,是美国自然与荒野保护历史积淀的结果。1969年,美国从国家层面出发颁布了 *National Environmental Policy Act*(《国家环境政策法》),该法令是为了促进人类与环境之间的和谐发展、减少对环境与自然生物的伤害、充分了解生态系统和自然资源对国家的重要性而制定的。美国联邦政府于1972年颁布了世界上第一部综合性海岸带法 *Coastal Zone Management Act*(《海岸带管理法》),从而使海岸带综合管理作为一种正式的政府活动首先得到实施。

除美国外,英国在1968年出台了 *Countryside Act*(《乡村法》),为人们提供郊野旅游的设施和安全场所,为保护乡村自然景观而设立郊野公园。

这些法令的制定,标志着景观美学资源与其他具有经济价值的自然资源一样,具有法律地位。但景观往往因为"不可捉摸"及缺乏价值的衡量标准而在法庭上受挫,这种现象最终刺激了科学景观美学研究的发展。

5.1.2 概念

风景园林景观评价是指根据特定的需要,按照一定的程序,采用科学的方法,对某一景观的价值高低或好坏程度进行判断的活动。

从主观上讲,景观评价表现为人们对"景观价值"的认识,通常认为景观价值表现在景观给予人们的美学上的主观满足。从客观上讲,景观"视觉质量"被认为是"景观美"的同义词,美国土地管理局(Bureau of Land Management,BLM)将其等同于"景观质量",并定义为"基于视知觉的景观的相对价值"。具体来说,景观评价内容广泛复杂,涉及评价对象的生态系统、空间结构、景观特色、历史人文等方面。

近年来,风景园林景观评价及美学研究的特点已体现出多学科、多领域、综合性的趋势,参与人员主要包括风景园林规划师、资源管理师、心理行为科学家、生态学家、地理学家等。他们将各学科的研究思想和方法带到景观美学研究领域里来,从而使该领域呈现出崭新的面貌。

5.1.3 意义

风景园林学科领域理论与实践包括三元基本核

心:景观环境空间形态、景观环境生态资源、游憩与环境行为心理感受。与之对应的核心理论分别是风景园林美学、风景园林生态学、风景园林游憩学与旅游学等。而风景园林景观分析与评价则是这些理论的核心问题,它贯穿于各种类型、尺度的风景园林规划设计实践中,包括国土、区域、乡村、城市等一系列的公共、私密人居聚集环境。它既是制定各类风景园林规划、设计、建设的政策、条例、规章规范的理论依据,也是其导向和评论依据。具体来说,风景园林景观分析评价具有以下三方面的意义。

1)还原景观资源的内在价值

风景园林景观是指一定区域呈现的景象,这是一种视觉效果,它反映了土地及土地上的空间和物质所构成的综合体。生态学上所指的景观是由相互作用的拼块或生态系统组成,以相似的形式重复出现的一个空间异质性区域,是具有分类含义的自然综合体。风景园林景观的分类,由于依据不同,出现了一些具体名称和内容上的差异,但大多以"自然风景"含义为首位,比如森林景观、草原景观、荒漠景观等,这也是景观资源所固有的内在价值。

在对某一景观进行分析评价时,无论采用何种景观分析评价方法,都是围绕着景观本身来进行的,研究者的最终目的也是真实地呈现这些景观的含义、内容和价值。景观分析评价就如同一面镜子,它会如实地呈现该景观,让大众了解真实的景观面貌。

2)风景园林规划设计的基础

风景园林规划设计是关于景观分析、规划布局、改造、设计、管理、保护和恢复的科学和艺术,其过程主要包括景观分析、景观规划、景观设计、景观管理四大环节。而风景园林景观分析是基于生态学、环境科学、美学等方面对景观对象、开发活动的环境影响进行预先分析和综合评估,将损失最小化。根据景观分析做出的环境评价图,还可以作为风景园林规划设计的依据。可以看出,对于新建景观,在做规划设计前,要对其原有自然景观要素进行分析评价;而对于已经完成但需要改建或提升的景观项目,则可以根据对该景观的分析评价中所得出的指导建议来做出下一步计划,针对性地完成改建和提升的内容。

3)景观资源管理的基本依据

以美国为例,美国风景资源管理系统主要有 3 个,分别是视觉资源管理系统、风景资源管理系统和风景管理系统。其目的主要有:对需要规划的大面积风景地域进行视觉调查、分析和评价;建立相应的管理目标并拟定管理措施;进行视觉影响评估、预测各种建设活动可能产生的视觉影响。可以看出,对景观的分析评价是该系统的首要目的,在实现首要目的的前提下,才能实现后续的两个目的,并为后续的具体操作提供依据。

在这方面,我国起步较晚,很多地方有待完善。目前,我国的景观资源有两条管理体系:一条是在业务上接受自上而下的中央政府部门—省/市—区/县—景区管理局或管委会垂直管理,另一条是在行政上接受省(市、区、县)的分级领导。在我国,景观资源的管理形式分为风景名胜区、水利风景区、地质公园、矿山公园、森林公园、湿地公园、自然保护区、旅游景点等,各类景观资源的管理主体和管理重点不同。无论是哪一条管理体系,其根本依据是某一个景观应该归属于何种管理形式及应采取何种管理体制,这更多地依赖于对该景观的定位和评级;而对该景观进行比较全面的景观分析评价则是完成定位和评级的根本前提。一般地,定位高,评级高,管理更趋于完善,后续的景观开发利用更加顺畅,反之亦然。

5.2　景观调查与分析

5.2.1　景观调查

景观调查是根据社会发展的需要,运用科学的调查方法,通过有组织、有计划地搜集、整理、分析和研究景观的有关资料,发现问题、解决问题的过程,其目的是更好地推动和引导环境景观的发展。

1)评价指标

在对某一个景观进行调查评价之前,应事先建立一个较为完整的评价指标体系。这个体系要围绕该景观来建立,并制定出具体的评价标准和评分依据。对于较为复杂的景观,还可根据该评价指标进行尝试性评价,根据评价结果删除其中影响力不大或操作难度极大的指标,补充一些必要的指标,建立最终评价指标,为下一步工作奠定基础。

2)资料调查

根据已经制定的评价指标,完成资料调查工作。资料调查的方法可以分为文献调查法和实地调查法两

种。文献调查法是采用科学方法搜集文献资料、摘取有用信息、进行整理分析的调查方法。实地调查法是一种通过实地考察搜集有关社会问题或现象的资料，并运用科学的统计方法予以分析研究，以明了情况，弄清问题，提出调查结论和建议的研究方法。实地调查法分为现场观察法和询问法。

5.2.2 景观分析

完成景观调查以后，会得到一些具体的数据，比如植物品种、数量、分布情况、道路铺装情况、出入口设置情况、灯光照明情况、水体分布情况等。再利用科学的景观分析评价方法对这些数据进行整理和分析，得出结论。

5.3 景观评价四大学派

对景观分析进行研究的人员涉及诸多领域，他们将各自学科的研究思想和方法带到风景园林美学研究领域中来，使得该领域学派林立，方法各异。目前，对风景园林景观分析与评价的理论学派划分为：专家学派（expert paradigm）、心理物理学派（psychophysical paradigm）、认知学派（cognitive paradigm）和经验学派（experiential paradigm）等。

5.3.1 专家学派

专家学派是由训练有素的专业人员组成的评价团队，他们在评价过程中以形式美、生态美为主要原则，认为线条、形体、色彩和质地是构成景观的四大要素，强调用多样性、奇特性、统一性等形式法则来主导景观质量的分级，并认为凡是符合形式美原则的景观都是具有较高质量的景观。该学派又分为形式美学派和生态学派。

该学派的代表人物有刘易斯·里顿（Lewis Litton）、里贾纳·斯马登（Regina Smardon）等，该学派的研究主要为土地规划、景观管理及有关法令的制定和实施提供依据。在英、美景观评价研究和实践中，专家学派的评价方法一直占有统治地位，并已被许多官方机构采用，如美国林务局的视觉资源管理系统和美国土地管理局的风景资源管理系统。这两个系统更多地适用于自然景观类型，其主要目的是通过对自然资源的景观质量进行评价，从而制定出合理利用资源的有效措施。例如，美国土壤保持局（Soil Conservation Service, SCS）的景观资源管理主要以乡村、郊区景观为对象；美国联邦公路管理局（Federal Highway Administration, FHA）的视觉影响评估适合于更大范围的景观类型，主要目的是评价人的活动（如建筑施工、道路交通等）对景观的破坏作用，以及如何最大限度地保护景观资源。以上各种方法系统，都是专家学派的思想和研究方法的具体体现。其中，视觉资源管理系统和风景资源管理系统主要包含以下5个方面的内容。

1）景观类型分类

根据地形地貌、植被、水体等特点，基本上按照自然地理区划的方法来划分景观类型，在每一景观类型下面又可根据具体区域内的多样性划分出亚型。

2）景观质量评价

在视觉资源管理系统中，景观质量分级的重要依据是丰富性或多样性。根据山石地形、植被、水体的多样性，将景观质量分为3个等级：A—特异景观，B——般景观，C—低劣景观。

而在风景资源管理系统中，则是先对以下6个关键因素分别评分：

①地形地貌。根据比例及陡峻度（1~5分）；

②植被。以丰实性为依据（1~5分）；

③水体。存在与否、形态、大小（0~5分）；

④色彩。强烈性及丰富性等（1~5分）；

⑤毗邻景观。毗邻景观对所评价景观的烘托作用（0~5分）；

⑥特异性。常见与特异（0~5分）。然后，将各单项评分值相加，再将景观质量划分为3个等级，即A—总分大于19分，B—总分为12~18分，C—总分小于11分，并由专家在地图上标出。

3）敏感性评价

敏感性是用来衡量公众对某一景观点关注程度的概念。人们注意力越集中的景观点，其敏感性程度就越高，即该景观点的变化越能影响人们审美态度的改变。在视觉资源管理系统中，根据敏感性程度将景观区域划分为高度敏感区、中等敏感区和低敏感区3个等级。在各敏感区等级中，又将主要观赏点及趣味中心分为前景带、中景带和背景带3个距离带。风景资源管理系统与视觉资源管理系统相似，只是在距离带的划分上增加了鲜见带。

4）设定管理及规划目标

管理目标的设定以景观质量评价和敏感性评价为依据，指把标有景观质量等级的地图同标有敏感性等级和距离带的地图叠加起来，决定每一地段或区域内应采取什么样的管理措施，再将其划分为不同的管理等级区。风景资源管理系统与视觉资源管理系统大体相似，将景观区域分为保护区、部分保留区、改造区和大量改造区 4 个区域。

5）视觉影响评价

视觉影响（或视觉冲击）的评价是指评价或预测某种活动（如公路的开设、高压线路的架设等）将会给原景观的特点和质量带来多大程度的影响或冲击。风景资源管理系统在这方面较为完善，常用"景观吸引能力"来描述景观自身对外界干扰的忍受能力。景观的视觉影响评价通常借助一定的模拟技术，如计算机模拟技术、图画技术、照片及影视剪辑技术等。

从以上描述可以看出，专家学派的评价方法是一系列分类分级的过程，其突出特点是实用性强。因此，在景观评价方面长期占据主要地位，但在可靠性、灵活性和有效性方面的说服力还有待提高。

5.3.2　心理物理学派

心理物理学派的景观评价方法最早出现在 20 世纪 60 年代末期，其主要思想是把景观与景观审美的关系理解为"刺激—反应"的关系。把心理物理学的信号检测方法应用到景观评价中来，通过测量公众对景观的审美态度，得到一个反映景观质量的量表，然后建立该量表与各景观成分之间的数学关系。这种评价模型实际上分为两个部分：一是测量公众的平均审美态度；二是对构成景观的各组成成分进行可观测量。

测量公众的平均审美态度（景观美景度）主要有两种测量方法：一是 1976 年由特里·丹尼尔（Terry C. Daniel）和罗恩·博斯特（Ron S. Boster）创立的风景区美景评分法（scenic beauty estimation procedure, SBE）；二是 1978 年由勒施纳·布霍夫（Leuschner Buhyoff）等创立的比较评价法（law of comparative judgment, LCJ）。该学派自 20 世纪 70 年代后得到迅速发展，应用领域也由最初的森林景观扩大到其他方面。

SBE 法让被试者按照自己的标准，给每一个景观

进行评分（0～9 分），各景观之间不经过充分的比较。LCJ 法主要通过让被试者比较一组景观来得到一个美景度量表。根据不同的比较方法，LCJ 法又分为两种：一种是将所有景观作两两比较，称为成对比较法；另一种是将所有景观经比较后按美景度高低排成序列，称为等级法。SBE 法可不经过风景间的比较，而 LCJ 法以风景之间的比较为基础。但从数学角度来看，两者并没有根本区别，只是在对比项和评分标准方面有所差异。

心理物理学派在景观评价中的应用主要包括以下几方面。

1）森林景观评价及管理应用

这是该学派最为成熟的应用领域，他们以森林景观为研究对象，通过对森林景观的评价，建立美景度量表与林分各自然因素之间的回归方程，直接为森林的景观管理服务。

国外研究者对于 SBE 法的使用较早。该学派的主要研究者格雷戈里·布霍夫等在 20 世纪 70 年代，采用此方法研究了病虫害对森林风景的影响等方面的内容。丽莎·塔赫瓦尼嫩（Lissa Tahvanainenl）等于 2001 年将该法用于森林和景观管理措施对森林的舒适价值影响方面的研究。多数研究表明，美景度随着林龄和林分平均胸径的增大、可透距离的增加、林下草本或地被物的增多而提高，小径木、倒木及采伐剩余物量大、密度过大则景观质量较低。但也有学者认为，有限的倒木有利于提高林分的美景度。

而国内的景观美学评价始于 20 世纪 90 年代，起步较晚且开展的研究较少。早期研究所得美景度的得分值大多未经过标准化处理，这使得不同研究结果之间的可比性较差。而且，评价内容大多局限于森林公园，如广州、深圳、北京、南京、珠海等地的城市森林景观。有学者利用该方法完善了评分细则，从景观量化上做出过比较全面的分析评价，评价结果为后期的规划提供了一些方向性建议。

LCJ 法主要有对偶比较法和等级排列法两种，这两种方法可靠性很高，但都有局限性：巨大的工作量限制了对偶比较法的样本数量；而人的辨别能力有限则限制了等级排列法的样本数量。所以，LCJ 法并不适用于大量样本（样本数＞20）的风景评价。

2）远景景观评价应用

在这方面，评价者首先以公众的平均审美评判作

为因变量,再以峻山在照片上所占的面积或远景森林所占的面积等作为自变量,建立多元回归方程。通过一定公式演算,得出对远景景观的评价结果。

如在进行风景林中景、远景研究时,可以以野外调查和景观照片为基础,应用美景度评价法,研究树冠层差、板块格局、板块密度、板块色彩多样性和林木覆盖度5个林外因子与美景度的关系;再结合层次分析法从视域近景、中景、远景3个尺度上构建风景林林外质量评价指标体系,最终得出该区域内视域近景、视域中景和视域远景在景观质量上的差异,明确优质景观和一般景观,并对一般景观进行调整改造。

3)娱乐景观评价应用

研究表明,不同娱乐爱好者对森林砍伐具有不同的审美态度。爱好狩猎和兴趣较广之人,往往对砍伐抱肯定态度;而爱好露营、漂流等活动的人,则对砍伐持否定态度。在城市娱乐区的研究中,用木本植物、草本植物、建筑及树木密度等29个变量来预测空间的景观质量和安全感,结果发现,娱乐区的安全感与人们的审美评判不存在线性关系。

4)其他方面

20世纪80年代,部分学者深入研究了大气的光学特征与人的审美判断间的关系,发现大气的光学质量与人的审美评判(景观质量)有很高的相关性,便建立了以大气物理因子如色度、光彩、太阳高度角、云量为自变量的预测景观质量的关系模型。此外,还有学者研究了景观类型的名称对审美评判的影响。

心理物理学派认为,景观审美是景观和人之间共同作用的过程,其研究目的是建立反映这种主客观作用的关系模型。人们对景观的质量评价是可以通过景观的自然要素来预测和定量的。由此看来,心理物理学方法是各种景观评价方法中最为严格和可靠的。从实用性来看,一旦建立景观模型,研究人员只须对有关风景成分进行测量,就可以根据测量数据得出景观评价结果,这似乎是一种一劳永逸的方法。但这种方法更加强调的是大众的平均审美水平,而忽视了个性、文化历史背景差异所带来的影响。此外,目前该学派所研究的成熟的模型类型还较少,研究领域还相对较小。

5.3.3 认知学派

认知学派则是将景观作为人的生存空间来进行评价的。18世纪,英国经验主义美学家埃德蒙·伯克(Edmund Burke)认为"崇高"和"美感"是由人的两类不同情欲引起的,其中一类涉及人的"自身保存",另一类则涉及人的"社会生活"。

20世纪70年代中期,英国地理学家杰伊·阿普尔顿(Jay Appleton)提出了"点石化为金瞭望—庇护"(prospect-refuge)理论,强调人的自我保护本能在风景评价过程中的重要作用,人类需要景观提供庇护的场所,这个庇护场所拥有较好的视线以便人类能够观察。"瞭望—庇护"理论反映了人的自我保护本能在风景评价中的重要作用,还反映了人是作为一种高智能的动物出现于自然环境中,不会只满足于眼前生活空间的安全和舒适,还要利用各种景观信息去预测、探索未来的生活空间。这种理论以人的进化过程和功能来解释人对风景的审美过程,反映的是人的行为心理和空间环境的互动关系。简言之,在景观审美过程中,景观应具有理解性和探索性,二者皆有的景观就是高质量的景观。

在《自然的体验》一书中,环境心理学家斯蒂芬·卡普兰(Stephen Kaplan)和雷切尔·卡普兰(Rachel Kaplan)夫妇以进化论为前提,对理解性和探索性分别在二维和三维空间中进行了扩展,后继者在此基础上继续发展,提出了四维量的景观审美理论模型(表5-1),简称为Kaplan理论模型。斯蒂芬·卡普兰认为人们喜欢某种风景和建筑景观是因为"这些地方提供了参与和存在意义的保证"。所以,环境审美应该是由理解和探索两个认知过程调和的,这两个过程都作用于喜爱度。该理论能部分地解释熟悉在喜爱度上的作用。一旦成功地解释了一个场景,便熟悉它,高度的熟悉感有时候降低了参与的意识,于是理解和参与有时候会导致环境喜爱趋于相反的方向。如果环境是陌生的,环境喜爱度依赖于对环境的理解,但参与是低水平的。

表5-1 四维量的景观审美理论模型

空间	信息需要		空间	信息需要	
	可靠性	可索性		可靠性	可索性
二维平面	一致性	复杂性	三维平面	可读性	神秘性

1975年,地理学家罗杰·乌利齐(Roger Ulrich)提出了相似的景观评价模式,他把Kaplan模型中的可解性扩展为四个维量,把神秘性单独作为一个维量,从而得到一个五维量的景观评价模型(表5-2)。

表 5-2　反映地形地貌特征的景观审美实用模型

空间形式	特性		空间形式	特性	
	可解性	可索性		可解性	可索性
地形 （自然景观）	坡度 相对地势	空间多样性 地势对比	地物 （人文景观）	自然性 和谐性	高度对比 内容丰富性

1985 年,有学者对 Kaplan 模型中的神秘性进行专门研究,结果发现,在森林景观中,有 5 个因素决定着景观的神秘性,即障景、视距、空间限定性、可及性和林中光线。之后,部分学者将景观审美理论模型进行改进,将其转化为反映具体地形地貌特征的实用模型。这一模型和 Kaplan 理论模型是相对应的,这些反映风景空间特性的信息大多可以直接从地图上获得,从而作为心理学意义上的变量,再向具有客观意义的物理量转化。

该学派还探索使用脑电图、心电图等精密测试手段来客观地测量人的情感反应,以避免语言表达测试的多种弊病,使得该理论体系日臻完善。但认知学派需要同心理物理学派的评价方法相结合,才能使理论更加完善。目前,该理论已经在国家公园、城市公园、公共广场等景观的规划设计等方面得到广泛应用。

5.3.4　经验学派

经验学派又称现象学派(phenomenological paradigm),是通过解读文学艺术家们关于景观审美的文学艺术作品、名人的日记等文字内容,来分析人与景观的相互作用及某种审美评判所产生的背景。经验学派把人的主观提高到了绝对高度,把人对景观审美的评判看作是人的个性及其文化、历史背景、志向与情趣的表

现,不注重客观景观本身。通常采用心理测试、调查、访问等方式,记述人对具体景观的感受和评价。这种心理调查法同心理物理学派常用的方法不同,被询问的对象须要详细地描述个人经历、体会及其对某景观的感受等,而后者只要对景观进行打分或将其与其他景观进行比较,便可简单地评出景观的优劣。该学派的代表人物是美国地理学家大卫·洛文塔尔(David Lowenthal)。

5.3.5　学派比较

总体来说,四大学派在研究方法和对象上各有特点,在整个审美体系中相互关联、互为补充(表 5-3)。

5.4　风景园林景观分析评价方法

在风景园林景观分析评价中,除了前文所提到的各大派系所用的方法外,在实际的研究中还会用到以下方法。

5.4.1　层次分析法

层次分析法(analytic hierarchy process,AHP)是指将与决策密切相关的元素分解成目标、准则、方案等层次,在此基础上进行定性和定量分析。该方法是美

表 5-3　景观审美评判学派的比较

项目	学派			
	专家学派	心理物理学派	认知学派	经验学派
对景观质量的认识	客观性	半客观性	半主观性	主观性
	形式美原则 生态学原则 自然要素	自然要素 人文要素	自然要素的功能景观 质量取决于人	人文要素的反映
人的地位	被动性	半被动性	半主动性	主动性
	景观为独立于人之外的客体 人是欣赏者	人的普遍审美观作为评判标准	以人为本	人文因素对景观的作用与影响
对客观景观的把握	分解	组分	维量	整体
	基本单元 造型因子	景观因子 景观组分	维量分析 景观特性	全生态体 整体意识

国运筹学家匹茨堡大学教授托马斯·萨蒂（Thomas L. Saaty）于20世纪70年代初提出的，一种定性与定量分析相结合的多目标决策分析法，其实质是将决策者对复杂系统的决策思维过程模型化、数量化、简单化，适用于那些难于完全定量分析的问题。以城市绿地景观评价为例，层次分析法大体包括以下基本步骤。

1）评价指标体系建立

评价指标体系就是评价指标的全体。评价指标作为衡量评价对象的基本尺度，其选取必须要遵循一定的原则，才能形成对评价对象客观、公正、全面的评价，否则会使评价结果产生偏差。对指标的选取应遵循以下原则。

①完备性和客观性。完备性即要求指标体系能概括评价对象的整体，能反映出其整体特性。客观性是指避免受指标体系制定者的主观意志影响，客观地选取评价指标，尽可能在反映评价对象特征时不出现主观偏向。

②主成分性和独立性。要求选取的指标之间关联性最小，即相互独立。

③可获得性和可测性。选取的指标必须能够方便快捷地被测定或判断。

④灵敏性和准确性。指标和其反映的事物特性之间具有一一对应的联系，评价对象特性的改变能在评价指标上得到迅速、准确地反映。

⑤动态性和稳定性。评价对象总是处于变化过程中，这就要求所选取的评价指标能够在一定的变动范围内比较稳定地反映评价对象的属性特征。

针对城市绿地景观评价指标的选取，按照评价指标选取的原则，通常选择如下11个指标：植被天然性程度、植被种类丰富度、绿地土壤肥力状况、绿地景观面积、乔木年龄构成、景观内乔木覆盖度、植被色彩丰富度、乔灌草比例协调度、与硬质景观的和谐性、景观空间多样性、地形地貌多样性。该评价体系包括了生态及人文指标、定性和定量指标、结构和功能指标，结合主观评价和客观测定指标以及专业评价和大众评价指标，可较全面地反映绿地景观在生态学和美学方面的属性状况。

2）层次结构模型建立

在分析复杂问题时，AHP首先从系统特性出发，对问题包含的元素进行分层。这些层次可以分为3级：

①目标层。该层次中只有一个元素，一般是分析问题的预定目标或理想结果。

②准则层。该层次包含为实现目标所涉及的中间环节，可由若干个层次组成，包括所需考虑的准则、子准则。

③方案层。该层次包括为实现目标可供选择的各种措施、决策方案等。

城市绿地景观综合评价指标作为评价目标为第一层目标层；第二层准则层包括生态质量指标和美感效果指标；第三层方案层为选出的具体指标（表5-4）。

表5-4　城市绿地景观评价层次结构

目标层	准则层	方案层	指标含义
城市绿地景观综合评价指标A	生态质量指标B1	植被天然性程度C1	植被的乡土化程度及原有植被状况
		植被种类丰富度C2	植物种类的丰富程度
		绿地土壤肥力状况C3	绿地中土壤肥力的高低
		绿地景观面积C4	绿地面积（包括水面）占整个设计区域面积的比例
		乔木年龄构成C5	乔木树种的年龄状况
		景观内乔木覆盖度C6	绿地景观中所有乔木的植被覆盖率大小
	美感效果指标B2	植被色彩丰富度C7	绿地景观中彩叶植物应用的比例
		乔灌草比例协调度C8	绿地中乔木、灌木、草本所占面积的比例关系
		与硬质景观的和谐性C9	植物与硬质景观（如园林建筑、小品设施等）所占比例的和谐程度
		景观空间多样性C10	由植被所引起的景观空间形式变化的丰富程度
		地形地貌多样性C11	绿地景观中植被所处地形地貌的丰富程度

3）判断矩阵的构建

判断矩阵就是将层次结构模型中同一层次的因素相对于上层某个因素，相互间对比而形成的矩阵。即每次取两个因素 x_i 和 x_j，以 a_{ij} 表示 x_i 和 x_j 对 Z 影响大小之比，全部比较结果用矩阵 $A = (a_{ij})_{n \times n}$ 表示，称 A 为 Z-X 之间的成对比较判断矩阵，简称判断矩阵（表5-5）。

表 5-5　判断矩阵

因素	x_1	…	x_i	…	x_j	…	x_n
x_1	1	…	a_{i1}		a_{j1}	…	a_{n1}
⋮	⋮		⋮		⋮		⋮
x_i	a_{1i}	…	1		a_{j1}	…	a_{n1}
⋮	⋮				⋮		⋮
x_j	a_{1j}	…	a_{ij}		1	…	a_{nj}
⋮	⋮		⋮				⋮
x_n	a_{1n}	…	a_{in}		a_{jn}	…	1

a_{ij} 值的确定可以采用九标度法，即用数字 1～9 及其倒数作为标度。由于判断过程存在复杂性和模糊性，如果采用值较高的标度，可能会混淆其判断的客观准确性，导致判断出现偏差，在构权时可能会影响最终的判断结果。因此，被调查者比较容易接受通常的三标度和五标度法。三标度法是先构造一个比较矩阵 $B = (b_{ij})_{n \times n}$，式中，$b_{ij}$ 的值可按照表 5-6 的描述取对应的标度值；然后计算 $r_i = \sum_{j=1}^{n} b_{ij} (i = 1, 2, n)$；再利用公式（1）求出判断矩阵 $A = (a_{ij})_{n \times n}$。其中，$b_m = r_{max} / r_{min}$。

表 5-6　标度及其描述

标度值	含义
0	因素 x_j 比 x_i 重要
1	两个因素具有相同重要性
2	因素 x_i 比 x_j 重要

$$a_{ij} = \begin{cases} \dfrac{r_i - r_j}{r_{max} - r_{min}}(b_m - 1) + 1, r_i \geqslant r_j \\ \dfrac{r_j - r_i}{r_{max} - r_{min}}(b_m - 1) + 1, r_i < r_j \end{cases} \quad (5\text{-}1)$$

4）相对权重计算

求出判断矩阵 A 的最大特征值 λ_{max} 和与之相对应的特征向量 W，W 经归一化处理后即为同一层次相应

因素对于上一层次因素 Z 相对重要程度（权重）的向量，这一过程称为层次单排序。

5）一致性检验

假定被调查者对因素之间的判断不存在任何偏差，比较结果完全一致，则矩阵 A 的元素就应满足 $a_{ij} = a_{jk}/a_{ik}$，这时称判断矩阵满足完全一致性。当然，这是一种理想状态，在对比较复杂的问题所涉及的因素间进行两两比较时，由于客观事物的复杂性和人们认识上的多样性和片面性，被调查者很难保证这种连续判断的一致性，其判断结果总是存在一定的偏差的。因此，AHP 中引入一致性检验指标 CI 来对判断矩阵进行一致性检验。$CI = \dfrac{\lambda_{max} - n}{n - 1}$，式中，$n$ 为判断矩阵的阶数；利用公式 $CR = \dfrac{CI}{RI}$ 计算一致性比例 CR，式中，RI 为平均随机一致性指标，其值见表 5-7。当 $CR < 0.10$ 时，认为判断矩阵具有可接受的一致性，否则应对判断矩阵作适当修正，直至达到符合一致性的要求。

表 5-7　平均随机一致性指标 RI 值

n	1	2	3	4	5	6	7	8	9
RI	0	0	0.58	0.90	1.12	1.24	1.32	1.41	1.45

6）层次总排序

层次总排序就是利用同一层次中所有层次单排序的结果以及上一层次所有因素的权重来计算（针对总目标而言）本层次所有因素的权重值。层次总排序按从上而下的顺序逐层进行。

以上步骤完成以后，即可根据排序结果得出对该绿地的最终评价。

5.4.2　灰色关联度法

灰色关联理论（grey relation system theory）是 1982 年由我国华中科技大学邓聚龙教授首先提出并创立的一种系统科学理论，它是基于数学理论的系统工程学科，主要解决部分信息已知、部分信息未知及信息具有不确定性的特殊领域的问题。

灰色关联法（grey relation method）是根据因素之间发展态势的相似或相异程度来衡量因素间关联程度的方法，其基本思想是根据序列曲线几何形状的相似程度判断序列之间联系是否紧密。曲线几何形状越接近，变化趋势也就越接近，相应序列之间的关联度就越

大,反之就越小。借助这种方法,只需分析序列曲线的接近程度,把能综合反映曲线间差值大小的关联度作为衡量尺度,对评判对象做出评判,比较出它们的优劣。

这种方法广泛应用于农业、地质、气象、农业系统、生态系统、未来系统预测以及环境质量评价等方面。计算关联度的步骤大体如下。

①确定反映系统行为特征的参考数列和影响系统行为的比较数列。影响系统行为的因素组成的数据序

列称为比较数列 x_i,有 n 个比较序列,且它们的长度均为 N,则:

$$x_i(t) = \{x_i(1), x_i(2), \cdots, x_i(n)\} \qquad (5\text{-}2)$$

②对参考数列和比较数列进行无量纲化处理。

③求关联系数中的两极差。

④求关联系数。参考数列 x_0 与比较数列 x_i 在第 k 点的关联系数可以通过邓聚龙教授的计算方法计算:

$$\xi_{0i} = \frac{i_{\min}k_{\min}|x_0(k) - x_i(k)| + \rho i_{\max}k_{\max}|x_0(k) - x_i(k)|}{|x_0(k) - x_i(k) + \rho i_{\max}k_{\max}|x_0(k) - x_i(k)|} \qquad (5\text{-}3)$$

式中:ρ 为分辨系数。$0 < \rho < 1$,ρ 越小,分辨率越高。一般工程中,ρ 取 0.5。

⑤求关联度。综合各点的关联系数,得到 x_i 曲线和参考曲线 x_0 的关联度,即:

$$\gamma_{0i} = \sum_{k=1}^{n} \xi_{0i}(k) W_k \qquad (5\text{-}4)$$

式中:W_k 为指标权重。

5.4.3 主成分分析法

主成分分析法(principal component analysis, PCA)首先是由英国现代统计科学的创立者卡尔·皮尔逊(Karl Pearson)针对非随机变量引入的,之后由美国统计学家、经济学家、数学家哈罗德·霍特林(Harold Hotelling)将此方法推广到随机向量的情形。

简单来说,该方法是用少数几个主成分来解释多变量的方差-协方差结构分析方法。主成分分析法的工作目标是在保证数据信息损失最小的前提下,经线性变化与舍弃一小部分信息,以少数的综合变量取代原始采用的多维变量,即对高危空间变量进行降维处理。主成分分析的主要步骤如下:

①指标数据标准化;

②指标之间的相关性判定;

③确定主成分个数 m;

④写出主成分 F_i 表达式;

⑤给主成分 F_i 命名。

5.4.4 语义差别法

语义差别法(semantic differential, SD)是心理物理学派的一个分支,由美国心理学家、心理语言学先驱查尔斯·奥斯古德(Charles E. Osgood)于1957年提出,又称为感受记录法。它通过言语尺度对心理感受

进行测定,将被调查者的感受构造为定量化的数据。它依据的是人脑可以利用以往储存的信息、经验,融合吸收描述客观环境的物理量、心理量的定量结果,对眼前实物进行评价这一原理。对景观资源进行调查后,取得相关物理量、心理量,然后依据自身经验,将这些调查资料语言化,便可以让评价者进行评价。SD法通常与其他分析法结合运用,如相关分析法、因子分析法、聚类分析法等,以得到更加丰富的结论。

5.4.5 景观功能分析法

景观功能分析法(landscape function analysis, LFA)是一种以植被景观结构特征与地表土壤特征为评价基础的植被评价方法,其实质包含植被斑块面积与植被斑块的结构特征,以及植被斑块所对应的地表土壤在稳定性、抗侵蚀性、地表土壤雨水的渗透能力、养分循环返回土壤效能方面的功能。景观功能分析法具有快速、便捷、可操作性强等特点,在国内外均得到广泛应用。

5.5 风景园林景观分析评价应用

5.5.1 风景名胜区、旅游度假区、森林公园

目前,景观分析评价已成为国家重点及省级风景名胜区、国家级旅游度假区的重要评定因子之一,也是国家森林公园总体规划的可行性判断依据之一。

以黄山风景名胜区为例,学者采用层次分析法(AHP)对温泉、云谷寺、玉屏楼、北海、松谷庵、钓桥庵六大景区的景观生态环境质量进行评价,通过矩阵计算最终得出该六大景区的景观生态质量优劣排序。

国家级旅游度假区是指符合国家标准《旅游度假区等级划分》(GB/T 26358—2010)相关要求,经文化和旅游部认定的旅游度假区。截至 2020 年 12 月,我国共有国家级旅游度假区 45 家,其建设必须建立在对度假旅游市场进行充分调研的基础上,准确定位、科学规划、合理布局、合理开发。景观分析评价是其非常重要的一项调研内容,其评价结果是度假区定位和开发的根本依据之一。

针对湖南阳明山国家森林公园,学者通过层次分析法对森林公园内 24 个特色景观类型进行定性定量评价,再结合景观质量评价结果对森林公园的植物景观进行规划。研究结果证明,景观评价可为森林公园规划,特别是植物规划提供科学依据,让森林公园规划具有更广泛的科学内涵。

5.5.2　国土、区域、乡村景观体系

在国土资源研究方面,学者对景观分析评价的研究更多地体现在景观生态学研究领域。比如,可通过文献研究、地理信息系统(geographic information system, GIS)应用、定性定量分析等研究方法,针对我国目前风景保护存在的空间破碎化、精英景观单体与自然背景相分离等问题,分析构建基于景观生态学理论的国土风景保护体系。此外,还可将景观分析法应用于景观廊道资源的分析研究,选取和利用重要廊道和节点将精英景观区串联,使其与廊道构成一个完整的、网络化的国土景观生态格局。

近年来,国内学者把景观分析评价广泛应用于区域性景观研究和乡村景观研究之中,并形成了相应的研究方法和体系。比如,在城市生态景观中,从生态与美学两个层面提出具体的城市绿地景观指标,并通过层次分析法对各指标在评价体系中所占的权重进行具体分析,建立适合城市绿地景观评价的综合评价模型,以期为建设可持续发展的城市绿地系统提供科学支撑。

5.5.3　城市绿地系统

在城市绿地系统规划中,景观评价分析也得到了广泛应用。比如,在对城市景观和城市森林的研究中,以景观生态学和可持续发展理论为指导,运用 GIS 技术,结合实地调查对城市景观进行分类,并在此基础上进行城市景观格局的分析与评价,对城市中"会产生重要影响的城市森林景观"进行有益探索。在此研究中,可利用城市各类景观所占比例和具体分布情况,构建出森林生态网络体系,并针对城市森林规划提出合理的植物规划与配置模式。与此同时,该研究还有利于理解城市景观中的"自然—经济—社会"复合生态系统的演变趋势,从而建立可持续发展的城市化发展模式。这种将城市绿地系统的景观评价研究结果作用于城市绿地规划的思路,目前已在诸多城市绿地系统规划中得到应用。

5.5.4　综合性园区

园区是指政府集中统一规划指定区域,区域内专门设置某类特定行业、形态的企业等并进行统一管理。大致可以分为工业园区、农业园区、科技园区、物流园区和文化创意产业园区五大类。以工业园区为例,目前,对园区的景观评价主要集中在环境评价方面。例如,对哈尔滨、沈阳、徐州等 8 个北方城市的景观设计、环境污染、基础设施和总体感受 4 个方面进行调查和分析,结果表明,多数人对景观环境情况不满意;相关性分析发现,除空气和水环境质量外,加强景观小品设计可以增加公众的舒适感和安全感,增强环境绿化也可提升公众的安全感,这表明景观构成和主观评价存在着显著的交互作用。

5.5.5　大学校园绿地

高校越来越重视校园环境建设,校园景观作为体现校园环境的主要部分备受尊崇。作为主要服务于师生的校园景观,既要满足师生的功能性要求,还应具有典型的校园文化特色。校园景观主要由软质和硬质景观两大部分构成,软质景观指的是以植物、水体等软质的东西为主,如水、阳光、天空、植被等,带有自然属性;硬质景观指的是通过人工装饰和处理的步行环境、景观设施、活动场所等,带有社会属性。

目前,对校园景观评价的内容和方法越来越多,评价的结果为校园景观未来的规划方向提供了参考依据。比如,学者将东北林业大学校园植物景观分为 5 个区域,运用层次分析法从生态、观赏、心理 3 个方面综合评价。研究表明,东北林业大学校园植物景观良好,但仍有可提升的空间。同时,针对其现存问题提出相应的优化对策,以期为寒地校园植物景观的改造和建设提供参考。再如,以南京林业大学的 18 个校园景

观节点为研究对象,利用层次分析法从位置因素、空间因素、设施因素、植物因素、文化因素等方面构建评价体系。通过分析计算得出影响因素的权重值排序,探寻影响使用者选择校园景观节点的因素。这些研究结果大多以具体的校园景观为研究对象,利用景观分析方法得出量化的研究结果,为今后的校园景观改造提供了数据支撑。

5.5.6 城市滨水带

城市滨水绿地空间是城市景观的重要组成部分,能够改善城市生态环境、丰富城市植物群落多样性、构筑城市休闲空间,给人们提供开阔惬意的游憩场所。随着人们对生态环境保护意识的日益提高,城市滨江、滨河带的规划建设也日渐增多,而其重要依据便是建设前后的景观评价结果。例如,学者对郑州市东风渠南岸花园路至经三路段滨水带的 12 个具有代表性的群落样地进行美景度评价,分析该段水域景观植物种类、群落结构基本类型、植物群落物种多样性、植物群落景观质量评价等,研究结果为城市绿地系统规划、景观营造等提供基础数据,也有助于滨河绿地更好地改善生态环境。

5.5.7 城市公园

城市公园是城市建设的主要内容之一,是城市生态系统和城市景观的重要组成部分。同时,城市公园能够满足居民的休闲需要,给人们提供休息、游览、锻炼、交往以及举办各种集体文化活动的场所。目前,景观评价分析在城市公园设计中的应用主要体现在确定植物景观方面。比如,利用灰色关联分析法对北京市郊野公园的植物群落进行综合评价,得出毛白杨＋白蜡群落、银杏群落、毛白杨群落和刺槐群落与理想植物群落关联度最高,景观表现最优;而杜仲群落、垂柳群落和油松群落与理想植物群落关联度最低,即景观表现最差。

5.5.8 城市广场

城市广场是应城市功能要求而设置,供人们活动的空间。城市广场通常是城市居民社会活动的中心,广场可为人们提供组织集会、交通集散、居民休息、商业贸易等社会和生活服务。在城市广场设计中,先前学者采用层次分析法建立景观评价体系,从生态性、舒适性、功能性和美观性 4 个方面对景观进行综合分析,确立标识系统、植物景观层次、铺装设计等 18 个评价因子,得出生态性、舒适性、功能性和美观性所占权重值的高低顺序,然后对其综合评价进行等级划分,为其他待建商业广场景观的环境营造和景观提升提供参考依据。

此外,景观评价分析还广泛用于新城中心规划与城市设计、旅游发展总体规划、旅游景区总体规划与详细规划设计等方面,为各项规划和制度的拟定提供数据支撑。

随着城市发展的不断深入,人居环境也更为人民所关心和重视。风景园林可以有效净化空气环境、改善小气候,在为城市增加景色的同时创造出人和自然协调发展的空间。然而,风景园林规划设计想要发挥其在建设中的重要性,需要设计师熟悉和掌握风景园林规划设计的内容、步骤、程序、图纸类型和表现技法等,在满足城市建设和业主需求的基础上,科学合理地采用新理念、新方法、新技术和新材料等,创造出功能层面和心理层面都让使用者满意的园林项目。

6.1 风景园林规划设计的内容

风景园林规划设计是从宏观到微观的过程,风景园林设计师接到设计任务书后,首先应充分了解业主的需求,然后对基地进行详细调研并收集相关资料,再进行综合分析并找出需要解决的问题,提出满足科学和解决业主需求的合理方案和构思,完成最终的设计。

目前,关于风景园林规划设计的内容还没有统一的行业标准。根据现有的河北省地方标准《园林设计文件内容及深度规定》(DB13/T 1030—2009)和北京市地方标准《园林设计文件内容及深度》(DB11/T 335—2006)可知,风景园林规划设计的内容主要包括3部分:方案设计、初步设计和施工图设计,每个部分均包括设计说明、设计图纸、经济指标。职责划分明确的3部分设计内容既相互联系,又相互制约。

1)方案设计

工作内容包括:对自然现状和社会条件进行分析;确定绿地的性质、功能、风格特色、内容、容量;明确交通组织流线、空间关系、植物布局、综合管网安排。

设计图纸包括:位置图、用地范围图、现状分析图、总平面图、功能分区图、竖向图、园林小品布局图、道路交通图、植物配置图、综合设施管网图、重点景区平面、效果图及意向图等。

2)初步设计

工作内容包括:确定平面,道路广场铺装形状、材质,山形水系、竖向;明确植物分区、类型;确定建筑内部功能、位置、体量、形象、结构类型;确定园林小品的体型、体量、材料、色彩等,能进行工程概算。

设计图纸包括:总平面图、放线图、竖向图、植物种植图、道路铺装及部分详图索引平面、重点部位详图;建筑、构筑物及园林小品的平、立、剖图,园林设备图,园林电气图等。

3)施工图设计

工作内容包括:标明平面位置尺寸,竖向,放线依据,工程做法,植物种类、规格、数量、位置,综合管线的路由、管径及设备选型,能进行工程预算。

设计图纸包括:总平面图、放线图、竖向图、种植设计图、道路铺装及做法详图索引平面、建筑详图、构筑物详图、园林设备图、园林电气图等。

6.2 风景园林规划设计前期分析

截至目前,被行业广泛认同的风景园林规划设计的方法和步骤是由麦克哈格于1969年提出的。具体流程见图6-1。

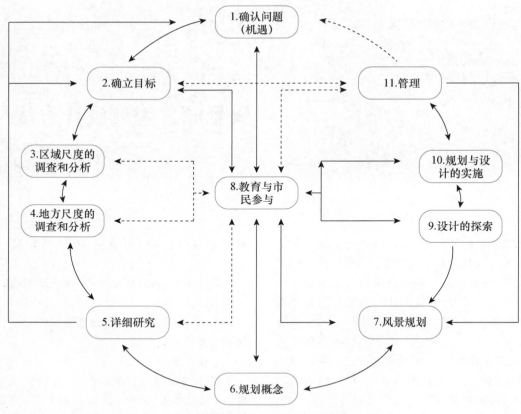

图 6-1　风景园林规划设计的流程

图中的实线箭头表示这一流程是从第 1 步一直到第 11 步。每个步骤间的虚线箭头代表一种反馈系统。因此,每一步可以对前一步骤进行调整。相应地,也可以在下一步对其进行修改。由此可知,风景园林规划设计是一项十分复杂的工作。为了简单地表示规划方法,可将步骤简化成 5 个核心的内容:确立目标、风景园林调查与分析、风景园林评估、风景园林规划和项目实施。

6.2.1　确立规划设计目标

对任何风景园林进行规划设计,首先应确立规划设计目标。以我国为例,一个风景园林规划设计的目标通常是由政府或开发商(业主)确定的。在欧美国家,确定风景园林规划设计的目标除了需要甲方业主外,还需要当地居民共同参与,因为风景园林规划设计区域涉及许多人的利益。当然,这一做法存在许多争议,有人认为民众参与者通常受限于时间和专业知识。有些规划设计的目标是法定的,还有一些是利益集团

的。因此,政府与民众参与者对风景园林规划设计的目标通常存在差异。为此,1981 年,美国学者雷·麦克奈尔(Ray MacNair)提出一个方案,以供联系政府机构和民众来共同确定风景园林规划设计目标(图 6-2)。

6.2.2　风景园林基地调查

设计基地的调查和分析是科学地进行方案规划设计的基础,收集的与基地规划相关的资料越全面、越客观,越能深入、透彻地分析和解决基地的问题,最终形成的方案规划设计才更科学、合理。调查的主要内容包括自然环境因素、社会和经济因素、人文和历史因素、生态环境和污染因素等。

6.2.3　风景园林基地分析

完成对设计基地的一系列调查后,需要对相关资料进行筛选和分析,以便为进一步决策或评估打好基础。基底分析主要包括对自然环境、社会和经济、人文和历史、生态和污染等因素的分析与评价。其形式有

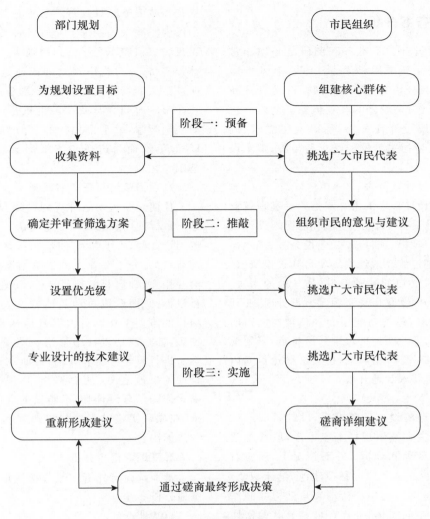

图 6-2 协同规划和组织

文字解释、表格数据和分析图等,其中定量分析起主要作用,定性分析只起到辅助作用。目前,风景园林分析采用科学的数字技术,包括地理信息系统和遥感技术等,让风景园林分析工作更科学、准确、省时、省力。

6.3 风景园林规划设计的程序

风景园林规划设计的程序有时也被称为"解决问题的过程",通常指不同设计步骤在遵循一定程序基础上的组合。这些设计程序是设计师们经过长期实践总结得来的并被行业广泛接受,用来解决风景园林规划设计中的实际问题。

风景园林规划设计初学者应理解,高水平成果作品不是一蹴而就的,需要设计师不断学习和积累专业知识,不断提高解决问题的能力,他们要通过不断的学习和训练提高自身的设计水平。风景园林规划设计者不单要有绘图能力,还要有敏锐的观察力、科学分析的能力、思考问题和解决问题的能力。应注意规划设计包含两个层面:一是理性层面,如编制任务书、收集与设计相关信息、分析研究基地问题等;二是感性层面,如空间感、美感、观感和意境等。

风景园林规划设计程序是设计师们为达到设计目标所采取的方法和手段的集合,这对方案构思、问题思考、方案评估和目标达成有很大的帮助。

6.3.1 设计任务书分析

风景园林规划设计前的准备和调研是一项非常重要的工作。调研是指采用科学方法获取基地的原始资料,并用正确的分析方法发现问题,这是设计前必须完成的一项工作,是设计的客观依据。其内容包括:熟悉和充分理解设计任务书;明确业主需求;调查、分析和评价;走访相关单位和民众参与者;拟定设计纲要等。

1)熟悉和理解设计任务书

风景园林规划设计程序的第一步是熟悉和理解设计任务书,明确业主需求。设计任务书是规划设计的依据,通常包括设计规模、项目需求、建设条件、基地面积(城乡建设部门划定的基地红线)、项目建设投资、设计和建设进度要求、必要的基础资料(如基地的水源、植被和气象资料等)和文化历史资源等。设计前,必须充分明确业主的需求(包含功能层面和精神层面),明确设计目标和内容,熟悉当地的地理环境特点,了解地方经济水平、民族和社会风俗习惯、历史文脉传承等内容,以便设计工作能够顺利地开展。

2)实地勘查基地

在充分熟悉和理解设计任务书后,设计师应通过网络、相关部门、业主和基地现场等多渠道,取得现状资料并进行科学的整理和分析。一般情况下,还应对基地现场进行实地勘查。风景园林拟建地(设计基地)又称为基地,通常是由人类生产活动和自然力共同作用而形成的复杂的空间实体,外部环境与其有着密切联系。在进行风景园林规划设计之前,设计师应对基地进行全面、系统的实地勘查,为规划设计提供详细、可靠的勘查资料(如基地的地质地形、土壤污染现状、植被现状和水质等)。基地的实地勘查是获得环境和空间认知的重要途径。

6.3.2 场地规划调查与分析

风景园林规划设计探讨的是区域尺度的土地利用、区域尺度下生态体系之间的关系和区域尺度下环境发展冲击评估。而诸多的土地使用评估准则又是建立在规划设计中尺度相对较小的"最适宜"场地之上的。

场地规划是风景园林规划设计的一种传统类型,包含土地利用规划,如小游园景观、校园景观、居住区

景观和城市道路景观等。与景观规划相比,它是指在小尺度空间中的场地上布置各种功能元素,包括园林建筑、入口、停车场、道路、植被等。通常,它由风景园林师主持,有时也由规划师或建筑师主持,但不论是何种性质的场地规划项目,最理想的情况是风景园林师在第一时间参与其中。也正是由于不同专业人员的共同智慧,一个个独特的、合理的场地布局才能得以完成,从而为进一步的细部景观设计奠定良好的基础。

1. 项目策划与任务书编制

任何一项风景园林规划设计都要有明确的目标,这一目标的内容通常由业主确定。作为一名风景园林规划设计师,为了顺利完成项目,首先应充分理解项目的特点,充分了解业主的需求和愿望。通过向业主、潜在用户、政府相关部门、物业管理维护人员、同类项目设计师、团队成员和其他相关人员咨询,完成整个项目的策划工作。再根据基地的现状进行前瞻性的预想,如在规划设计中采用一些新理念和新方法等,然后进行科学分析和评估,对业主给定的目标提出建设性的修改意见,从而编制出一个全面的设计任务书。作为一名设计师,不能只是盲目地完成业主的需求,在项目实施过程中如果遇到问题,还要积极地想办法解决。

2. 基地调查与分析

基地调查与分析一般包括基地选址、基地调查和基地分析。

1)基地选址

任何风景园林规划设计的顺利完成,其前提是做好基地的选址工作。选择的原则有两个:第一是要有最有利于完成项目目标的条件,如位置、交通、气候、水源、植被和周边环境等,这些都要被充分考虑与评估;第二是要在业主给定的或在已被评估为适宜的区域内筛选。基地选址方法分为传统方法和现代方法两种:传统方法是现场勘察;现代方法包括利用地质测量图、遥感照片和各种电子地图、规划图等,可以更准确和方便地进行筛选。了解并熟悉基地的情况,充分理解每一个供选方案的优缺点。这样,设计师就能提出科学的理论论据,来说服业主进行基地的选址,也让业主更加尊重设计师的决定;反之,如果出现基地选址不当的情况,所造成的过错将更多归咎于设计师而非业主。

2）基地调查

基地调查主要包含以下几个方面内容。

（1）基地位置和界线范围　利用现场勘测，结合缩小比例的地图，掌握如下要点：基地在整体区域内所处的位置；基地与外部环境连接的交通路线和距离；基地周边不同性质的用地类型，如工厂、城市、居住区、农田等；基地的界线范围；基地规划的服务人数和服务半径情况。

（2）气象资料　掌握基地所在城市或地区的多年气象资料及基地所在区域的小气候，具体包括：

①日照条件。根据基地所处地理纬度的不同，查表算出冬至和夏至的太阳高度角、方位角，计算出水平落影长率；依据计算结果，界定出基地内夏至与冬至阳光照射最长的区域，找出阳光最多和遮阴最多的区域，这与基地功能分区中建筑、植被和人流活动安排等紧密联系。

②风条件。整年的风气象情况，风速和主导风向通常采用风玫瑰图表示。对于夏季微风和冬季冷风，应在基地图上标出吹送区域和保护区域。

③温度条件。整年的平均温度，最高和最低温度，极端气候条件下的持续低温和高温，最高和最低温度的差值以及冬季土壤最大冻土层深度。

④降水与湿度条件。整年的平均降水量，最高（低）降水量与时期，最大（小）降水强度，降水天数，最大（小）空气湿度及历时。

⑤受地形影响的基地小气候。基地地形的起伏、凹凸、坡度和坡向等，都会让日照、风速、风向、降水、湿度和温度等产生不同程度的变化，从而影响基地的小气候。在分析基地小气候时，应充分考虑地形在规划设计中的运用。在做地形分析前，应先分析坡向和坡度，再分析不同坡向和坡度冬季和夏季的日照情况。基地风情况主要分析地形与主导风向的位置关系，地形对风的影响可以采用主导风向上的地形剖面进行分析。在分析结果中，应把基地地形对日照、风速、风向、降水、湿度和温度等小气候的影响综合起来。

（3）基地自然条件　包括地质、土壤、地形、水文与植被等条件。

①地质条件。包括地质层的年代、断层、走向和倾斜等；地质的侵蚀、风化程度和崩塌等；岩石的种类和软硬度等。地质结构的稳定度和自然灾害的易发程度影响建设项目的选址和实施。

②土壤条件。指土壤的类型及其物理性质和化学性质等，包括土壤的 pH，氮、磷、钾的含量，含水量，有机质含量，毛管孔隙度和非毛管孔隙度等。土壤结构包括：承载力、抗剪强度和自然安息角；土壤冻土层深度和冻土期；土壤的污染和受侵蚀状况等。这些与植被种植、园林建筑、地形和竖向设计等有关。

③地形条件。地形类型包括大地形、中地形、小地形和微地形。山谷线和山脊线可以划分坡度等级，界定不同坡度区域的活动设施限制，界定排水方向和积水区域，沿着山脊线适于建设停车场、建筑等。从坡度与视觉特性分析，包括远景、中景和近景；从地形与坡度特性分析，包括视线、视向和端景。另外，独特的空间也可由坡度产生。坡度与地形设计详见表6-1至表6-3。

表 6-1　各种设施的理想坡度

设施	理想坡度/%	
	最高	最低
道路（混凝土）	8	0.5
停车场（混凝土）	5	0.5
服务区（混凝土）	5	0.5
进入建筑物的主要通道	4	1
建筑物的门廊或入口	2	1
服务步道	8	1
斜坡	10	1
轮椅斜坡	8.33	1
阳台及坐憩区	2	1
游憩用的草皮区	3	2
低湿地	10	2
已整草地	3∶1 斜坡	—
未整草地	2∶1 斜坡	—

表 6-2　坡度与土地利用

坡度	土地利用类型
0～15％（8°32′以下）	可建设用地、农地
15％～55％（8°32′～28°49′）	农牧用地
55％～100％（28°49′～45°）	林农用地
100％以上（45°以上）	危险坡地（其下方不允许有建筑物）

表 6-3　坡度对于社区使用及活动限制表

坡度	土地利用	建筑形态	活动	道路设施	车速/(km/h)		水土保持
					一般汽车	公共汽车或货车	
5%以下(2°52′以下)	全适用	全适用	全适用	全适用	60～70	50～70	无
5%～10%(2°52′～5°43′)	住宅	高级住宅建设	非正式活动	主要(次要)道路	25～60	25～50	无
10%～15%(5°43′～8°32′)	小规模建设	小规模别墅住宅建设	自由活动	小段坡道	坡道	坡道	无
15%～45%(8°32′～24°14′)	不适用规模建设	阶梯式住宅建设	山地活动	楼梯(台阶)	地库坡道	不适用	草皮保护
45%以上(24°14′以上)	不适用	不适用	不适用	不适用	不适用	不适用	水土保持困难

④水文条件。基地水文条件主要包括:地下水位波动范围,有无地下泉与地下河;地表和地下水的水质和污染情况;地表径流情况(包括位置、方向和强度),径流沿线附近的土壤侵蚀和沉积状况,以及植被破坏情况等。基地现有内水系与外水系的关系,包括水的流向、流量和落差,各种水利设施(如水井、水闸等)的使用情况。基地及周边的河流、湖泊和池塘等情况,包括:具体位置、水域范围、平均水深、常水位、最低(高)水位和洪涝水面范围;水岸线形式和受破坏的程度;驳岸稳定性以及岸边植物及水生植物的情况。依据地形和水系的关系,界定出主要的汇水线、分水线和汇水区,并标明汇水点或排水点的位置。

⑤植被条件。基地植被调查内容包括:现有植物的种类、位置、胸(地)径、冠幅、高度、数量、健康状况以及是否为古树名木等;基地现有的植被分布情况,及是否可供植物种植设计使用。基地现有植物如果有代表当地的文化和历史的,须从历史文化和经济两个层面评价其价值,判断有无保留的必要。

(4)基地人工设施条件　包括以下3类设施。

①基地现有建筑和构筑物的情况,包括平面位置和立面标高等。

②基地现有道路和广场的情况,包括尺寸、材料和标高等。

③各种管网设施的情况,包括电线电缆、网络线、给排水管线、煤气管线、灌溉管线以及电话线和采暖管线的位置、走向、长度和阀门井等。

(5)视觉与环境质量条件　包括以下4个方面。

①基地景观现状。具有较高视觉品质或具有历史文化价值的景观,主要包括植物、水体、山和建筑等。

②基地与外部景观的视线关系。从基地每个角落向外部观看景观,从室内向室外看景观,确定出基地中何处具有最佳或最差的景观效果。

③空间感。基地内部的空间围合、地形结合植物或园林建筑的围合、基地外部的空间围合等。

④基地及周边的污染情况。包括污染的内容(土壤、空气、水源等)、污染源、污染浓度和污染的分布特征等。

(6)特殊的野生动植物条件　主要调查以下两方面情况。

①调查基地内有无特有或稀有的植物品种和具有观赏价值的乡土植物群落,这些独特景观与资源都具有保护价值。

②调查基地内现有的野生动植物的种类、分布和数量等情况,要与政府相关部门联系,将野生动物按标准要求迁徙。

(7)社会、经济、历史文化条件　具体包括以下3个方面。

①人口。建设项目的人口总数、每户平均人口数、男女比例、年龄分布、增长情况(包括自然增长与机械增长等)、流动情况和民族分布;人口构成的政治结构、社会结构、经济结构(包括人均收入、家庭收入的主要来源、产业分布和就业情况等)。

②历史文化。建设项目区域及所在城市的历史演变、典故、传说、名人和诗词歌赋等。在园林规划设计中,历史文化可以为建设项目增添人文内涵,让园林更具人文品质。

③政策与法规。政府关于建设项目及其周边的各项土地利用规划,包括:土地利用战略规划、区域土地

规划、城市规划以及生态环境保护规划等；建设项目的土地所有权、地段权、行政规划地界线与范围等；建设项目的土地价值、社会价值和环境价值等；国家或当地政府的关于土地、建设的相关法律、法规，例如，防洪防灾、生态环境保护等。

3）基地分析

基地调查只是园林设计的手段，其目的是基地的分析。场地规划在基地分析中占有重要地位，越全面、客观地进行基地调查，就能越全面、深入地完成基地分析，从而科学地指导园林规划设计，让设计方案更趋于合理。当基地规模较大时，通常进行分项调查，分析也相应是单项分析，并绘制成单项分析图，再把各单项分析图综合叠加分析，最后完成基地的综合分析图。这一分析方法也被称为叠加分析方法，其具有系统、细致和直观的特点。目前，采用计算机的各类软件可以更加便捷、高效和准确地完成基地分析。应在基地综合分析图上着重标注出各项主要和关键内容，草图一般以颜色区分，以线条表示。

3.基地土地使用功能及其关系

通过对基地的调查和分析，园林设计师已掌握了场地的基本情况和人群需求，可以完成场地规划方案。在场地规划方案阶段应注意：对土地使用功能进行分类，梳理各土地使用功能间的关系；明确基地中最适合使用功能的土地分布情况；按照最佳组合方式梳理各类土地功能空间的序列和关系。

通常情况下，基地的土地使用功能都是综合的，而不是单一的，整合了包括居住、游憩、环境保护、教育、运动等内容。其中，有些功能可以兼容，如游憩功能和运动功能；有些功能是必须分开的，如环境保护功能和运动功能；有些功能虽兼容，但关系之间存在强弱不同之分，如教育功能和环境保护功能的兼容关系明显强于教育功能和游憩功能的兼容关系。因此，在园林规划设计中，应首先确定土地的不同使用功能，然后依据各功能的逻辑关系及各功能兼容关系的强弱进行功能分析。

4.方案构思与多方案比较

对于较大规模的场地而言，由于其场地的功能和基地的条件相对复杂，各土地使用功能关系的布局也没有标准答案，如何对土地的使用功能和各功能兼容关系进行分析与评价，最终得到最合理的规划设计方案呢？解决该问题的方法就是进行多方案比较。首先

用图解的方式表达布局，将不同布局的优、缺点全部列出，然后进行方案的综合评价，根据业主和使用者的科学需求选择最佳的方案，最后绘制出最终的场地规划设计平面图。

6.3.3　设计方案构思

设计方案构思是指对建设项目整体和全局的设想，包括确立方案主题思想、携领方案提纲框架、梳理设计逻辑思维和创造设计意境等。

1.设计立意

设计立意就是确立设计的主题思想，是指导设计的总意图。我国传统文化中的"意在笔先"与其相同，就是以立意为前提的指导设计全过程。

例如，我国皇家园林颐和园的设计立意是表现杭州西湖景观，南方私家园林拙政园的设计立意是表现太湖周边山水景观。园林设计从简单的适应环境，到满足基本功能需求，再到追求更高的意境和更深层次的内涵。设计立意可以是不同的风格，如古典、现代、规则、自然等；也可以是不同格式，如对称、均衡、重复、渐变，环状、散状，单独、组合等。设计立意是侧重抽象观念表达的理性思维，可以是不同意念，如庄严的、雄伟的、浑厚的、朴实的、华丽的、轻快的、活泼的和优美的等。此外，我国还有设计立意于茶文化、竹文化的园林设计构想。

2.方案构思

在立意的指导下，构思可以创造出具体的形态，是一个从"物质需求→思想理念→物质形象"的过程转变。

1）风景园林设计的构思

风景园林基地广阔，组成的内容繁多，风景园林整体的布局关系是设计构思的关键。

①布局的轴线与骨架线。将基地范围中的众多形象科学合理地组织起来，需要在平面图上画出清晰的轴线，再在轴线与骨架线上布置每一个景点。

②确定主体形态。必须确定建设基地内的主体形态，如山体、水体、建筑和其他主要形态。

③设计游览序列。游览序列是指园林中整体关系的起、承、转、合，首先应确定起点的比重、过渡的方法、高潮的展现等。设计游览序列要分析游人的行为习惯和流量状况，把握浏览的节奏感。

④进行元素之间的关系比较。从宏观上衡量各设

计元素之间的关系,包括山体与水体的关系、山体与建筑的关系、水体与建筑的关系、山体与山体的关系、水体与水体的关系、建筑与建筑的关系和植物分布的关系等。

⑤基本形态与造型的构思。布置在场地骨架线上的主要景点并绘制其初步形态,如山体和地形的坡度、坡向,水体的范围、形态、线岸,建筑的形态和植物季相变化的样式等。

2)园林建筑设计的构思

园林建筑设计分为两类:先功能后形式和先形式后功能。

①先功能后形式。从园林建筑设计的功能需求出发,以平面图设计为主,着重研究功能的需求,当确定相对完善的平面功能关系之后,再转化为设计园林建筑的立体与空间形态。此方法的优点在于:第一,功能要求具体且明确,简单、易于操作;第二,方案成立的首要条件是满足功能要求,有利于方案快速确立,提高设计效率。反之,该方法的缺点是立体与空间形象设计处于平面设计之后,这种滞后和被动的状态可能会制约设计师的创造性。

②先形式后功能。从园林建筑设计的造型和环境出发,着重研究空间与造型,当形体关系确定后,再反过来完善平面功能,并对形态进行相应的调整。该方法的优点在于,设计师可以先不用考虑功能的限定,有利于想象力与创造力的发挥,创造出新颖独特的创新空间形态。该方法的缺点是后期的形态调整有较大的难度,对于使用功能复杂的大型园林建筑设计会事倍功半,甚至无功而返。因此,该方法更适合于规模较小、造型要求高的园林建筑项目。

3. 多方案比较

1)多方案比较的必要性

影响风景园林设计的因素多种多样,因此,认识和解决问题的方式方法是多样的和不确定的。通常,一个园林设计项目会有许多种方案的可能性,只要设计没有偏离正确的需求功能方向,多个不同的风景园林设计方案就没有对错之分而只有优劣之差。

风景园林设计中的多方案构思,其目的是获得相对科学、合理、全面,能让参与者满意的实施方案。园林设计的多方案构思可以拓展思路,有助于设计者在不同视角下考虑问题和需求,从而进行分析、比较、选择和评价,最终留下最佳方案。

2)多方案构思的原则

为了实现多方案的选择和评价,应对至少3个以上不同类型且差异性尽可能大的方案进行比较和评价。足够的数量保证了科学选择的范围,差异性保证了方案间的可比较性。通过多方案构思来实现风景园林设计项目的整体布局和造型设计上的多样性与丰富性。任何设计方案都应该是在环境需求与基本功能要求的基础上提出的,应去掉那些不现实、不可取的构思,否则浪费设计师的精力和时间。

3)多方案比较的内容

当完成多个方案后,对不同方案进行比较分析,再经过方案评估,最后从中选择出最优方案。多方案比较的内容包括如下3个方面。

①设计需求的满足度。满足基本设计要求是衡量一个方案是否合格的基本标准,需要分析的内容包括使用功能、环境营造、结构形态等因素。

②设计理念是否突出。缺乏创新理念的方案难以给人留下深刻的印象。

③方案后期修改调整的可能性。当方案难以修改调整时,方案设计将无法深入下去,如果进行修改调整,将会产生新的、更大的问题,或者是完全失去了原方案的特色和优势。因此,对此类方案通常应予以淘汰,以防留下隐患。

4. 方案的调整

方案的调整主要是解决在多方案的比较、分析和评估过程中发现的矛盾与问题,需要设计师在原有方案基础上进行弥补缺陷设计。对方案的调整必须控制在适度的范围内,不得影响或改变设计师原方案的基本构思和整体布局,而应进一步突现方案的优势。

6.3.4 详细设计阶段

1)场地设计

场地设计与场地规划不同,其包括地形设计和竖向设计两部分内容。因地制宜是地形设计的基本原则。竖向设计通常包括园林植物、园林建筑小品、道路、水体、灌溉系统、园林灯具等,设计时应满足地形、道路排水、地下各类管线、地上建筑和构筑物的标高设计。

2)空间分区与道路设计

空间分区与道路设计包括基地内各园林功能分区的划分以及园林道路、植物空间等内容的设计。

3)园林构筑物设计

园林构筑物设计包括挡土墙、水池、山石等内容的设计。

4)植物种植设计

植物种植设计应遵循植物的生态习性、满足植物的功能性和植物的空间性。

5)园林水电设计

园林水电设计包括园林给排水、园林水景、园林供电系统和园林照明等内容的设计。

6.3.5　施工图分类及设计内容

1.按照图纸基本构成分类

1)总平面图

总平面图主要包括各园林设计要素的平面位置、尺寸和周边环境等内容。它是园林施工建设最基本的图样,也是定点放线的重要依据。

2)竖向设计图

竖向设计图主要包括竖向平面图和剖面图等。通常,地形的竖向设计采用等高线加高程标注的方法,道路、园林建筑的竖向设计采用标注加箭头的方法。

3)种植设计图

种植设计图主要包括植物种植设计的效果图、平面图和立面图等。种植设计是表示植物配置的方式、种植点位置和植物的品种、数量等的设计图样。

4)园路设计图

园路设计图主要包括道路的平面布置、尺寸、结构、铺装图案、材料、高程和排水方向等。

5)园林设施设计图

园林设施设计图包括园林建筑、水景、假山置石和园桥等内容,图纸内容包括平、立面的形状,大小及内部结构等。

6)管线综合平面图

管线综合平面图包括地下、地上各种园林管线的位置和标高,如园林给排水、道路雨水管线、园林电缆、闸门井、检查井、雨水收集井等的位置和标高。

2.按园林工程图表达形式分类

1)平面图

平面图包括总平面图和局部平面图。平面图是以水平正投影形式表示各园林设计要素的平面位置、尺寸、大小和相对关系的工程图。

2)立面、断面及剖面图

立面图是园林设计要素外部横向方位与竖向高低、层次关系的图样。剖面图是园林设计要素在剖切平面上的横向方位与竖向高低、层次关系的图样,剖面图可以表示出剖切面上的物象。断面图是园林设计要素垂直于剖切平面切割后,剖切面上的物像图。

3)工程详图

工程详图是将局部设计的结构部分扩大(1:50)~(1:5)而完成的详细绘图,它是可以更准确、清晰地表达局部设计内容的图样。

4)效果图

效果图常用透视画法,包括一点透视和二点透视等。透视是以人眼为中心绘制的投影图,其效果具有立体感和远近感。透视图是眼高所看到的效果图。鸟瞰图是视点较高时(十几米或更高)绘制的效果图,模拟空中飞鸟的视角。

3.按园林设计程序分类

1)方案设计图

方案设计是指对基地的自然现状和社会条件等内容进行调查和分析,确定园林项目的性质、使用功能、风格、特色和容量,明确道路交通组织秩序、空间关系、植物布置、管网布置和综合效益分析等。主要图纸包括基地范围图、基地位置图、现状分析图、总平面图、使用功能分区图、竖向图、园林建筑小品平面图、道路组织交通图、植物配置图、综合设施管网图、照明图和效果图等。总平面图中应包括基地边界、周边的市政道路和重要地物名称、比例、指北针和风玫瑰。

(1)基地范围图　是基地的范围和周边环境在现状图上的具体位置标注。如果内容简单,可与现状分析图合并。

(2)基地位置图　标明基地在地图上的具体位置。

(3)现状分析图　基地和周边的现状情况及分析。

(4)总平面图　完整、清晰地标明基地的尺寸,包括道路和广场的位置、形式和尺寸,建筑、构筑物和园林小品的位置、形式和尺寸,绿地,植物布置等。

(5)使用功能分区图　标明各分区的位置、尺寸和名称。

(6)竖向图　标明基地和周边环境的竖向标高。地形设计用等高线、高程点(套用现状地形图)表示。标明道路和广场的高程,水体最高水位和常水位高程及其他设计要素的高程。

(7)园林建筑小品平面图　标明建筑小品的位置、平面形式、尺寸和风格形式。

(8)道路组织交通图　标明基地的道路布置和主

要出入口;桥梁的位置和性质;基地内外交通组织等。

(9)植物配置图 在满足植物种植功能的基础上,合理布置草坪及常绿、落叶植物和地被花卉植物。

(10)综合设施管网图 园林给排水、电气等内容。

(11)照明图 标明基地夜间光照的图样。

(12)效果图 以能说明设计理念为准。

2)初步设计图

初步设计图是指在总体规划图得到批准和前期问题得到解决后的设计图样。主要图纸包括总平面图,位置放线图,竖向图,植物种植图,道路铺装图,索引平面图,详图,建筑和构筑物小品的平、立、剖面图,园林设备图及园林电气图等。初步设计包括道路广场、植物种植、园林小品、园林水电等。在初步设计阶段,应能明确道路广场的铺装形状和材质,植物种植的种类和分区,园林小品的体量、材料等,并要完成工程概算。

3)施工图

施工图是在初步设计通过后可以用来指导园林建设项目施工的技术图样。主要图纸包括总平面图、位置放线图、竖向图、植物种植图、道路铺装图、详图索引平面图、子项详图、建筑和构筑物小品施工详图、园林电气图等。施工图设计包括平面图的位置和尺寸,竖向设计图,位置放线图,部分做法详图,植物种植设计的种类、规格、数量和位置,综合管线图的位置和管径等。施工图可以作为工程预算的依据。

4)竣工图

竣工图是在建设项目完工后,按工程实际完成情况所绘制的图样,是建设项目验收和结算的依据。如果竣工后的实际情况与原设计图纸相差不超过15%,则只需要在原设计图纸的基础上增补改变的地方即可。施工图中不同内容的图纸比例可参照表6-4。

表 6-4 园林施工图常用比例参照

图纸类型	常用比例	可选用比例
总平面图	1∶500	1∶200、1∶300、1∶1 000、1∶2 000
放线图	1∶500	1∶200、1∶1 000
竖向图	1∶500	1∶100、1∶200、1∶1 000
道路铺装及详图索引平面图	1∶200	1∶100、1∶200、1∶500
植物种植图	1∶200	1∶50、1∶100、1∶200、1∶300、1∶500
道路绿化标准断面图	1∶100	1∶50、1∶100、1∶200
园林设施及电气图	1∶200	1∶100、1∶200、1∶500、1∶1 000
建筑和构物小品的平、立、剖面图	1∶50	1∶50、1∶100、1∶200
详图	1∶20	1∶5、1∶10、1∶20、1∶30

注:具体的设计图比例,应根据设计场地大小、表达需要程度做具体调整。

园林设计施工图的种类较多,但不是所有内容都要绘制图样,而要根据建设项目的需要有选择地绘制图样。当园林建设项目比较简单时,只需要绘制植物种植设计平面图,并将设计意图和要求表示清楚即可,必要时可增加立面、断面和详图。一般的园林建设项目,需要总平面图、植物种植设计图、透视图、鸟瞰图、立(剖)面图和详图。当园林建设项目比较复杂时,应根据实际需要绘制总平面图、竖向图和种植图在内的各类图样。

6.4 风景园林规划设计图纸类型

风景园林规划设计图是设计师在掌握风景园林设计原理、园林艺术设计理论及园林树木、风景园林工程等相关理论和制图基础知识的基础上,用图纸表现出的一种专业设计语言。它能直观地表现设计师的思想和理念,以及业主和使用者的需求。参与者们可以通过方案效果图形象地理解建设项目的设计意图和艺术效果,并可以按照施工图纸完成建设,科学、准确地创造出满意的魅力人居环境。风景园林规划设计图的种类较多,依据内容和作用不同,可分为以下7种。

6.4.1 总体规划设计图

总体规划设计图通常简称为总平面图,它反映出基地范围内园林总体规划设计的全部内容,包括组成园林建设项目中各功能分区之间的平面关系及尺寸,是建设基地的总体样图(图6-3、图6-4)。

① 主入口
② 入口广场
③ 河畔茶坊
④ 卧佛索桥
⑤ 生态停车场
⑥ 露营林地区
⑦ 阳光草坪区
⑧ 百鸟齐鸣岛
⑨ 湖天山色岛
⑩ 四时景异岛
⑪ 河畔景观绿带
⑫ 生态观望台
⑬ 亲水小广场

图 6-3　某湿地公园总体设计图（刘柿良　绘）

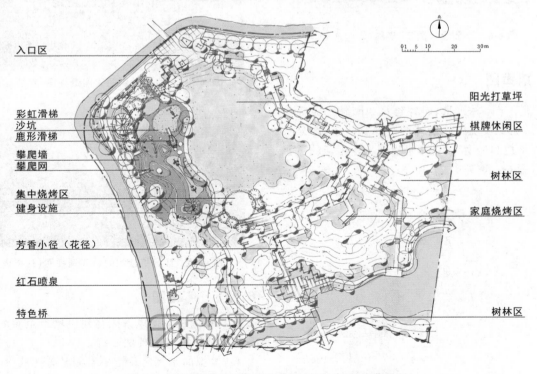

入口区

彩虹滑梯
沙坑
鹿形滑梯
攀爬墙
攀爬网

集中烧烤区
健身设施

芳香小径（花径）

红石喷泉

特色桥

阳光打草坪

棋牌休闲区

树林区

家庭烧烤区

树林区

图 6-4　成都麓湖红石公园总体规划图（李飚　临摹绘制）

总平面图的具体内容包括：标明基地现状及规划范围红线；标明对原始地形地貌等内容的改造和新的规划；以详细的尺寸或坐标网格标注出建筑物、道路、水和电以及地下或架空层各种管线的位置、走向和标高；标明园林植物种植的具体位置和尺寸。

6.4.2　立面图

立面图是充分表达平面图的设计意图和效果的图样，即用图纸的方法表现立面设计的形态变化（图6-5、图6-6）。

图6-5　立面设计图一（魏光普 绘）

图6-6　立面设计图二（李飚 绘）

6.4.3　剖面图

剖面图用于园林水景、园林建筑和园林小品等单体的设计。主要表现单体设计的内部空间布置、分层结构、断面构造和造型尺度等，是指导具体施工的重要图纸依据（图6-7、图6-8）。

图6-7　剖面设计图一（陈凯 绘）

图6-8　剖面设计图二（陈凯 绘）

6.4.4　透视图

透视图是把园林局部景观用某一透视角度的方法表现出设计效果的图样，通常好像是一幅自然风景画，如计算机绘制的透视图（图6-9、图6-10）和手绘透视图（图6-11）。透视图是一种直观的立体景象，可以清楚地表现设计师的意图，但不能在透视图中标注出各部分尺度。因此，透视图不能指导具体施工。

图6-9　计算机绘制的夜间透视图（刘柿良 绘）

图6-10　计算机绘制的日间透视图（刘柿良 绘）

6.4.5　鸟瞰图

鸟瞰图是呈现风景园林建设项目全貌的图样（图6-12），其作用与透视图一样。区别在于，鸟瞰图视点较高，模拟的是飞鸟从空中看园林整体建设项目的视角，可以让人们了解整个园林建设项目完成后的设计效果（图6-13）。

图 6-11　手绘的透视图（李飚 绘）

图 6-12　四川农业大学三校区鸟瞰图（李飚 绘）

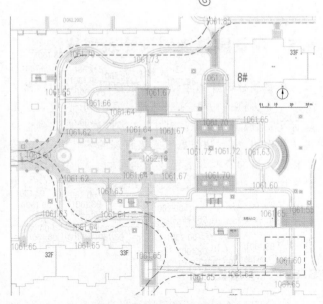

图 6-14　竖向设计图（魏光普 绘）

6.4.7　种植设计图

种植设计图是表示植物的数量、种类、种植的位置和规格等的图样（图 6-15），是植物种植施工时定点放线的依据。

图 6-13　鸟瞰整个古典园林景观（刘柿良和刘千睿 绘）

6.4.6　竖向设计图

竖向设计图通常又被称为地形图，是总体设计内容的一部分（图 6-14）。地形竖向设计常采用等高线和标高的方法表示，道路及园林建筑物、小品的设计常采用标高和箭头的方法表示。竖向设计可以为地形改造的土石方调配和园林建设项目预算提供计算依据。

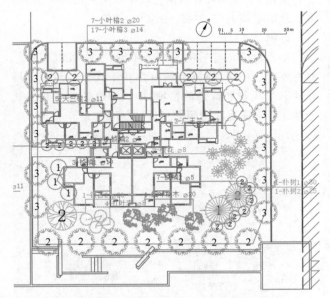

图 6-15　某地块局部种植设计图（刘柿良 绘）

在风景园林规划设计中，除了上述 7 种设计图之外，还需要加设计概算和设计说明，用来弥补设计图纸的未尽事宜。

6.5 风景园林规划设计表现技法

风景园林设计师在设计和营造园林环境时,需要采用专业、通用的方法来表达设计意图和理念,表达形式有文字、模型和图纸。其中,文字描述只能起到辅助表达的作用,模型制作虽然是最直观的表达方式,但需要耗费大量的资源和消耗较长的时间。因此,最基本、最常用的表达方式就是绘制图纸,通过线条、色彩、尺寸等准确表达设计项目的全貌。

常见的图纸表达方式有手绘图、仪器绘图和计算机绘图。

6.5.1 手绘图

手绘图的绘制需要风景园林设计师具备良好的美术和色彩功底。手绘图通常可以快捷地表达出设计师的设计意图,通过勾画方案设计草图,反复推敲完善,从而可以激发创作灵感。常见方式包括以下 4 种。

1) 素描

素描是指用单一的颜色来表现对象的造型和质地等元素,方便、简洁、直观地表现出草图的设计意图,通常注意明暗调的使用(图 6-16、图 6-17)。

2) 钢笔画

钢笔的线条与铅笔的线条不同,素描可以用铅笔的力度区分色调,而钢笔的特性在于线条的组织。设计师通过线条和线条的粗细、虚实和疏密等变化来达到传递丰富质感及情感的目的(图 6-18、图 6-19)。

图 6-17　素描庭院景观(李飚 绘)

图 6-18　园林建筑钢笔画一(魏光普 绘)

图 6-19　园林建筑钢笔画二(魏光普 绘)

3) 水彩表现

水彩画是以水为媒介,与专门的水彩颜料调和使用,再进行艺术创作的绘画。水彩画具有明快和水色交融的艺术表现特点,其色彩的使用具有概括、简洁的特点(图 6-20、图 6-21)。

图 6-16　素描大地景观(魏光普 绘)

图 6-20　风景园林建筑与自然景观水彩画一（魏光普 绘）

图 6-21　风景园林建筑与自然景观水彩画二（魏光普 绘）

4）马克笔表现

马克笔是一种快速、高效的绘图工具，具有干得快、着色方便、色彩明亮和色彩可以叠加等特点，常常用于快

速表现。马克笔可以与其他色彩工具结合使用，也可以在墨线稿基础上着色，其运用简单、方便、灵活（图6-22）。

图 6-22　民族特色景观马克笔画（魏光普 绘）

6.5.2　仪器绘图

仪器绘图可以更加精确、规范地表达设计方案，绘图仪器包括各类尺子、圆规和模板等。常见的绘图仪器如下（图6-23）。

（1）常用工具　包括绘图板、三棱比例尺、丁字尺和三角板。

（2）常见图纸　包括制图纸、硫酸纸、铅画纸、水彩纸和卡纸等。

（3）常用绘图笔　包括铅笔（注意削笔方法、运笔技巧和用力方法等；底稿采用 H～3H，加深采用 HB～B，草图采用 2B～6B）、针管笔（注意笔宽粗、中、细的选择，是用来专门绘制等宽墨线的）、钢笔（做方案时用于徒手线条和写字）、马克笔、喷笔和彩铅笔等。

（4）绘图仪　包括圆规、鸭嘴笔、曲线板和模板等。

（5）其他　包括刀片、胶带、擦图片和橡皮等。

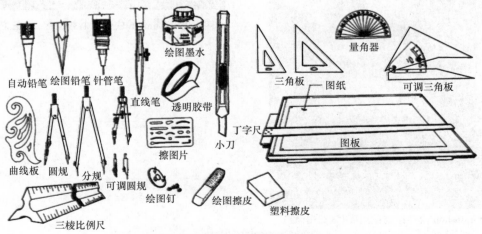

图 6-23　绘图工具（魏光普 绘）

6.5.3 计算机绘图

计算机辅助设计技术的发展极大地提高了设计绘图的效率。与手绘和仪器绘图相比,计算机绘图能将电子版图纸储存、修改、打印和发送。例如,使用AutoCAD(图6-24)、Photoshop(图6-25)、SketchUp(图6-26)和Lumion(图6-27、图6-28)等软件,可以制作出精美的风景园林设计图纸。目前,在园林设计图和施工图中,计算机绘图已得到广泛的运用。

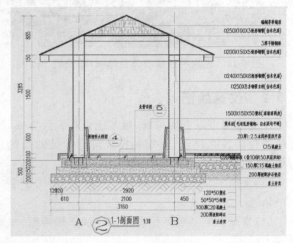

图 6-24　AutoCAD 软件绘制木亭局部剖面图(刘柿良 绘)

图 6-25　Photoshop 软件绘制效果图(魏光普 绘)

图 6-26　SketchUp 软件绘制鸟瞰效果图(刘柿良 绘)

图 6-27　Lumion 软件绘制效果图一(王涛和冯永强 绘)

图 6-28　Lumion 软件绘制效果图二(王涛和冯永强 绘)

正如法国风景园林设计大师米歇尔·高哈汝(Michelle Gauharu)强调,景观设计要遵循三个原则,即场地、场地、还是场地。不同的风景园林场地具有不同的属性,任何场地都具有大量显性或隐性的景观、人文资源。风景园林规划设计师应深入细致地了解并理解场地,把场地含有的各种信息都收集、归纳并联系起来,将场所的重要特征加以提炼并运用于规划设计之中。

7.1 城市绿地系统规划

城市绿地是指分布在城市范围内以自然和人工植被为表现形式的各类绿地的总称。它包含城市建设用地范围内的绿化用地及对自然系统、游憩、防护等产生积极影响的城市建设用地之外的绿化区域。

城市绿地与其建设发展息息相关。城市绿地在提高空气质量、净化水质、改善土壤条件、调节城市热岛效应、缓解城市噪声污染以及安全防护等方面都发挥着积极的影响。合理的绿地布置是城市规划中的重点,绿地为市民提供休闲游憩的场地,起到文化宣传、科普教育的作用,并能创造美丽舒适的城市景观。城市的绿地率保持在合适的区间内,不仅能为市民提供舒适的生活生产、休闲娱乐等环境,而且能充分发挥绿地的生态价值、社会价值、经济价值和美学价值。

城市绿地系统规划作为城市总体规划中至关重要的一部分,主要通过对绿地在定性、定位、定量层次上的统一规划,形成科学合理的绿地有机体,发挥绿地所具有的生态健康、休闲娱乐和科普宣传等功能。科学的城市绿地系统规划能够在城市的生态、经济、社会和

文明建设中发挥着和谐而积极的作用,故应合理安排绿地布局,使城市成为有机的园林整体。

7.1.1 基本概念

参照我国《城市绿地规划标准》(GB/T 51346—2019)等,与城市绿地和城市绿地系统相关的基本概念主要包括城市绿地、区域绿地、市域绿地系统、绿色生态空间、风景游憩体系、城区绿地系统、公园体系、树种规划、基调树种、骨干树种、乡土植物、防灾避险功能绿地、人均风景游憩绿地面积、绿地率、万人拥有综合公园指数、公园绿地服务半径覆盖率、人均公园绿地面积、绿化覆盖率、城市绿线、城市蓝线、绿道、生态廊道、生态敏感区、生态修复、城市生物多样性等。

(1)城市绿地 城市中以植被为主要形态,并对生态、游憩、景观、防护具有积极作用的各类绿地的总称。

(2)区域绿地 城市建设用地之外,具有生态系统及自然文化资源保护、休闲游憩、安全防护隔离、园林苗木生产等功能的各类绿地。

(3)市域绿地系统 市域范围内各类绿地通过绿带、绿廊、绿网整合串联构成的具有生态保育、风景游憩和安全防护等功能的有机网络体系。

(4)绿色生态空间 市域内对于保护重要生态要素、维护生态空间结构完整、确保城乡生态安全、发挥风景游憩和安全防护功能有重要意义,需要对其中的城乡建设行为进行管控的各类绿色空间。

(5)风景游憩体系 由各类自然人文景观资源构成,通过绿道、绿廊及交通线路串联,提供不同层次和类型游憩服务的空间系统。

（6）城区绿地系统　由城区各类绿地构成,并与区域绿地相联系,具有优化城市空间格局,发挥绿地生态、游憩、景观、防护等多重功能的绿地网络系统。

（7）公园体系　由城市各级各类公园合理配置的,满足市民多层级、多类型休闲游览需求的游憩系统。

（8）树种规划　在绿地系统规划中确定绿化树种的种类和比例,明确种植特色等内容的专业规划。

（9）基调树种　各类园林绿地普遍使用、数量最多、能形成城市绿化统一基调的树种。

（10）骨干树种　各类园林绿地中重点使用、数量最多、能形成城市园林绿化特色的树种。

（11）乡土植物　原产于当地或通过长期引种驯化,对当地自然环境条件具有高度适应性的植物的总称。

（12）防灾避险功能绿地　在城市灾害发生时和灾后救援重建中,为居民提供疏散和安置场所的城市绿地。

（13）人均风景游憩绿地面积　市域风景游憩绿地总面积(m^2)与市域规划人口(人)的比值。

（14）绿率　用地地块内各类绿化用地总面积占用地地块总面积的百分比。

（15）万人拥有综合公园指数　综合公园总数(个)与建成区内的人口数量(万人)的比值。

（16）公园绿地服务半径覆盖率　公园绿地 500 m 服务半径覆盖的居住用地面积(hm^2)占居住用地总面积(hm^2)的百分比。

（17）人均公园绿地面积　一定城市用地范围内,常住人口的人均公园绿地占有量。

（18）绿化覆盖率　一定城市用地范围内,植物的垂直投影面积占该用地总面积的百分比。

（19）城市绿线　在城市规划建设中确定的各种城市绿地的边界线。

（20）城市蓝线　城市规划确定的江、河、湖、库、渠和湿地等城市地表水体保护和控制的地域界线。

（21）绿道　以自然要素为依托和构成基础,串联城乡游憩、休闲等绿色开敞空间,以游憩、健身为主,兼具市民绿色出行和生物迁徙等功能的廊道。

（22）生态廊道　由植被、水体等生态性结构要素构成的,具有保护生物多样性、过滤污染物、防止水土流失、防风固沙、调控洪水等生态服务功能的线性空间。

（23）生态敏感区　对区域总体生态环境起决定性作用的大型生态要素和生态实体。

（24）生态修复　使遭到破坏的生态系统逐步恢复的活动。

（25）城市生物多样性　一定时间和空间内所有生物物种及其遗传变异和生态系统的复杂性总称。

7.1.2　城市绿地系统组成

城市绿地系统包含市域绿色生态空间和城区绿地两个空间层次。

1.市域绿色生态空间

市域绿地具有维护城市安全的生态系统,突出地域特色和人文精神,美化城市和绿化环境的优势特点。市域绿色生态空间是城市重要的生态资源,是城市生态安全的本底,为发挥其以生态为主体的多元功能,必须进行科学有效的保护。市域绿色生态空间包括生态保育、风景游憩、防护隔离和生态生产 4 个大类和 22 个小类。

（1）生态保育　包括水资源保护、河流湖泊保护、林地保护、自然保护区、水土保持、湿地保护、生态网络保护及其他生态保护 8 个空间要素类型。

（2）风景游憩　包括风景名胜区、森林公园、国家地质公园、湿地公园、郊野公园及遗址公园 6 个空间要素类型。

（3）防护隔离　包括地质灾害隔离、环卫设施保护、交通和市政基础设施隔离、自然灾害防护、工业和仓储用地隔离防护、蓄滞洪区及其他防护绿地 7 个空间要素。

（4）生态生产　包括生态生产空间。

2.城区绿地

城区绿地具有满足城市居民日常游憩活动、安全防护隔离、人群集散等需要的良好景观。城区绿地包含公园绿地(G1)、防护绿地(G2)、广场用地(G3)、附属绿地(XG)4 个大类,其中公园绿地(G1)包括综合公园(G11)、社区公园(G12)、专类公园(G13)及游园(G14)4 个中类。

7.1.3　城市绿地分类

参照 2018 年 6 月 1 日起正式实施的《城市绿地分类标准》(CJJ／T 85—2017)的相关内容,城市绿地包括城市建设用地内的绿地与广场用地和城市建设用地外的区域绿地两部分。

城市绿地分类按主要功能进行分类,分为 5 个大

类、15 个中类、11 个小类 3 个层次。城市绿地分类和代码见表 7-1。

表 7-1 城市绿地分类和代码(CJJ/T 85—2017)

大类	中类	小类	类别名称	大类	中类	小类	类别名称
G1			公园绿地	XG	BG		商业服务业设施用地附属绿地
	G11		综合公园		MG		工业用地附属绿地
	G12		社区公园		WG		物流仓储用地附属绿地
	G13		专类公园		SG		道路与交通设施用地附属绿地
		G131	动物园		UG		公用设施用地附属绿地
		G132	植物园	EG			区域绿地
		G133	历史名园		EG1		风景游憩绿地
		G134	遗址公园			EG11	风景名胜区
		G135	游乐公园			EG12	森林公园
		G139	其他专类公园			EG13	湿地公园
	G14		游园			EG14	郊野公园
G2			防护绿地			EG19	其他风景游憩绿地
G3			广场用地		EG2		生态保育绿地
XG			附属绿地		EG3		区域设施防护绿地
	RG		居住用地附属绿地		EG4		生产绿地
	AG		公共管理与公共服务设施用地附属绿地				

1. 公园绿地(G1)

公园绿地是指向公众开放,以游憩休闲为主要功能,兼具生态、美观、教育和应急防灾避险等多种功能,能满足公众休闲娱乐和服务需求的绿色空间。公园绿地是城市建设用地、城市绿地系统和城市绿色基础设施的不可或缺的构成元素,是衡量城市环境质量和居民生活满意度的一个重要因素。

根据其内容、规模、主要服务对象的不同,又可分为综合公园、社区公园、专类公园和游园 4 个中类和 6 个小类。

1)综合公园(G11)

综合公园是指内容丰富,适合开展各类户外活动,具有完善的游憩和配套管理服务设施的绿地。综合公园的规模应大于 10 hm²,以便更好地满足综合公园应具备的功能要求。考虑到某些山地城市、中小规模城市等由于受用地条件限制,在城区中布局大于 10 hm²的公园绿地难度较大,为了保证综合公园的均好性,可结合实际条件将综合公园面积下限降至 5 hm²。例如,上海徐家汇公园、南京玄武湖公园和北京紫竹院公

园等。

2)社区公园(G12)

社区公园是指用地独立,具有基本的游憩和服务设施,主要为一定社区范围内居民就近开展日常休闲活动服务的绿地。新版《城市绿地分类标准》(CJJ/T 85—2017)已将原有根据社区公园服务半径大小不同划分的居住区公园和小区游园两小类取消,不再单列划分。

3)专类公园(G13)

专类公园是指具有特定内容或形式,有相应的游憩和服务设施的绿地。专类公园根据使用功能分为动物园、植物园、历史名园、遗址公园、游乐公园、其他专类公园 6 个绿地小类。在 2017 年颁布的《城市绿地分类标准》(CJJ/T 85—2017)中,儿童公园已被取消,风景名胜公园被修改为遗址公园(G134),以区别于区域绿地(EG)中的风景名胜区(EG11)。

(1)动物园(G131) 是指在人工饲养条件下,移地保护野生动物,进行动物饲养、繁殖等科学研究,并供科普、观赏、游憩等活动,具有良好设施和解说标识

系统的绿地。《园林基本术语标准》(CJJ/T 91—2002)中对"动物园"进行了说明:"动物园指独立的动物园。附属于公园中的'动物角'不属于动物园。普通的动物饲养场、马戏团所属的动物活动用地不属于动物园。动物园包括城市动物园和野生动物园等。"由此可知,动物园具有两个典型基本特点:一是饲养管理着野生动物(非家禽、家畜、宠物等家养动物),二是向公众开放。符合以上两个特点的场所即是广义上的动物园,包括水族馆、专类动物园等类型;狭义上的动物园指城市动物园和野生动物园。

(2)植物园(G132) 是指进行植物科学研究、引种驯化、植物保护,并供观赏、游憩及科普等活动,具有良好设施和解说标识系统的绿地。例如,深圳仙湖植物园、南京中山陵植物园、成都植物园等。

(3)历史名园(G133) 是指体现一定历史时期代表性的造园艺术,需要特别保护的园林类型。例如,上海豫园、苏州拙政园和南京瞻园等。

(4)遗址公园(G134) 是指以重要遗址及其背景环境为主形成的,在遗址保护和展示等方面具有示范意义,并具有文化、游憩等功能的绿地。例如,北京圆明园国家考古遗址公园、四川三星堆国家考古遗址公园、陕西秦始皇陵国家考古遗址公园等。

(5)游乐公园(G135) 是指单独设置,具有大型游乐设施,生态环境较好的绿地。绿化占地面积应大于或等于65%。例如,上海迪士尼乐园、北京欢乐谷和广州长隆水上乐园等。

(6)其他专类公园(G139) 是指除以上各种专类公园外,具有特定主题内容的绿地。主要包括儿童公园、体育健身公园、滨水公园、纪念性公园、雕塑公园以及位于城市建设用地内的风景名胜公园、城市湿地公园和森林公园等。其中,绿化占地面积应大于或等于65%。

4)游园(G14)

游园是指除以上各种公园绿地外,用地独立,规模较小或形状多样,方便居民就近进入,具有一定游憩功能的绿地。其中,带状游园的宽度宜大于12 m;绿化占地比例应大于或等于65%。

2. 防护绿地(G2)

防护绿地指用地独立,具有卫生、隔离、安全、生态防护功能,游人不宜进入的绿地。主要包括卫生隔离防护绿地、道路及铁路防护绿地、高压走廊防护绿地、公用设施防护绿地等。

3. 广场用地(G3)

广场用地指以游憩、纪念、集散和避险等功能为主的城市公共活动场地。根据相关部门对全国153个城市的调查显示,大多数城市都建有绿地率高于65%的绿化广场,且此类绿化广场已被纳入公园绿地的统计范畴。为了管理及统计工作的顺延,根据各地具体需求和认知习惯,绿地率高于65%的绿化广场仍可划入公园绿地。

4. 附属绿地(XG)

附属绿地指附属于各类城市建设用地(除"绿地与广场用地")的绿化用地。包括居住用地、公共管理与公共服务设施用地、商业服务业设施用地、工业用地、物流仓储用地、道路与交通设施用地、公用设施用地共7个绿地中类。

5. 区域绿地(EG)

区域绿地指位于城市建设用地之外,具有城乡生态环境及自然资源和文化资源保护、游憩健身、安全防护隔离、物种保护、园林苗木生产等功能的绿地。区域用地不参与建设用地汇总,也不包括耕地。区域绿地包括风景游憩绿地、生态保育绿地、区域设施防护绿地、生产绿地4个绿地中类。

1)风景游憩绿地(EG1)

风景游憩绿地指自然环境良好,向公众开放,以休闲活动、旅游嬉戏、运动健身、科学考察等为主要功能,具备游憩和服务设施的绿地。包括风景名胜区、森林公园、湿地公园、郊野公园、其他风景游憩绿地5个绿地小类。

(1)风景名胜区(EG11) 经相关主管部门批准设立,具有观赏、文化或科学价值,自然景观、人文景观比较集中,环境优美,可供人们游览或者进行科学、文化活动的区域。

(2)森林公园(EG12) 具有一定规模,且自然风景优美的森林地域,可供人们进行游憩或科学、文化、教育活动的绿地。

(3)湿地公园(EG13) 以良好的湿地生态环境和多样化的湿地景观资源为基础,具有生态保护、科普教育、湿地研究、生态休闲等多种功能,具备游憩和服务设施的绿地。

(4)郊野公园(EG14) 位于城区边缘,有一定规模,以郊野自然景观为主,具有亲近自然、游憩休闲、科

（5）其他风景游憩绿地（EG19）　除上述外的风景游憩绿地，主要包括野生动植物园、遗址公园、地质公园等。

2）生态保育绿地（EG2）

生态保育绿地指为保障城乡生态安全，改善景观质量而进行保护、恢复和资源培育的绿色空间。主要包括自然保护区、水源保护区、湿地保护区、公益林、水体防护林、生态修复地、生物物种栖息地等各类以生态保育功能为主的绿地。

3）区域设施防护绿地（EG3）

区域设施防护绿地指区域交通设施、区域公用设施等周边具有安全、防护、卫生、隔离作用的绿地。主要包括各级公路、铁路、输变电设施、环卫设施等周边的防护隔离绿化用地。

4）生产绿地（EG4）

生产绿地指为城乡绿化提供苗木、花草、种子的苗圃、花圃、草圃等圃地。

7.1.4　城市绿地系统规划原则

总体而言，确定城市绿地系统的发展目标和指标，应遵循以下主要原则：

①尊重自然，生态优先。尊重生态本底条件和山水格局，首要维持城乡生态系统的平衡。

②统筹兼顾，科学布局。兼顾市域生态环境和城乡建设范围，改善城市绿地空间的规划。

③以人为本，功能多元。以市民的使用需求出发，设计体感舒适、满足居民游憩的城市绿地，有效发挥绿地的综合功能。

④因地制宜，突出特色。与城市发展水平相适应，依托城市资源突出地域特色。

具体到一个城市的市域、城区层面，应分别遵循以下主要规定。

1）市域绿色生态空间统筹原则

①生态优先，生态安全。尊重自然地理地貌和自然环境，注重生物多样性的保护。

②科学防护，合理利用资源。发挥自然和人文资源优势，优化风景游憩功能。

③统筹规划，城乡结合。城乡一体、平衡发展。

2）城区绿地系统规划原则

尊重城区自然地理地貌，协调联系市域绿色生态空间。

因地制宜，保护和展现自然山水和历史人文资源。

应与城区规模、城市肌理和景观特征相适应。

采用绿环、绿楔、绿带、绿廊、绿心等多种方式构建城市和绿地协调的有机体。

3）生物多样性保护规划原则

对植物物种多样性、生态系统多样性、基因多样性和景观多样性4个方面进行科学保护。

应维护生态系统整体性，保障重要的生物栖息地和生物迁徙廊道的安全。

应明确保护具有维持生态平衡的物种。

应突出乡土植物景观特色。

应坚持园林绿化植物的多样性。

7.1.5　城市绿地系统规划布局

城市绿地系统规划布局应包括市域绿地系统规划布局和城区绿地系统规划布局。

1.市域绿地系统规划布局

市域绿地系统规划是指对生态保育红线内、风景游憩、防护隔离和生态生产的绿色生态空间要素进行规划。开展市域绿色生态空间设计统筹应当尊重当地生态条件和自然地理特征，人与自然和谐发展，建立"基质－斑块－廊道"的生态机制，保障市域绿地系统的连续与完整。

市域绿地系统布局应系统规划、统筹安排绿地布局，布局完整连续的生态网络空间。其中，生态保育绿地应包含具有保护培育需求的区域，如生态修复绿地等。绿地系统规划布局应以生态保护红线优先，维持并提高保护地的生态价值。

市域风景游憩体系规划布局需组合风景名胜区、郊野公园等，对其下级分类绿地提出布局结构策略，并遵循合理保护与利用的原则。

市域绿道体系规划应以自然为本，贯通各绿色空间，构建具有生态保育和休闲观赏功能的城乡统筹的绿色廊道体系。

2.城区绿地系统规划布局

城区绿地系统规划布局应依托自然景观与人文景观资源，与市域绿地有机结合，合理构建公园体系，配置防护绿地，完善城市空间布局，构建城绿结合的有机体系。城区绿地系统规划是对城市的核心区域绿地进行详细规划的过程,城区绿地系统规划应根据城市肌理和现有自然和历史人文资源的分布特点,与城区规模尺度、布局特点和景观环境特征相协调,构建具体的绿地系统布局类型。参照国家现行标准《城市绿地分类标准》(CJJ/T 85—2017)、《城市绿地规划标准》(GB/T 51346—2019)及《城市用地分类与规划建设用地标准》(GB 50137—2011)中对于人均绿地与广场用地面积、人均公园绿地面积的规定,确定各类绿地的具体面积。依据城市规模,还可设置动物园、儿童公园、体育健身公园等专项绿地。

3. 城市绿地系统布局模式

城市绿地布局的基本模式有点状、环状、网状、楔状、带状、放射状等(图 7-1),多种基本模式组合,可形成多种布局。

1)块状绿地布局

绿地以成块的形状均匀、分散、独立布置在城市中,各地区居民都可以就近使用。不足之处是各绿地之间缺乏联系,对城市小气候改善效果不明显。

2)环状绿地布局

绿地呈现出环形状态,以市区为中心布局,形成多个同心绿色环带,多与环城河湖水系、城市环路、风景名胜区和历史古迹结合布置。

3)楔形绿地布局

楔形绿地是指绿地从郊野地区由宽至窄向城市中心伸入,呈现出楔形的平面布局。绿地多沿着河流水系、起伏地形、放射状干道等载体结合郊区农田、防护林布置。楔状绿地布局有利于城市与郊区通风顺畅,可显著改善城市的小气候条件,也能较好地展现城市特色艺术面貌。

4)混合式绿地布局

有机结合上述 3 种绿地形式,绿地在城市中呈网状分布,形成城市绿地点、线、面、体相结合的绿色完整体系。这种布局形式能更好地满足居民使用需要,并能综合发挥绿地的生态效能,改善城市环境。

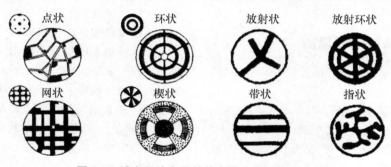

图 7-1 城市绿地布局的基本模式(陈东田 绘)

7.1.6 城市绿化树种规划

城市园林绿化树种规划工作一般由城市建设、规划、园林、林业、生态以及植物工作者相互配合研究确定。

1. 规划原则

城市绿化树种规划应遵循以下原则:

符合规划地区所处自然气候带森林植被区域的自然规律。

选择规划地区的乡土树种或在当地生长多年长势良好、适应自然条件变化的外来树种。

选择树形端正、长势良好、抗性较强、具有防护作用和一定经济价值的树种,以防风、沙等自然灾害,增加经济收入,调节城市生态环境,反映地方

特色。

营造丰富的植物景观,速生与慢生树种搭配种植,常绿与落叶树种搭配种植,乔、灌、草搭配种植,以保证绿地的近期和远期效果。

2. 树种规划

1)调查树种信息

调查本地及周围邻近地区的乡土树种和外来引种驯化的树种,了解这些树种的生态习性,以期加以利用。

2)确定植物所处区域的气候条件及土壤信息

明确植被气候区域与地带、地带性植被类型、建群种、地带性土壤与非地带性土壤类型。

3)选定树种

根据城市绿地树种的重要性,一般分为基调树种、

骨干树种、一般树种和推荐树种。

4）制定主要树种的比例

应依据城市自然地貌特征和气候条件、地域特色、景观特点等影响因素，合理安排不同树种之间的种植比例与面积。确定园林植物名录（科、属、种及种以下的单位）。常绿树与落叶树的比例以（3～4）：（7～6）为宜。乔木与灌木的搭配比例以 7：3 为宜。乡土树种与外来树种的比例以 7：3 为宜。

5）基调树种、骨干树种和一般树种选定

此项工作包括骨干树种选择，推荐树种分类汇编，推荐引种驯化的品种，特殊环境下适应树种选择。基调树种是充分反映当地植物特征、体现城市文化风格特色，能奠定统一的风格基调的树种，一般选择 3～5 种较为合适。骨干树种是指具有优良特性、在各种类型园林绿地中大量使用并且使用频率较高、有发展潜力、景观效果较好、能形成全城的绿化特色的树种，一般以 20～30 种为宜。

6）市花、市树的选择与建议

根据城市当地的植物特点，提出市花、市树的选择与建议，形成当地的植物特色。不同的绿地类型，对植物材料的应用要求有所差异。通过对城市绿化应用树种的合理选择和引导配置，可在各类绿地中逐步构成特色鲜明、物种丰富，外来树种和乡土树种和谐共生、生态效益稳定的植物群落。

公园绿地的种植材料的选择应综合考虑多个方面因素。由于公园绿地对植物的生态性和美观性的要求较高，所以应选择在其花、果、枝、姿态、根、茎、叶等特征方面观赏性强的植物品种，从植物的长势、枝、叶、花、果、质地、气味等方面进行比较选择，以打造出丰富的具有美学价值的公园绿地植物景观。

防护绿地应选择适应性和抗逆性强、稳定性好、不易受病虫侵害、管理粗放的树种。再根据不同类型的防护绿地要求，选择净化能力强、抗风、滞尘减噪、无毒害的乡土植物，并兼顾四季观赏效果。总体上应以乔木为主，乔、灌、草相结合，形成 3 层复合林相结构。

道路绿地的植物选择的关键点是行道树。由于行道树对种植条件要求相对严格，为了更好地利用其在美化街道、降温遮阴、降噪和抑尘等方面的功能，应选择树干挺拔优美，枝叶繁茂，根系深且花果无污染，并且能快速适应新环境，抵抗不利因素，抵抗病虫侵害的树种。

对于其他附属绿地，则要根据各单位的具体情况分别对待，选择适宜的植物品种。

7.2 城市绿地防灾避险规划设计

近年来，我国城市灾害频频发生，但相对应的城市防灾体系和城市防灾避险绿地建设却并未随着经济社会的发展而有所改善，城市防灾避险综合体系的规划水平远远低于城市灾害发生的频率和强度。城市化进程加快，城市规模不断扩大，城市建设密度增加，人口不断聚集，给灾害发生时人群疏散带来了极大压力，严重威胁着人民生命财产安全和社会经济发展。城市绿地作为城市中重要的开敞空间，不仅具有保护和改善环境、塑造和美化城市环境的功能，对城市的防灾避险过程也具有重要的意义。

7.2.1 绿地防灾避险概念

随着城市化进程的加快，原有的大地景观发生了巨大的变化，其中之一就是城市下垫面的变化，植被覆盖大量减少，取而代之的是钢筋混凝土。生态过程被改变，原有生态系统的能量流动模式发生变化，导致了诸如城市热岛效应、内涝灾害、城市生物多样性降低等一系列城市环境问题。无序发展的城市建设、缺乏合理规划的城市建设，不断地切割人与自然的关系，威胁人类的身心健康。

从狭义上来说，城市绿地是指城市中面积较小、设施较少，由花、草、树、木形成的绿色空间。广义的城市绿地是城市规划区范围内，由植被覆盖或空旷的土地以及水体的总称。城市绿地的主体是植物，其与生存环境共同组成了城市中的开敞空间，也是城市功能结构的有机组成部分。加强城市绿地建设是公认的调节和改善城市环境的重要途径和方式之一。

城市绿地不仅具有改善空气质量、净化水体、涵养水源、降低噪声、调节小气候等生态效益外，还具有诸多社会效益，如创造城市景观、提供休闲游憩场所等，其中还包括防灾避险。植物被证实具有防止建筑物和围墙等倒塌、减轻周围建筑物掉落所造成的灾害以及作为地标等功能。城市绿地作为城市中的开场空间，为人类提供了紧急疏散和临时安置的有效空间。

防灾避险是指预防或防御灾害，减轻灾害损失，躲避或避免危险，减小二次事故的影响。城市绿地防灾避险是指当遭遇地震、火灾等严重的自然灾害或其他突发事件时，其作为紧急疏散避难场所（如紧急疏散或临时安置等场所）、灾难对策据点（如抗灾救灾指挥中心、医疗救护中心、通信设施及其管理中心等）以及作为灾难缓冲（如阻断或防止火灾蔓延，冲撞或坠落物缓冲等）的场所。

7.2.2 城市防灾避险绿地分类

1. 按照功能定位分类

2018年，住房和城乡建设部办公厅公布《住房城乡建设部办公厅关于印发城市绿地防灾避险设计导则的通知》（建办城〔2018〕1号），将城市防灾避险功能绿地按其功能定位分为四类，即长期避险绿地、中短期避险绿地、紧急避险绿地和城市隔离缓冲绿带。

（1）长期避险绿地　在灾害发生后可为避难人员提供较长时间（30 d以上）生活保障、集中救援的城市防灾避险功能绿地。可规划救灾指挥区、物资存储与装卸区、避险与灾后重建生活营地、临时医疗区、停车场与直升机临时停机坪和出入口。

（2）中短期避险绿地　在灾害发生后可为避难人员提供较短时期（中期7～30 d，短期1～6 d）生活保障、集中救援的城市防灾避险功能绿地。中短期避险绿地至少应具备灾时功能区：救灾管理区、物资存储与装卸区、临时避险空间（含临时应急篷宿区、紧急医疗点和简易公共卫生设施）、救援用车停车场、出入口。

（3）紧急避险绿地　在灾害发生后，避难人员可以在极短时间内（3～10 min）到达、并能满足短时间避险需求（1 h至3 d）的城市防灾避险功能绿地。紧急避险绿地应根据场地条件合理设置紧急避险空间和出入口。

（4）城市隔离缓冲绿带　位于城市外围，城市功能分区之间、城市组团间、城市生活区、城市商业区与加油站、变电站、工矿企业、危险化学品仓储区、油气仓储区等之间，以及易发生地质灾害区域，具有阻挡、隔离、缓冲灾害扩散，防止次生灾害发生的城市绿地。防护绿带应设置在长期避险和中短期避险绿地边缘。

2. 按照空间类型划分

不同类型的防灾绿地按照空间形态的不同，又可划分为点状防灾绿地、线状防灾绿地和面状防灾绿地。

（1）点状防灾绿地　主要包括街头绿地、居住区绿地、单位附属绿地，具有容量小、数量多、分布广泛、空间形式多样的特点，适合作为紧急避灾场地。

（2）线状防灾绿地　主要包括道路两侧的缓冲绿地、城市高压廊道及城市外围防护林带，该类绿地空间狭长，以网状形式将点状、面状绿地连为整体，适合作为城市救援疏散通道和外围防护林。

（3）面状防灾绿地　主要包括大中型城市公园及绿地、郊野公园等，具有空间开阔、容量大的特点，适合作为固定避灾场地、中心避灾场地、抗洪救灾场地以及分洪滞洪绿地等。

3. 其他划分类型

（1）一级避灾据点　是灾害发生时居民紧急避难的场所，常由散点式小型绿地和小区的公共设施组成（如学校、社区活动中心、小区公园等）。

（2）二级避灾据点　是震灾后用于避难、救援、恢复建设等活动的基地，往往是灾后相当时期内避难居民的生活场所，可利用规模较大的城市公园、体育场馆和文化教育设施组成。

（3）避难通道　指利用城市次干道及支路将一级、二级避灾据点连成网络，形成避灾体系。

（4）救灾通道　是灾害发生时城市与外界的交通联系，也是城市自身救灾的主要线路。

7.2.3 绿地防灾避险规划理论

1. 城市灾害学

城市灾害学将城市灾害分为两大类，一类是由自然因素引起的自然灾害，包括暴雨、狂风、海啸、大雾等气象因素，地面坍塌、地面沉降、地震、滑坡、泥石流等地质因素，瘟疫、污染、病虫害等生物灾害；另一类是人为造成的灾害，包括火灾、交通事故、核泄漏、煤气泄漏、输电事故等。

城市灾害学对城市灾害的特点，如危害性、相关性、多样性、突发性、群发性、模糊周期性、社会性等进行了科学描述，对城市灾害致灾机理及形成要素进行了分析。城市绿地的防灾避险功能的发挥主要是针对城市灾害，因此，城市绿地的防灾避险规划要分析灾害的特点及可能带来的危害，并对危害进行评估。基于城市易发灾害的特点，分析城市整体结构，找出薄弱环节，指导城市绿地防灾避险系统布局。

2. 系统学理论

由于城市的复杂性,任何严重灾害的发生及其造成的后果都不会是独立或单一的。系统学理论要求,在制定城市防灾对策和措施时,应从系统学的角度加以分析和评价。城市绿地系统是防灾避险绿地系统建设的基础,城市绿地防灾避险规划设计也应结合城市绿地系统,整合现有资源,完善避灾绿地系统,提高城市安全性能。同时,城市绿地防灾避险是城市防灾避险综合体系当中的一部分,因此,城市绿地防灾避险的规划也应与其他规划相协调。

3. 行为学理论

面对灾害,不同个体因特点不同,其避难行为体现出一定的差异性。灾难发生后,在不同的时间段,个体的心理和行为反应也会随着时间的变化而变化。灾难发生时,人的心理首先是确保自身安全,行为表现为寻找暂时的避难场所,即本能地寻求就近的容身地。在灾难发生后的几小时内,属于临时避难阶段,在这一阶段人们会自发地或有组织地逐渐转移到更安全的避难场所。行为学有助于规划者或管理者认识和了解面对灾害时人们的行为反应,基于对面对灾难时的人们的行为反应的预判,可以做出有效的救灾组织,提升防灾体系的规划质量。这对于优化避灾绿地系统空间布局具有重要意义。

7.2.4　城市绿地防灾避险规划

城市绿地是城市防灾避险综合系统的一个最重要的组成部分,应将城市绿地防灾避险规划放在城市防灾避险系统建设的首位。城市绿地防灾避险的规划应确保对灾害起到有效的抑制作用,为避难救灾发挥积极作用,并衔接好平时与特别时期的作用关系。

1. 规划原则

1)因地制宜,统筹发展

由于所处的地域环境不同,城市的发展状况不同,城市面临的灾害类型也有所区别。因此,应基于现有城市绿地详细调查评估,深入分析城市自身特点和灾害类型,因地制宜地完善现有城市绿地防灾避险功能。城市绿地防灾避险体系是城市防灾避险综合体系当中的一部分,城市中的避灾场所除了城市绿地以外,还有广场、学校、寺庙、操场等其他空旷地带。城市绿地避险规划应与其他防灾避险场所统筹部署、相互衔接、均衡布局,以完善城市综合防灾体系。

2)平灾结合,以人为本

当前城市化速度加快,大量人口在城市中聚集,城市用地紧张,因此城市避难场所的规划应充分考虑平日和灾难时期的功能转换。平时发挥好城市绿地生态、游憩、美化环境的功能,在受灾时充分发挥其保护人民生命安全的功能,尽可能减少灾害损失(图7-2)。

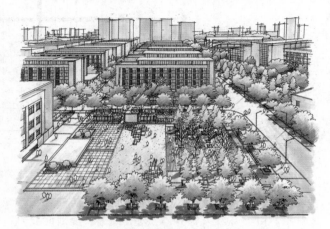

图 7-2　四川农业大学成都校区防灾避险景观绿地(李飚　绘)

3)突出重点,注重实效

城市防灾避险功能绿地的防灾避险功能有限,不具备应对所有类型灾害的能力,因此应明确防灾重点及防灾类型,适当兼顾其他灾害类型。在新建城市防灾避险功能绿地或优化现有城市绿地防灾避险功能时,应结合实际,注重时效,确保生态、游憩、观赏、科普等城市绿地的常态功能,同时兼顾防灾避险。

4)就近避难,步行可达

在灾难发生时应确保市民能够快速地到达防灾避难场所,因此在进行城市绿地的防灾避险规划时应遵循就近避难的原则。当灾难发生时,避难场所紧张,各种交通工具的停放会占据大量空间。且在灾难发生后,城市道路可能受到不同程度的破坏,一方面道路的损毁导致交通工具的瘫痪,另一方面可能造成交通瘫痪,需要更多的时间避难,从而导致风险增大。因此,在规划时,应考虑迅速避难、步行可达的原则,均匀布局。

2. 规划设计

1)城市绿地防灾避险规划内容

城市绿地防灾避险系统规划包括城市绿地的防灾规划和城市绿地避险规划。两部分的规划应相互统筹、协调,以构建完整的城市绿地防灾避险体系(图7-3)。

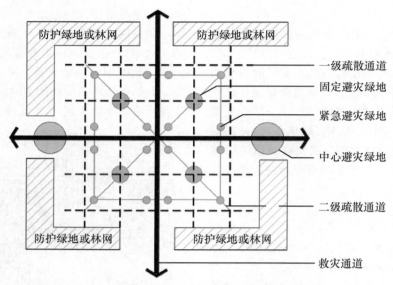

图 7-3　城市防灾绿地要素及体系构建（李念 改绘）

（1）城市绿地防灾规划　确定城市设防的主要灾害对象。由于自然灾害具有多重性，所以规划时要结合其他主要自然灾害类型规划建设相应的防灾绿地，力求通过整合卫生隔离带、防风林等各种以防护功能为主的城市绿地，并优化其布局，形成城市防灾绿地体系，以提高城市的防灾能力及减轻损失。

（2）避险绿地规划　避险绿地规划是指灾害发生时和灾后相当时间内的城市避险体系的构建。避险绿地规划的主要内容包括避难场所的选择和避灾通道的布置。

①避难场所的选择。根据灾害特征属性，结合功能需求进行避险绿地选址，防灾避险绿地的选址应避开易受灾区、避免次生灾害的影响。避难场所的选择即是避灾据点的选择。根据使用功能，可将避灾据点分为一级避灾据点和二级避灾据点。一级避灾据点的布局应根据城区的人口密度和服务范围，在城区中均匀布置。同时，须满足两个要求：安全性与连通性。一级避灾据点要有一定的规模，一般在 1 000 m² 以上，以免周围建筑倒塌时伤及人身安全。一般结合街头绿地、小游园、广场绿地及部分条件适宜的附属绿地设置，并与周边广场、学校等其他灾时可用于防灾避险的场所统筹协调。二级避灾据点的布局应注意平灾结合，应考虑到与平时不同的使用特点，配置应急保障基础设施、辅助设施以及应急保障设备和物资。这类避灾绿地一般结合郊野公园、综合公园、专类公园及居住

区公园等设置。

②避灾通道的布置。避灾通道主要包括避难通道和救灾通道两类。应保证避难与救灾通道顺畅通达，有清晰的走向，设置明显的标识标牌，并满足无障碍设计规范要求。避难通道不宜占用城市主干道，以免与城市居民避灾地、城市内部救灾及其与外界联系发生冲突。在城市规划层面，考虑到灾害发生时道路应保持通畅以及避灾据点的可达性，沿路建筑应后退道路红线 5～10 m，高层建筑后退红线的距离应适度加大。救灾通道是灾害发生时城市与外界交通的联系关键。城市主干道往往是救灾通道，主要的救灾通道红线两侧应规划宽 10～30 m 的绿化带，保证灾害发生时道路通畅。

2）城市绿地防灾避险规划方法

（1）背景调查研究　调查城市及其周边自然条件与灾害史，对各类城市规划中与防灾避险的相关内容，包括城市人口分布，城市绿地在防灾避险中的地位、分布及布局情况，避难防灾相关设施的分布、市区的危险程度、救援避难道路状况，场地条件（地形、地质、植被、设施与管理条件）以及城市有关机构对防灾减灾的要求等。对城市受灾情况进行预测，包括可能受到的灾害、城市抵抗灾害的能力、灾害可能造成的经济损失和人员伤亡等。对调查结果进行整理、分析，形成综合分析报告。

（2）优化城市绿地配置与结构　城市绿地有一定

的数量,但不是每一块绿地都可作为防灾避险绿地,规模、内部组成以及所处位置都是制约防灾避险功能的因素。因此,应根据城市特征、人口分布以及灾害规律状况,结合绿地服务半径,合理配置防灾避险绿地,并完善其布局。根据有效避难面积,各类道路、防火隔离带及其他用地需求,计算避难所需总面积与各级防灾避险城市绿地的服务半径与规模(表7-2)。

表7-2　防灾避险绿地分级配置

城市规模	长期避险绿地	中期避险绿地	短期避险绿地	紧急避险绿地
I型大城市	√	√	√	√
特大城市	√	√	√	√
小城市	—	√	√	√
中等城市	—	√	√	√
II型大城市	—	√	√	√

①服务半径。结合城市特点、灾害类型,以及城市绿地周边的广场、学校、体育场等应急避险场所分布情况,按照迅速转移、快捷可达的原则进行评估确定。根据日本阪神·淡路大地震的经验,避难距离最远为步行15 min之内,还应注意河流、铁路等的分割以及避难疏散道路的安全状况。

②有效避险面积。城市防灾避险功能绿地的有效避险面积是指城市绿地总面积扣除水域、建(构)筑物及其坠物和倒塌影响范围[影响范围半径按建(构)筑物高度的50%计算]、树木稠密区域、坡度大于15%区域和救援通道等占地面积之后,实际可用于防灾避险的面积。人均有效避险面积的设计要求见表7-3。

表7-3　城市防灾避险功能绿地有效避险面积设计要求分类

分类	总面积/hm²	有效避险面积比率	人均有效避险面积/(m²/人)
长期避险绿地	≥50	≥60%	≥5
中期避险绿地	≥20	≥40%	≥2
短期避险绿地	≥1	≥40%	≥2
紧急避险绿地	≥0.2	≥30%	≥1

③防灾避险容量。防灾避险容量=城市防灾避险功能绿地有效避险总面积/人均有效避险面积。

(3)确定防灾功能与功能分区　城市防灾避险绿地的主要功能是提供避难场所以及对避难者进行紧急救援,具体包括临时或较长时间避难,防灾减灾以及提高避难空间的安全性,情报收集与传播,实施消防、救援、医疗与救护活动,为避难居民创造基本的生活条件,进行防疫治病工作,开展灾后恢复活动,提供救灾物资运输条件。所有功能可按照灾害发生及其避难的时期分配到具有相应防灾避险功能的绿地中。

城市防灾避险绿地的功能分区一般有救灾指挥区、物资存储与装卸区、避险与灾后重建生活营地、临时医疗区、停车场与直升机临时停机坪和出入口等。可根据城市防灾避险绿地的具体类型和发挥的主要功能进行设置。不同类型的防灾避险型绿地的功能分区有一定差别。所有功能区和紧急避险空间都应合理布局应急供水、供电、厕所、垃圾储运、通讯等必要设施。出入口应设置无障碍通道和人员、物资集散场地,便于灾时人员集散、临时停车和救援物资运输。

(4)城市防灾避险绿地设施配置　城市防灾避险绿地的主要配套设施包括导示系统(图7-4)、监控、电力电讯、环卫、消防、给排水、指挥中心、应急服务中心、集散场地和医疗救护中心等。防灾避险设施的配备应便于避险人群的安全使用,且构造简单、操作简便、易于维护、经久耐用。兼具防灾避险功能的建(构)筑物应达到相关技术规范要求,并与绿地的功能相匹配、与绿地景观相协调。对于防灾避险绿地的设施配置,要根据防灾避险绿地的类型和功能进行(表7-4)。

图7-4　城市防灾避险绿地导示系统

表7-4 城市防灾避险绿地设施配置

类型	名称	设置与否		
		长期避险绿地	中短期避险绿地	紧急避险绿地
基本配套设施	应急篷宿区设施	√	√	√
	医疗救护和卫生防疫设施	√	√	√
	应急供水设施	√	√	√
	应急供电及照明设施	√	√	√
	应急通信设施	√	√	√
	应急排污设施	√	√	√
	应急厕所	√	√	√
	应急垃圾储运设施	√	√	√
	应急通道	√	√	√
	应急标志	√	√	√
	集散场地	√	√	√
一般设施	应急消防设施	√	√	√
	应急物资储备设施	√	√	—
	应急指挥管理设施	√	√	—
综合设施	应急停车场	√	√	√
	应急直升机起降坪	√	—	—
	应急洗浴设施	√	√	—
	应急功能介绍设施	√	√	—

（5）植物配置 当灾害发生时，植物可以起到缓冲灾害的作用，如减轻火灾，防止高空坠落物的危害，同时，绿色植物有促进心理康复的作用。总的来说，城市防灾避险绿地植物配置应遵循防灾与观赏性兼顾，以乡土植物为主，适地适树的原则进行配置。城市防灾绿地是城市绿地的组成部分，灾时是城市防灾避难的场所，平时是居民休憩的场所，因此植物的配置应平衡两者的需求。乡土树种能够适应当地的自然条件，具有较强的抗逆性，在遭遇灾难时能够抵抗恶劣的环境，有利于防灾作用的发挥。不同的防灾区域，应选择能够满足各类防灾功能的树种，采用适宜的配置方式。

7.3 城市公园规划设计

7.3.1 基本概念

城市公园是城市生态系统中的重要组成部分，具有保护人体健康、调节生态平衡、改善环境质量、美化

城市环境等其他城市基础设施所不可替代的重要作用，也是衡量城市现代化水平和文明程度的重要标志。

1999年，原国家建设部在《城市公园分类》中对公园定义为："供公众游览、观赏、休憩、开展科教文化活动及锻炼身体等活动，有较完善的设施和良好的绿化环境的公共绿地。其中，公园类型有综合性公园、专类公园、开敞绿地等。"《风景园林基本术语标准》（CJJ/T 91—2017）对公园解释为："向公众开放，以游憩为主要功能，有较完善的设施，兼具生态、美化、科普宣教及防灾等作用的场所。"《中国大百科全书》将城市公园定义为："城市公共绿地的一种类型，由政府或公共团体建设经营，供公众游憩、观赏和娱乐等的园林。"目前，学术界对城市公园尚无统一界定，通过分析国内外学者对其概念的界定，可以看出城市公园包含以下三个方面的内涵：

首先，城市公园是城市公共绿地的一种类型；

其次，城市公园的主要服务对象是城市居民，但随着城市旅游的开展及城市旅游目的地的形成，城市公

园将不再单一地服务于市民,也将服务于旅游者;

再次,城市公园的主要功能是休闲、游憩、娱乐,而且随着城市自身的发展及市民、旅游者外在需求的拉动,城市公园将会增加更多的休闲、游憩、娱乐等主题的产品。

总体而言,城市公园是一种为城市居民提供且有一定使用功能的自然化休闲生活境域,它作为城市的绿化基础设施和主要开放空间,不仅是城市居民的游憩活动场所,也是城市居民的文化传播场所。城市公园的主要功能应包括以下四方面的内容:

①休闲是城市公园的首要功能;

②防灾避险是城市公园的重要功能;

③维持城市生态平衡是城市公园的主要功能;

④城市公园的经济功能对当地经济发展具有积极作用。

7.3.2　城市公园发展概述

在人类 6 000 多年的造园历史中,每个国家都形成了自己独特的园林艺术,但是纵观这些园林的建设与发展会发现,它们多数是由帝王皇室、贵族大夫、富商巨贾投资建造,其服务对象只是少数特权阶层。而城市居民的游园娱乐活动则多集中于寺庙附属园林,以及城郭之外风景优美的公共游乐地,城市中几乎没有公共性场所。城市公园是最近一二百年随着社会的蓬勃发展才开始出现的。

1. 西方城市公园发展概述

17 世纪中叶,英国、法国相继爆发了资产阶级革命,在"自由、平等、博爱"的口号下,新兴的资产阶级统治者没收了封建领主及皇室的财产,把大大小小的宫苑和私园向公众开放,并统称为公园(public park),这为 19 世纪欧洲各大城市产生大量的城市公园打下了基础。1810年,英国设计建造的很多公园都是建造在王室地产上的,包括著名的伦敦海德公园(Hyde Park,图 7-5)和摄政公园(Regents Park,图 7-6)等也都是这样产生的。

18 世纪中叶,英国工业革命开始后,资本主义的迅猛发展使城市结构发生了巨大的变化,人口的快速增加,城市用地的不断扩大,导致城市居民的生活环境急剧恶化,居民的身体健康遭到极大损害。在此背景下,英国议会讨论通过了系列关于工人健康的法令。这些法令规定:允许使用公共资金(如税收)改善城市的下水道、环境卫生系统及建设公园。

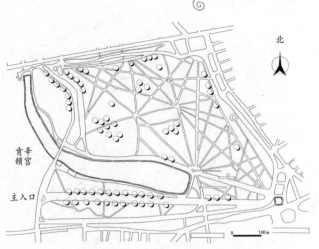

图 7-5　英国伦敦海德公园(刘千睿 改绘)

图 7-6　英国伦敦摄政公园(鲁可竹 改绘)

19 世纪 20 年代,随着英国城市的不断发展,人口迅速膨胀,英国伯肯海德地区失去了原有的郊野风光特色,于是议会在 1833 年组建了伯肯海德发展委员会来运营这个城镇的发展。1843 年,英国运用税收建造了世界首个免费对城市居民开放的公园——伯肯海德公园(Birkenhead Park,图 7-7)。该城市公园占地约 50 hm²,由英国著名的造园师和建筑工程师约瑟夫·帕克斯顿(Joseph Paxton,1803—1865)设计,是世界园林发展史上第一个真正意义上的城市公园。

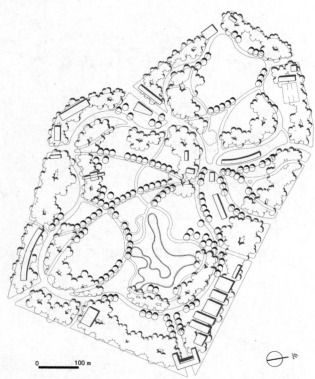

图7-7 英国伯肯海德公园（刘千睿 改绘）

而真正完全意义上的城市公园起源于美国，通常是指城市中供居民开展人文社交、游憩活动的园林绿地。1858年，在世界著名风景园林设计师安德鲁·杰克逊·唐宁（Andrew J. Downing，1815—1852）和弗雷德里克·劳·奥姆斯特德（Frederick L. Olmsted，1822—1903）的合作指导设计下，美国建成了自己的第一个城市公园——纽约中央公园（New York Central Park）（图7-8、图7-9）。公园供城市居民免费使用，全年可以自由进出，各种文化娱乐活动丰富多彩，不同年龄、不同阶层的居民都可以在这里找到自己喜欢的活动。重要的是，该公园的规划设计主要体现了"奥姆斯特德原则"：

①保护自然景观，恢复或进一步强调自然景观；

②除了在非常有限的范围内，尽可能避免使用规则形式；

③开阔的草坪要设在公园的中心地带；

④选用当地的乔木和灌木来形成特别浓郁的栽植边界；

⑤公园中的所有道路应设计成流畅的曲线，并形成循环系统；

⑥主要园路能穿过整个公园，并由主要园路将全园划分为不同的区域。

自此，奥姆斯特德领导的"城市公园运动"催生了大量新型的城市公园，公园系统在这样的城市化背景下产生和发展起来，并为当时由于工业化大生产所导致的系列城市问题提供了一种有效的解决途径。

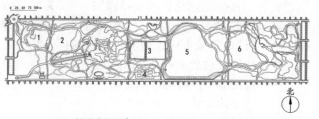

1. 赫克斯切尔球场；2. 牧羊场；3. 大草坪；
4. 方尖碑；5. 水库；6. 北草甸

图7-8 美国纽约中央公园规划草图（刘千睿 改绘）

图7-9 美国纽约中央公园实景图

2. 中国城市公园发展概况

1840年鸦片战争以后，在中国的西方殖民者为了满足自身游憩的需要，在租界兴建了一批公园。其中，最早的是1868年在上海公共租界建成开放的外滩公园（图7-10）。全园面积为2.03 hm²，所有权属当时的工部局。作为中国的第一座城市公园，遗憾的是它竟然在60年过后，直到1928年才对华人开放。因此，从严格意义上讲，外滩公园当时只能算是为少数人服务的绿地花园，并不是一个纯粹的现代城市公园。

辛亥革命以后，全国各地建造了一批新的城市公园。例如，北京在1912年将先农坛开放为城南公园，在1924年将颐和园开放为城市公园；南京在1928年设公园管理处，先后开辟了秦淮小公园、莫愁湖公园（图7-11）、五洲公园（今玄武湖公园，图7-12）等。

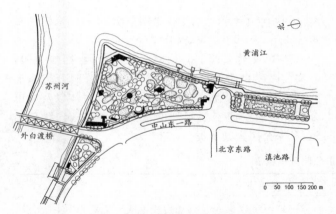

图 7-10 上海外滩公园（冯永强 绘）

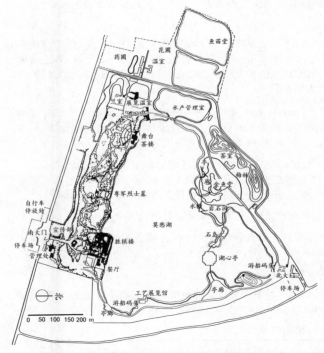

图 7-11 南京莫愁湖公园平面图（赵予頔 改绘）

1918 年，广东省广州市在兴建中央公园（今人民公园，6.2 hm²）和黄花岗公园以后，又陆续兴建了越秀公园（10 hm²）、动物公园（3.7 hm²）、白云山公园（13.4 hm²）等。1924 年，湖南长沙市于南城垣最高处建成天心公园，其"天心阁"为中国八大名楼之一。1930 年春，闽浙赣革命根据地葛源镇修建了列宁公园，该公园是当时葛源人民群众休闲娱乐的场所。1949 年中华人民共和国成立后，特别是进入 20 世纪 90 年代以来，我国的城市公园建设不断发展，公园类型更加丰富多彩，园内活动设施更加完善齐备。

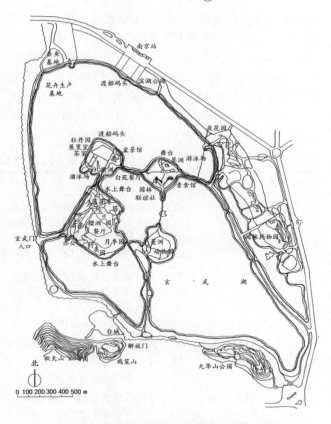

图 7-12 南京玄武湖公园平面图（周稻 改绘）

7.3.3 城市公园分类

按照国际惯例，公园通常可分为城市公园（city park）和自然公园（natural park）两大类。其中，自然公园是指规模较大的森林公园、国家公园或自然保护区等，是一个地区或国家重要的植被保护地。为满足居民对城市绿地的需求，不同种类的城市公园在各个城市相继出现。"公园"一词，通常是指城市公园。然而，由于各国国情不同，城市公园的分类颇有差异，许多国家根据本国国情确立自己的城市公园体系。

1. 国外城市公园分类

1）美国城市公园分类

美国城市公园的分类标准主要参照美国国家游憩和公园协会（National Recreation and Park Association，NRPA）于 1995 年制定的《公园、游憩、公共空间和绿道指南》（*Park，Recreation，Open Space and Greenway Guidelines*）。美国各城市以该指南为基础，根据实际情况制定各自的城市公园分类标准，如美国

得克萨斯州达拉斯市公园的分类标准。NRPA城市公园分类标准的核心参照是服务水平标准(level of service standards)以及对应的公园面积,同时兼顾使用目的。按照NRPA城市公园分类标准,城市公园具体包括迷你公园(mini-park)、邻里公园(neighborhood park)、社区公园(community park)、区域公园(regional park)、专类公园(special use park)、自然保护区(natu-ral resource preserve)、学校公园(school park)、绿色廊道(green corridor)和私家公园(private park)。

其中,迷你公园、邻里公园、社区公园、区域公园、专类公园和自然保护区是NRPA城市公园分类标准的核心类型,也是城市公园系统的构成主体以及城市公园和游憩空间专项规划的重点;学校公园、绿色廊道、私家公园为其他类型(表7-5)。

表7-5 美国城市公园分类标准

公园大类	公园类型	基本描述
核心类型	迷你公园	又叫作袖珍公园或口袋公园(pocket park),一般不超过3 hm²(理想面积不低于1.2 hm²),主要满足居住在400 m范围内的居民的活动,服务水平标准为每千人0.1～0.2 hm²;通常只设置儿童活动区和器械区,选择性设置健康步道,不适宜作为组织性体力活动或社区群体活动的场地,步行可达,无停车场。使用目的多为被动型
	邻里公园	最普遍的城市公园类型,面积设置为2～8 hm²,主要服务800 m范围内的城市居民,将丰富的游憩活动和设施集中在一个有限的空间内。一般而言,一个邻里公园服务1万～2万人,对应的服务水平标准为每千人0.4～0.8 hm²。使用目的包括主动型和被动型,适宜团队训练、比赛以及公共空间游乐,不适宜节庆活动或定期的大型活动
	社区公园	公园面积8～30 hm²(理想面积不低于24 hm²),大约服务5万～8万人,对应的服务水平标准为每千人2.0～3.2 hm²。为所有年龄段使用者提供不同强度的游憩活动的空间和相应设施,同时满足日间和夜间活动需求。使用目的包括主动型、被动型以及主被动混合型
	区域公园	城市公园系统中占地面积最大的类型,拥有较大的自然区域及对应的游憩活动。公园面积20～100 hm²,服务半径大约为驱车1 h内可达的距离。公园内具有大面积的自然区域,多种交通可达。视场地条件提供相对特殊的游憩活动,一般选址在对当地居民具有独特吸引力的地点
	专类公园	满足特殊使用群体,面积、设施等指标根据用途而定,一般能带来较好的经济收入
	自然保护区	包括具有显著自然景观的区域、不适合开发但具有自然景观潜力的区域。例如,具有植被覆盖的陡坡、沟壑等,或者湿地、低洼地的保护地
其他类型	学校公园	公园与学校毗邻,与校园共同使用一部分场地设施
	绿色廊道	又叫作绿道(greenway)或公园路(parkway),连通整个城市公园系统和其他重要的城市空间,根据场地条件可设置为线性公园(linear park)
	私家公园	即私有游憩场地。该类公园是私人化的,使用对象独立

2)德国城市公园分类

德国城市公园分为8类:郊外森林公园(suburban forest park)、国民公园(citizen park)、运动场及游戏场(sports field/game field)、各种广场(square/plaza)、区域园(district park)、花园路(garden road)、郊外绿地(suburban green space)和运动公园(sports park)。

3)日本城市公园分类

在亚洲,日本的城市公园建造起步较早、体系发展得也较为完善。日本的城市公园体系是在日本法律法规规定的基础上建设的,这对指导和规范公园规划设计与建设,充分发挥公园系统的效率起到了非常重要的作用,也对我国公园体系的建设有着重要的借鉴意义。日本的公园制度始于1873年太政官关于开设公园的第16号布告,正式的城市公园行政则是从1956年制定的《城市公园法》开始。根据日本的《自然公园法》《城市公园法》《第二次城市公园新建改建五年计划》和《城市公园新建改建紧急措施法》等,日本的城市公园主要分为4种类型:一是居住区基干公园;二是城市基干公园;三是广域公园;四是特殊公园(表7-6)。其中,前三类公园都规定了其面积、规模以及服务半径、人数等要求,既有效地保证了城市居民日常游览、休憩、娱乐和健身的需求,又能够使城市绿地构成合理而连贯的系统。因此,前三类公园从系统功能上讲是城市基础性公园,而第四类公园主要是为了满足游览观光、文化生活、避灾防护等需求而建设的有一定特殊内涵的功能性公园。

表 7-6 日本城市公园体系分类标准

公园大类	公园类型	基本描述
居住区基干公园	儿童公园	面积 0.25 hm²,服务半径 250 m。既要有丰富的内容,又因儿童体力有限,面积不宜太大,设施布置必须紧凑,要有良好的自然环境
	近邻公园	面积 2.0 hm²,服务半径 500 m
	地区公园	面积 4.0 hm²,服务半径 1 000 m
城市基干公园	综合公园	面积 10 hm² 以上,分布均匀
	运动公园	面积 10 hm² 以上,分布均匀
广域公园	广域公园	具有休息、观赏、散步、游戏、运动等综合功能,面积在 50 hm² 以上,服务半径跨越一个市/镇/村的区域,分布均匀
特殊公园	防灾公园	应对公害或灾害的绿地,是为防止或减轻、应对工业公害、自然灾害而设置的防护性、避难性的公园绿地
	风景公园	以欣赏风景为主要目的的城市公园
	历史名园	有效利用、保护文化遗产,形成与历史时代相称的环境
	植物园	配置温室、标本园、休养设施,并具有景观意义
	动物园	动物馆以及饲养场等的占地面积应在 20% 以上

2. 我国城市公园分类

2010 年 12 月 24 日,中华人民共和国住房和城乡建设部公告第 880 号发布了《城市用地分类与规划建设用地标准》(GB 50137—2011),其将绿地与广场用地分为公园绿地(G1)、防护绿地(G2)和广场绿地(G3)3 类,但对公园绿地(G1)并没有进行小类的划分。2016 年 8 月 26 日,住房和城乡建设部公告第 1285 号发布了《公园设计规范》(GB 51192—2016),其将公园划分为综合公园、专类公园(包括动物园、植物园、历史名园、其他专类公园)、社区公园和游园 4 类。

2017 年 11 月 28 日,住房和城乡建设部公告第 1749 号发布了《城市绿地分类标准》(CJJ/T 85—2017)(表 7-1),自 2018 年 6 月 1 日起实施。本标准是在《城市绿地分类标准》(CJJ/T 85—2002)的基础上,调整绿地大类和公园绿地的中类和小类等修订而成。

《城市绿地分类标准》(CJJ/T 85—2017)指出,公园绿地(G1)是指向公众开放,以游憩为主要功能,兼具生态、景观、文教和应急避险等功能,有一定游憩和服务设施的绿地。公园绿地是城市建设用地、城市绿地系统和城市绿色基础设施的重要组成部分,是表示城市整体环境水平和居民生活质量的一项重要指标。

根据其内容、形式、主要服务对象的不同,公园绿地又分为综合公园、社区公园、专类公园和游园 4 个中类,专类公园又分为 6 个小类。

7.3.4 城市公园规划设计原则

城市公园规划设计应遵循"科学、艺术、经济、适用"的指导思想,在地方标准《城市公园规划与设计规范》(DBJ440100/T 23—2009)、国家标准《公园设计规范》(GB 51192—2016)等的指导下,基于科学思想和生态理论,营造出适合城市广大居民休闲游憩等需求的户外境域。

1)以人为本,协调发展

在城市公园规划设计中,从业者应始终树立"以人为本,全面、协调、可持续发展观",其意义在于确立人的全面发展在城市公园规划设计中的核心地位。"以人为本"营造城市公园景观,应充分认识到人在公园中的主体地位和人与环境的双向互动关系,保证人与自然的健康发展和人与环境景观的融合协调,强调人在公园的主体地位。同时,城市公园应具有多种价值,如游憩价值、文娱价值、美学价值、社会价值、经济价值,以及生态环保、康养保健、防灾避险和城市的可持续发展等。随着城市公园的功能向综合性和多样性衍生，现代城市公园综合利用城市空间和综合解决环境问题的意义日益显现。因此，城市公园规划设计不仅要有创新的理念和方法，而且还应体现出多种价值全面协调发展的思想。

2）体现特色，因地制宜

城市公园不仅是塑造自然美和艺术美的空间，更是一座城市历史文化和地域文化的载体，是城市记忆中重要的组成部分。因此，从业者应在调查当地自然条件和人文资源的基础上，充分体现当地浓郁的地方特色，即社会特色和自然特色。城市公园规划设计应继承城市本身的历史文脉，适应地方风情民俗文化，突出地方建筑艺术特色，这样才能增强公园的凝聚力和城市的吸引力。同时，城市公园规划设计应强化地理特征，体现地方山水园林特色，以适应当地气候条件。

3）突出主题，特征鲜明

城市公园无论规模大小，首先应有准确的定位和明确的主题，其次围绕着公园的主要功能，以体现时代特征为主旨，综合考虑公园的整体布局，如以儿童娱乐为主题的成都麓湖红石公园（图7-13）。这样的规划设计才会有轨可循，进而实现城市公园塑造城市形象、改善城市环境、满足人们多层次活动需要的三大功能。

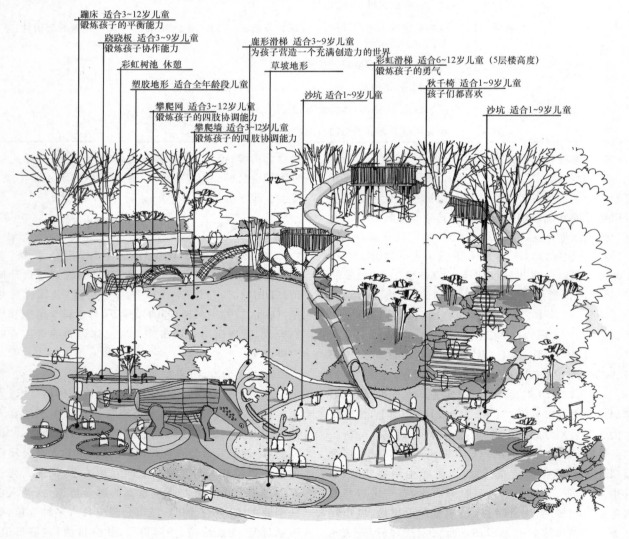

图7-13　以儿童娱乐为主题的成都麓湖红石公园(李飚 绘)

4）生态自然，景观连通

景观生态多样性是城市居民生存与发展的载体，是维持城市生态系统平衡的基础。因此，在城市公园内应根据物种生态位原理，选择各种生活型以及不同高度和颜色、季相变化的植物，构建一个多层次、多结构、多功能的稳定共存的复层混交立体植物群落。同时，景观生态学特别强调维持与恢复景观生态过程与格局的连续性和完整性，如维护城市中残遗绿色斑块、湿地自然斑块之间的空间联系（即廊道的规划设计）。

5）布局合理，分期规划

城市公园是一个协调统一的有机整体，规划设计时应当注重保持其发展的整体性，以城市的空间目标与生态目标为依据，考虑公园建设在什么位置、建设成什么性质和多大的规模，采用适宜的规划设计方式，从宏观上真正发挥城市公园景观改善居民生活环境、塑造城市形象、优化城市空间的作用。同时，应该正确处理近期建设与远期发展的关系，以及生态效益、社会效益和经济效益间的相互关系，做到近期与远期结合，便于分期实施建设和日常维护管理。

7.3.5 城市公园规划设计理论

1. 构成元素

城市公园构成元素一般包括植物、道路、建筑和地形四大类，见表 7-7。

表 7-7 城市公园构成元素

构成元素	描述
植物	包括乔木、竹类、灌木、地被以及水生植物等。植物是构成城市公园绿地的基础材料，占地比例通常应为公园绿地总面积的 70%。通过不同植物配置形成不同特征的空间，植物的色、香、姿、声、韵及其季相变化的观赏性，是城市公园造景的主要题材
地形	包括竖向和水体等。地形是城市公园中最基本的自然特征，也是城市公园规划设计的骨架，具有分离空间、控制视线和组织排水等功能。城市公园地形设计应与其总体形象、种植设计和土石方工程相互配合。同时，水体是城市公园中最活跃的景观元素，具有架构和界定空间以及降噪防灾等功能
道路	包括园路系统（即主路、支路和游憩小路）与铺装场地、园桥等。道路是城市公园的脉络，是链接各功能区或景点的纽带。城市公园道路的布局要根据城市公园绿地内容和游人容量大小决定，要求主次分明，因地制宜，和地形紧密配合
建筑	包括园林建筑物、构筑物、小品、山石等。城市公园建筑虽占地面积较小，但因其常是游人的视觉中心，是园林景观的点睛之笔，故设计时应基于城市公园环境的需要，与地形、植物和水体等协调统一

2. 设计内容

根据《公园设计规范》（GB 51192—2016）规定，城市公园设计应以创造优美的绿色自然环境为基本任务，并根据公园类型确定其特有的内容。其中，综合公园应设置游览、休闲、健身、儿童游戏、运动、科普等多种设施，面积不应小于 5 hm²。社区公园应设置满足儿童及老年人日常游憩需要的设施。游园应注重街景效果，应设置休憩设施。专类公园应有特定的主题内容，并应符合下列规定。

（1）动物园 应有适合动物生活的环境，供游人参观、休息、科普的设施，安全、卫生隔离的设施和绿带，后勤保障设施；面积宜大于 20 hm²，其中专类动物园面积宜大于 5 hm²。

（2）植物园 应创造适于多种植物生长的环境条件，应有体现本园特点的科普展览区和科研实验区；面积宜大于 40 hm²，其中专类植物园的面积宜大于 2 hm²。

（3）历史名园 内容应具有历史原真性，并体现传统造园艺术。

（4）其他专类公园 应根据其主题内容设置相应的游憩及科普设施。

3. 用地比例

城市公园用地面积通常包括陆地面积和水体面积两类。其中，陆地面积应分别计算绿化用地、建筑占地、园路及铺装场地用地的面积及比例。根据《公园设计规范》（GB 51192—2016）要求，城市公园用地比例应以公园陆地面积为基数进行计算，其内部用地分配比例应符合表 7-8 的规定。

表 7-8 城市公园用地比例   %

陆地面积 A_1/hm^2	用地类型	公园类型					
		综合公园	专类公园			社区公园	游园
			动物园	植物园	其他专类公园		
$A_1<2$	绿化	—	—	＞65	＞65	＞65	＞65
	管理建筑	—	—	＜1.0	＜1.0	＜0.5	—
	游憩建筑和服务建筑	—	—	＜7.0	＜5.0	＜2.5	＜1.0
	园路及铺装场地	—	—	15～25	15～25	15～30	15～30
$2\leqslant A_1<5$	绿化	—	＞65	＞70	＞65	＞65	＞65
	管理建筑	—	＜2.0	＜1.0	＜1.0	＜0.5	＜0.5
	游憩建筑和服务建筑	—	＜12.0	＜7.0	＜5.0	＜2.5	＜1.0
	园路及铺装场地	—	10～20	10～20	10～25	15～30	15～30
$5\leqslant A_1<10$	绿化	＞65	＞65	＞70	＞65	＞70	＞70
	管理建筑	＜1.5	＜1.0	＜1.0	＜1.0	＜0.5	＜0.3
	游憩建筑和服务建筑	＜5.5	＜14.0	＜5.0	＜4.0	＜2.0	＜1.3
	园路及铺装场地	10～25	10～20	10～20	10～25	10～25	10～25
$10\leqslant A_1<20$	绿化	＞70	＞65	＞75	＞70	＞70	—
	管理建筑	＜1.5	＜1.0	＜1.0	＜0.5	＜0.5	—
	游憩建筑和服务建筑	＜4.5	＜14.0	＜4.0	＜3.5	＜1.5	—
	园路及铺装场地	10～25	10～20	10～20	10～20	10～25	—
$20\leqslant A_1<50$	绿化	＞70	＞65	＞75	＞70	—	—
	管理建筑	＜1.0	＜1.5	＜0.5	＜0.5	—	—
	游憩建筑和服务建筑	＜4.0	＜12.5	＜3.5	＜2.5	—	—
	园路及铺装场地	10～22	10～20	10～20	10～20	—	—
$50\leqslant A_1<100$	绿化	＞75	＞70	＞80	＞75	—	—
	管理建筑	＜1.0	＜1.5	＜0.5	＜0.5	—	—
	游憩建筑和服务建筑	＜3.0	＜11.5	＜2.5	＜1.5	—	—
	园路及铺装场地	8～18	5～15	5～15	8～18	—	—
$100\leqslant A_1<300$	绿化	＞80	＞70	＞80	＞75	—	—
	管理建筑	＜0.5	＜1.0	＜0.5	＜0.5	—	—
	游憩建筑和服务建筑	＜2.0	＜10.0	＜2.5	＜1.5	—	—
	园路及铺装场地	5～18	5～15	5～15	5～15	—	—
$A_1\geqslant 300$	绿化	＞80	＞75	＞80	＞80	—	—
	管理建筑	＜0.5	＜1.0	＜0.5	＜0.5	—	—
	游憩建筑和服务建筑	＜1.0	＜9.0	＜2.0	＜1.0	—	—
	园路及铺装场地	5～15	5～15	5～15	5～15	—	—

注："—"表示不做规定;上表中管理建筑、游憩建筑和服务建筑的用地比例是指其建筑占地面积的比例。

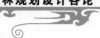

此外,城市公园内部用地面积计算应符合下列规定。

①河、湖、水池等应以常水位线范围计算水体面积,潜流湿地面积应计入水体面积。

②没有地被植物覆盖的游人活动场地应计入公园内园路及铺装场地用地。

③林荫停车场、林荫铺装场地的硬化部分应计入园路及铺装场地用地。

④建筑物屋顶上有绿化或铺装等内容时,面积不应重复计算,可按本规范公园用地面积及用地比例表的规定在备注中说明情况。

⑤展览温室应按游憩建筑计入面积,生产温室应按管理建筑计入面积。

⑥动物笼舍应按游憩建筑计入面积,动物运动场宜计入绿化面积。

历史名园应设与游人量相匹配的管理建筑和厕所。

公园内总建筑面积(包括覆土建筑)不应超过建筑占地面积的1.5倍。

园路及铺装场地用地,在公园符合下列条件之一时,在保证公园绿化用地面积不小于陆地面积的65%的前提下,可按本规范公园用地面积及用地比例表的规定值增加,但增值不宜超过公园陆地面积的3%:

①公园平面长宽比值大于3;

②公园面积一半以上的地形坡度超过50%;

③水体岸线总长度大于公园周边长度,或水面面积占公园总面积的70%以上。

4. 规模容量

城市公园设计应确定游人容量,作为计算各种设施的规模、数量以及进行城市公园管理的依据。城市公园游人容量应按下式计算:

$$C = A_1 / A_{m1} + C_1$$

式中:C 为公园游人容量,人;A_1 为公园陆地面积,m^2;A_{m1} 为人均占有公园陆地面积,$m^2/$人;C_1 为公园开展水上活动的水域游人容量,人。

其中,人均占有公园陆地面积指标应符合表7-9规定的数值;公园有开展游憩活动的水域时,水域游人容量宜按150~250 $m^2/$人进行计算。

表7-9　公园游人人均占有公园陆地面积指标

公园类型	人均占有陆地面积/($m^2/$人)
综合公园	30~60
专类公园	20~30
社区公园	20~30
游园	30~60

注:人均占有公园陆地面积指标的上下限取值应根据公园区位、周边地区人口密度等实际情况确定。

5. 常规设施

城市公园内不应修建与其性质无关的、单纯以盈利为目的的建筑。城市公园设施项目的设置,应符合表7-10的规定。

(1)游人使用的厕所　应符合下列规定。

①面积大于或等于10 hm^2 的公园,应按游人容量的2%设置厕所厕位(包括小便斗位数),小于10 hm^2 者按游人容量的1.5%设置;男女厕位比例宜为1:1.5。

②服务半径不宜超过250 m,即间距500 m。

③各厕所内的厕位数应与公园内的游人分布密度相适应。

④在儿童游戏场附近,应设置方便儿童使用的厕所。

⑤公园应设无障碍厕所,无障碍厕位或无障碍专用厕所的设计应符合现行国家标准《无障碍设计规范》(GB 50763—2012)的相关规定。

(2)休息座椅的设置　应符合以下规定。

①容纳量应按游人容量的20%~30%设置。

②应考虑游人需求合理分布。

③休息座椅旁应设置轮椅停留位置,其数量不应小于休息座椅的10%。

(3)垃圾箱的设置　应符合下列规定。

①垃圾箱的设置应与游人的分布密度相适应,并应设计在人流集中场地的边缘、主要人行道路边缘及公用休息座椅附近。

②公园陆地面积小于100 hm^2 时,垃圾箱设置间隔距离宜在50~100 m;公园陆地面积大于100 hm^2 时,垃圾箱设置间隔距离宜在100~200 m。

③垃圾箱宜采用有明确标识的分类垃圾箱。

表 7-10　公园设施项目的设置

设施类型	设施项目	陆地面积 A_1/hm^2						
		$A_1<2$	$2{\leqslant}A_1<5$	$5{\leqslant}A_1<10$	$10{\leqslant}A_1<20$	$20{\leqslant}A_1<50$	$50{\leqslant}A_1<100$	$A_1{\geqslant}100$
游憩设施（非建筑类）	棚架	○	●	●	●	●	●	●
	休息座椅	●	●	●	●	●	●	●
	游戏健身器材	○	○	○	○	○	○	○
	活动场	●	●	●	●	●	●	●
	码头	—	—	—	○	○	○	○
游憩设施（建筑类）	亭、廊、厅、榭	○	○	●	●	●	●	●
	活动馆	—	—	—	—	○	○	○
	展馆	—	—	—	—	○	○	○
服务设施（非建筑类）	停车场	—	○	○	●	●	●	●
	自行车存放处	●	●	●	●	●	●	●
	标识	●	●	●	●	●	●	●
	垃圾箱	●	●	●	●	●	●	●
	饮水器	○	○	○	○	○	○	○
	园灯	●	●	●	●	●	●	●
	公用电话	○	○	○	○	○	○	○
	宣传栏	○	○	○	○	○	○	○
服务设施（建筑类）	游客服务中心	—	—	○	○	●	●	●
	厕所	○	●	●	●	●	●	●
	售票房	○	○	○	○	○	○	○
	餐厅	—	—	○	○	○	○	○
	茶座、咖啡厅	—	○	○	○	○	○	○
	小卖部	○	○	○	○	○	○	○
	医疗救助站	○	○	○	○	○	●	●
管理设施（非建筑类）	围墙、围栏	○	○	○	○	○	○	○
	垃圾中转站	—	—	○	○	●	●	●
	绿色垃圾处理站	—	—	—	○	○	●	●
	变配电所	—	—	○	○	○	○	○
	泵房	○	○	○	○	○	○	○
	生产温室、荫棚	—	—	○	○	○	○	○
管理设施（建筑类）	管理办公用房	○	○	○	●	●	●	●
	广播室	○	○	○	●	●	●	●
	安保监控室	○	●	●	●	●	●	●
管理设施	应急避险设施	○	○	○	○	○	○	○
	雨水控制利用设施	●	●	●	●	●	●	●

注:"●"表示应设;"○"表示可设;"—"表示不须设置。

（4）公园的地面停车位指标　可符合表7-11的规定。

表7-11　公园配建地面停车位指标

陆地面积 A_1/hm^2	停车位指标/（个/hm^2）	
	机动车	自行车
$A_1<10$	≤2	≤50
$10≤A_1<50$	≤5	≤50
$50≤A_1<100$	≤8	≤20
$A_1≥100$	≤12	≤20

注：不含地下停车位数；表中停车位为按小客车计算的标准停车位。

（5）公园内的用火场所　应设置消防设施，建筑物的消防设施应依据建筑规模进行设置。

（6）标识系统的设置　应符合下列规定。

①应根据公园的内容和环境特点确定标识的类型和数量。

②在公园的主要出入口，应设置公园平面示意图及信息板。

③在公园内道路主要出入口和多个道路交叉处，应设置道路导向标志。如公园内道路长距离无路口或交叉口，宜沿路设置位置标志和导向标志，最大间距不宜大于150 m。

④在公园的主要景点、游客服务中心和各类公共设施周边，宜设置位置标志。

⑤景点附近可设科普或文化内容解说信息板。

⑥在公园内无障碍设施周边，应设置无障碍标识。

⑦可能对人身安全造成影响的区域，应设置醒目的安全警示标志。

6. 分项设计

城市公园的总体布局应对地形布局、园路系统、植物布局、建筑物布局、设施布局及工程管线系统等做出综合设计，应结合现状条件和竖向控制，协调公园功能、设施及景观之间的关系。

1）地形设计

地形设计应在满足景观塑造、空间组织、雨水控制利用等各项功能要求的条件下，合理确定场地的起伏变化、水系的功能和形态，并宜园内平衡土方。公园地形应按照自然安息角设计坡度，当超过土壤的自然安息角时，应采取护坡、固土或防冲刷的措施。构筑地形应同时考虑园林景观和地表水排放，铺装场地最小排

水坡度应为0.3%，栽植地表和运动草地最小排水坡度应为0.5%，草地最小排水坡度应为1.0%，游憩绿地适宜坡度宜为5.0%～20.0%。

水系设计应根据水源和现状地形等条件，确定各类水体的形状和使用要求。使用要求应包括下列内容：游船码头的位置和航道水深要求；水生植物种植区的种植范围和水深要求；水体的水量、水位和水流流向；水闸、进出水口、溢流口及泵房的位置。

2）园路设计

园路设计应根据公园规模、分区内容、管理需要以及公园周围的市政道路条件，确定公园出入口位置与规模、园路的路线和分类分级、铺装场地的位置和形式。通常，园路宜分为主路、次路、支路、小路（图7-14）四级。主路应具引导游览和方便游人集散的功能；通行养护管理机械或消防车的园路宽度应与机具、车辆相适应；供消防车取水的天然水源和消防水池周边应设置消防车道；生产管理专用路宜与主要游览路分别设置。当公园面积小于10 hm^2 时，可只设三级园路。园路宽度应根据通行要求确定，并应符合表7-12的规定。

表7-12　园路宽度

园路级别	公园总面积/hm^2			
	$A<2$	$2≤A<10$	$10≤A<50$	$A≥50$
主路	2.0～4.0	2.5～4.5	4.0～5.0	4.0～7.0
次路	—	—	3.0～4.0	3.0～4.0
支路	1.2～2.0	2.0～2.5	2.0～3.0	2.0～3.0
小路	0.9～1.2	0.9～2.0	1.2～2.0	1.2～2.0

图7-14　游憩小径（李飚 绘）

公园出入口布局时,应根据城市规划和公园内部布局的要求,确定主、次和专用出入口的设置、位置和数量;需要设置出入口内外集散广场、停车场、自行车存车处时,应确定其规模要求;售票的公园游人出入口外应设集散地,外集散场地的面积下限指标应以公园游人容量为依据,宜按 500 m²/万人计算。

停车场布置时,机动车停车场的出入口应有良好的视野,位置应设于公园出入口附近,但不应占用出入口内外游人集散广场。地下停车场应在地上建筑及出入口广场用地范围下设置。机动车停车场的出入口距离人行过街天桥、地道和桥梁、隧道引道应大于 50 m,距离交叉路口应大于 80 m。机动车停车场停车位少于 50 个时,可设 1 个出入口,宽度宜采用双车道;50～300 个时,出入口不少于 2 个;大于 300 个时,出口和入口应分开设置,两个出入口之间的距离应大于 20 m。停车场在满足停车要求的条件下,应种植乔木或采取立体绿化的方式,遮阴面积不宜小于停车场面积的 30%。

园桥设计时,应根据公园总体设计确定通行、通航所需尺度,提出造景、观景等的具体要求(图 7-15)。通常园桥桥下净空应考虑桥下通车、通船及排洪需求,管线通过园桥时应考虑管道的隐蔽、安全和维修等问题。非通行车辆的园桥应有阻止车辆通过的设施,通行车辆的园桥设计应符合行业标准《城市桥梁设计规范》(CJJ 11—2011)的有关规定。非通行车辆的园桥,活荷载标准值取值应符合:桥面均布荷载应按 4.5 kN/m²值;计算单块人行桥板时应按 5.0 kN/m² 的均布荷载或 1.5 kN 的竖向集中力分别验算并取其不利者。

图 7-15 园桥景观(吴汶优 绘)

3)种植设计

为了充分发挥城市公园的生态价值、游憩价值和经济社会价值,城市公园绿地植物配置应力求做到:功能上的综合性;生态上的科学性;配置上的艺术性;经济上的合理性;五是风格上的地域性。

种植设计按照园林植物的生态习性、树形姿态以及色彩季相等特征,运用景观生态学和艺术美学原理,形成不同形式的植物组合,构成"虽为人作,宛自天开"的植物景观。通常,城市公园绿地植物配置形式包括自然式、规则式和混合式。

(1)自然式配置 自然式配置常以模拟自然和强调变化为主(图 7-16),具有活泼、愉悦、幽雅之自然情调,主要包括孤植、丛植、群植、林植、散点植等。

图 7-16 自然式植物景观(黄玉婷 绘)

孤植是指乔木和灌木孤立栽植的类型,可单纯作为构图艺术上的孤植树,也可作为园林中庇荫和构图艺术相结合的孤植树,通常单株栽植,或二、三株同一树种的树木紧密栽植,其远看和单株效果相同。孤植树主要突出个体美,如奇特的姿态、丰富的线条、浓艳的花朵、硕大的果实等。因此,选择孤植树时应选择具有枝条开展、姿态优美、轮廓鲜明、生长旺盛、花繁果硕、芳香馥郁、叶色艳丽、成荫效果好等特点的树种(图 7-17、图 7-18),如银杏(*Ginkgo biloba*)、黄葛树(*Ficus virens*)、无患子(*Sapindus mukorossi*)和香樟(*Cinnamomun camphora*)等。孤植常布置在开阔大草坪或林中草地的自然重心处,布置在公园小溪和湖畔旁,布置在可以透视辽阔远景的高地上,以及作为焦点树和引导树布置在道路的转折处、假山蹬道口和公园局部入口处等。

图 7-17　适宜孤植的树型一（李飚 绘）

图 7-18　适宜孤植的树型二（李飚 绘）

丛植是指由一二十株以内同种类树种紧密地种植在一起,其树冠线彼此密接而形成的整体外轮廓线景观单元。此外,由不同种类的树种搭配景观单元的配植方式称为聚植、集植或组植。树丛配植的基本形式主要包括两株配植、三株配植、四株配植、五株配植。这些配植方式既能体现树种的个性特征,又能使这些特征组合而形成整体美,且对环境有较强的抗性,在景观上具有丰富的表现力。丛植和聚植形成的树丛在城市公园中可作为空旷草坪的主景或边缘点缀,或作为道路交叉口、转弯处的对景或屏障;也可作为公园入口、构筑物两侧的自然对植,或用于廊架角隅起缓和与伪装作用。

群植是由二三十株以上至数百株的乔灌木成群配植成树群的方式。由于树群株数较多,占地较大,在城市公园景观中可作为背景和伴景,两组树群相邻时可

起到诱景和框景作用。群植时,树群位置应选择在有足够面积的开阔空间,观赏视距应为树高的 4 倍,且为树群宽的 1.5 倍以上。群植常作为主景或邻界空间的隔离,不允许有园路在其内经过。群植可由单一树种组成(单纯树群),亦可由多个树种组成(混交树群)。单纯树群植时,为丰富其景观效果,树下可用耐荫草花,如麦冬(*Ophiopogon japonicus*)、花叶玉簪(*Hosta undulata*)和鸢尾(*Iris tectorum*)等。混交树群植时,应为具有 3～6 层的组成层次结构,水平与垂直郁闭度均较大的植物群落。

林植是指较大规模成带、成片的树林状的栽植方式,反映的是群体美。林植也是园林结合生产的场所,在大型城市森林公园中多有林植。其中,自然式林带是一种狭长带状的风景林,多由数种乔灌木组成,也可由一种树木构成,须注意林冠线起伏和变化。纯林是由一种树木所组成,栽植时可为规则式或自然式,但规则式经若干年的分批疏伐,也会逐渐成为疏密有致的自然式纯林。混交林是由两种以上乔灌木所构成的郁闭群落,种植混交林时应考虑空间层次、株间关系,还要考虑地下根系等问题。

散点植是指以单株在一定面积上进行有韵律且有节奏的散点栽植,也可以双株或三株的丛植作为一个点来进行疏密有致的扩展。散点栽植应做到疏密有致,对每个点不是以孤赏树加以强调,而是着重于点与点间的呼应关系,既能表现个体的特性,又可以处于无形的联系之中,令人心旷神怡。

(2)规则式配置　规则式配置是指园林植物的株行距和角度按照一定规律进行栽植,分为左右对称和辐射对称。规则式常以轴线对称或成行排列栽植,强调整齐对称为主,给人以强烈、雄伟、庄重之感,配置方式主要包括对植、列植等。

对植是在构图轴线两侧栽植互相呼应的园林植物的配置方式。对植可以是两株植物,亦可以是两个树丛或树群。对植在园林艺术构图中只作为配景,动势向轴线集中。对植方式包括对称栽植和非对称栽植。其中,对称栽植是将树种相同、大小相近的乔灌木配置于中轴线两侧,如构筑物或道路中线两侧,与其中轴线等距栽植两株或两丛大小相同的植物,如银杏(*Ginkgo biloba*)、桂花(*Osmanthus fragrans*)、龙牙花(*Erythrina corallodendron*)和红枫(*Acer palmatum*)等。非对称栽植是指树种相同,大小、姿态、数量稍有

差异,距轴线距离大近小远的栽植方式。非对称栽植常用于自然式公园的入口、桥头、假山登山道和园区入口两侧等。

列植是指乔灌木按一定株行距成行、成排栽植的方式,包括单列、双列、多列等类型。该类型配置方式适用于道路、街道、构筑物周围等。通常,列植形成的景观具有整齐、单纯、具有气势的特点。列植树木要保持两侧对称,平面上株行距相等,立面上冠径、胸径、高矮大体一致。同时,列植宜选用树冠体形较整齐的树种,如圆形、卵圆形、倒卵形、椭圆形、塔形和圆柱形等;忌选枝叶稀疏、树冠不整形的树种。列植株行距取决于树种特点、苗木规格和园林用途等。通常,大乔木株行距一般为5~8 m,中小乔木为3~5 m,大灌木为2~3 m,小灌木为1~2 m。列植可选择的乔木为香樟、桂花、银杏、水杉等。列植可选择的灌木为红花檵木、八角金盘和金叶女贞等。绿篱可单行或双行种植,株行距一般为30~50 cm,可选用红叶石楠(*Photinia × fraseri*)、金心黄杨(*Euonymus japonicus*)、杜鹃(*Rhododendron simsii*)等分枝性强、耐修剪的抗性树种。

(3)混合式配置　混合式配置是指城市公园植物造景在一个单元采用规则式与自然式相结合的配置方式。混合式配置通常以某一种方式为主,而以另一种方式为辅,两种方式结合使用,因而要求因地制宜、融洽协调,注意过渡转化自然,强调整体相关性。

全园的植物组群类型及分布,应根据当地的气候状况、园外的环境特征、园内的立地条件,结合景观构想、功能要求和当地居民游赏习惯等确定。同时,植物组群应丰富类型,增加植物多样性,并具备生态稳定性。因此,植物配置应注重植物景观和空间的塑造,并应符合下列规定。

①植物组群的营造宜采用常绿树种与落叶树种搭配,速生树种与慢生树种相结合,以发挥良好的生态效益,形成优美的景观效果;

②孤植树、树丛或树群至少应有一处欣赏点,视距宜为观赏面宽度的1.5倍或高度的2倍;

③树林的林缘线观赏视距宜为林高的2倍以上;

④树林林缘与草地的交接地段,宜配植孤植树、树丛等;

⑤草坪的面积及轮廓形状,应考虑观赏角度和视距要求。

植物种类的选择应考虑栽植场地的特点,并符合下列规定。

①游憩场地及停车场不宜选用有浆果或分泌物坠地的植物;

②林下的植物应具有耐阴性,其根系不应影响主体乔木根系的生长;

③攀缘植物种类应根据墙体等附着物情况确定;

④树池种植宜选深根性植物;

⑤有雨水滞蓄净化功能的绿地,应根据雨水滞留时间,选择耐短期水淹的植物或者湿生、水生植物;

⑥滨水区应根据水流速度、水体深度、水体水质控制目标确定植物种类。

4)构筑物设计

(1)护栏　各种安全防护性(图7-19)、装饰性和示意性护栏不宜采用带有尖角、利刺等的构造形式。防护护栏高度不应低于1.05 m;设置在临空高度24 m及以上时,护栏高度不应低于1.10 m。护栏应从可踩踏面起计算高度。儿童专用活动场所的防护护栏必须采用防止儿童攀登的构造,当采用垂直杆件作栏杆时,其杆间净距不应大于0.11 m。球场、电力设施、猛兽类动物展区以及公园围墙等其他专用防范性护栏,应根据实际需要另行设计和制作。

图7-19　滨水区护栏示意图(干佳钰　绘)

(2)驳岸　公园内水体外缘宜建造生态驳岸。驳岸应根据公园总体设计中规定的平面线形、竖向控制点、水位和流速进行设计。

素土驳岸应符合下列规定:岸顶至水底坡度小于

45°时应采用植被覆盖;坡度大于45°时应有固土和防冲刷的技术措施;地表径流的排放口应采取工程措施防止径流冲刷。

人工砌筑或混凝土浇筑的驳岸应符合下列规定:季节性冻土地区的驳岸基础宜大于场地冻结深度,并考虑水体及驳岸外侧土体结冻后产生的冻胀对驳岸的影响;需要采取的管理措施应在设计文件中注明;消防车取水点处的驳岸设计应考虑消防车满载时产生的附加荷载;驳岸地基基础设计应符合现行国家标准《建筑地基基础设计规范》(GB 50007—2011)的有关规定。

(3)建筑物 建筑物的位置、规模、造型、材料、色彩及其使用功能,应符合公园总体设计的要求。建筑物应与地形地貌、山石、水体、植物等其他造园要素统一协调,有机融合。建筑设计应优化建筑形体和空间布局,促进天然采光、自然通风,合理优化维护结构保温、隔热等性能,降低建筑的供暖、空调和照明系统的负荷。在建筑设计的同时,应考虑对建筑物使用过程中产生的垃圾、废气、废水等废弃物的处理,防止污染和破坏环境。亭、廊、敞厅等的吊顶应采用防潮材料。建筑物供游人坐憩之处,不应采用粗糙饰面材料,也不应采用易刮伤肌肤和衣物的构造。游憩和服务建筑应设无障碍设施。无障碍设施应符合现行国家标准《无障碍设计规范》(GB 50763—2012)的规定。

(4)挡土墙 挡土墙的材料、形式应根据公园用地的实际情况经过结构设计确定,饰面材料及色彩应与环境协调。挡土墙墙后填料表面应设置排水良好的地表排水措施,墙体应设置排水孔,排水孔的直径不应小于50 mm,孔眼间距不宜大于3.0 m。挡土墙应设置变形缝,设置间距不应大于20 m;当墙身高度不一、墙后荷载变化较大或地基条件较差时,应采用较小的变形缝间距。挡土墙与建筑物、构筑物连接处应设置沉降缝。当挡土墙上方布置有水池等可能造成渗水的设施时,挡土墙的排水措施应加强。

(5)游戏健身设施 室内外各种游戏健身设施应坚固、耐用,并避免构造上的棱角。游戏健身设施的尺度应与使用人群的人体尺度相适应。幼儿和学龄儿童使用的游戏设施,应分别设置。儿童游憩设施的造型、色彩宜符合儿童的心理特点。室外游戏健身场所,宜设置休息座椅、洗手池及避雨、庇荫等设施。游乐设施应符合现行国家标准《大型游乐设施安全规范》(GB 8408—2018)的规定。

戏水池的设计应符合下列规定:戏水池及其他游人可亲水的水池不宜采用内防水,老旧水池修补堵漏时不应采用有毒、有害的防水和装饰材料;儿童戏水池最深处的水深不应超过0.35 m;池壁装饰材料应平整、光滑且不易脱落;池底应有防滑措施。

5)电气设计

(1)照明设计 公园照明应以功能照明为主,景观及装饰性照明应考虑对植物及周边环境的影响。灯具应选用高效率节能型产品,有条件的地区宜采用太阳能灯具。灯具的造型及安装位置应与景观相结合。公园照明宜采用分回路、分区域、分使用功能集中控制。公园照明应根据使用性质,设置不同的开灯模式,宜采用智能控制方式,并具备手动控制功能。

(2)安全防护与接地 公园配电系统接地形式应采用TT系统或TN-S系统。室外线路宜采用TT系统并采用剩余电流保护器作接地故障保护,动作电流不宜小于正常运行时最大泄漏电流的2.0~2.5倍,且不宜大于100 mA,动作时间不应大于0.3 s。戏水池和喷水池的安全防护应符合现行国家标准《低压电气装置 第7-702部分:特殊装置或场所的要求 游泳池和喷泉》(GB/T 16895.19—2017)的相关规定。戏水池和喷水池按其使用性质,水池旁用电设备应装设具有检修隔离功能的开关及控制按钮。建筑和配电设施的防雷装置应符合现行国家标准《建筑物防雷设计规范》(GB 50057—2010)的有关规定。树冠高于文物建筑的古树名木或树冠离建筑物距离小于2m的高大树木,应采取防雷措施。

(3)智能化系统 公园内宜设置通信系统、公共广播系统和安全防范系统。公共广播系统宜兼顾背景音乐系统;安全防范系统宜包括视频监控系统、周界防范系统、紧急求助报警系统。公园停车场宜设置停车场管理系统。

6)给排水设计

(1)给水 灌溉水源水质应符合下列规定:当以河湖、水库、池塘、雨水等天然水作为灌溉水源时,水质应符合现行国家标准《农田灌溉水质标准》(GB 5084—2005)的有关规定;利用再生水作为灌溉水源时,水质应符合现行国家标准《城市污水再生利用 绿地灌溉水质》(GB/T 25499—2010)的有关规定。

人工水体和喷泉水景水源宜优先采用天然河湖、雨水、再生水等,并应采取有效的水质控制措施。人工

水体和喷泉水景的水源水质应符合下列规定：人体非全身性接触的娱乐性景观用水水质，不应低于现行国家标准《地表水环境质量标准》(GB 3838—2002)中规定的Ⅲ类标准；人体非直接接触的观赏性景观用水水质，不应低于现行国家标准《地表水环境质量标准》(GB 3838—2002)中规定的Ⅳ类标准；高压人工造雾系统水源及出水水质，应符合现行国家标准《生活饮用水卫生标准》(GB 5749—2006)的要求；游人可接触的喷泉初次充水和使用过程中补充水水质应满足现行国家标准《生活饮用水卫生标准》(GB 5749—2006)的要求；采用再生水作为水源时，其水质应符合现行国家标准《城市污水再生利用　景观环境用水水质》(GB/T 18921—2019)的有关规定。

(2)排水　新建公园排水系统应采用雨污分流制排水。公园建设后，不应增加用地范围内现状雨水径流量和外排雨水总量，并应优先采用植被浅沟、下沉式绿地、雨水塘等地表生态设施，在充分渗透、滞蓄雨水的基础上，减少外排雨水量，实现方案确定的径流总量控制率。当公园用地外围有较大汇水汇入或穿越公园用地时，宜设计调蓄设施、超标径流排放通道，组织用地外围的地面雨水的调蓄和排除。

生活污水排放应符合下列规定：不应直接地表排放、排入河湖水体或渗入地下；生活污水经化粪池处理后排入城市污水系统，水质应符合现行国家标准《污水排入城镇下水道水质标准》(GB/T 31962—2015)的有关规定；当公园外围无市政管网时，应自建污水处理设施，并应达标排放。

7.4　道路附属绿地设计

城市道路是城市空间中不可或缺的部分，相当于城市构架中的"骨架"和"血管"。它既是构成城市整体风貌的基本框架，也为城市的发展提供物质和文化交换。同时，作为对外交流的主要载体，道路也是决定城市形象的首要因素，是外来人口感受城市风貌的重要窗口，从某种程度上来说，道路是城市历史文化延续变迁的载体和见证。

按照现代城市交通工具和交通流的特点，可将城市道路分为6类。

(1)高速干道　通常在特大城市、大城市内设置，为城市各大区之间远距离高速交通服务，距离在20～60 km，设计行车速度为80～120 km/h。

(2)快速干道　通常也在特大城市、大城市内设置，为城市各分区之间较远距离高速交通服务，距离在10～40 km，设计行车速度为70 km/h以上。

(3)交通干道　交通干道是大、中型城市道路系统的骨架，城市各用地分区之间的常规中速交通道路。其设计行车速度为40～60 km/h。

(4)区干道　区干道在工业区、仓库码头区、居住区、风景区以及市中心等分区内均有存在，为分区内部生活服务性道路，行车速度较低。因此，通常设计行车速度为25～40 km/h。

(5)支路　支路是小区街坊内道路，是工业小区、仓库码头区、居住区、街坊内部直接连接工厂、住宅群、公共建筑的道路，其通常设计行车速度为15～25 km/h。

(6)专用道路　专用道路是城市交通规划考虑特殊要求的道路，如公共汽车专用道路、自行车专用道路，常见于车流量复杂的商业区或生活区，也可见于与生活区相联系的步行林荫路，通常不做时速的设计限制。

城市道路绿地指的是与城市道路息息相关的绿地的总称，具体指的是道路两侧、中心环岛、立交桥四周、分车带绿地、基础绿带、林荫路、装饰性绿地等绿地的植物所组合创造的优美的街道景观。城市道路绿地是城市绿地系统的重要组成部分，在城市绿化覆盖率中占较大比例，是城市改善道路生态环境、缓解城市污染的重要支撑。从人居舒适度的角度上来说，植物能起遮阴避暑功能，能够改善局部的小气候，为人们出行提供清爽舒适的外部环境。同时，城市道路绿地还具有装点城市、美化街景的作用，通过植物材料的合理设计和运用，采用"变化和统一、平衡和协调、韵律和节奏"等配置原则进行配置后，能够使生硬的街道产生美的艺术、美的景观，既丰富了建筑物的轮廓线，又遮挡了有碍观瞻的景象。

随着城市建设理念的不断发展，城市道路绿地承担的功能也越发多样，目前来说，城市道路绿地还是海绵城市建设中的重要绿色线性基础设施承载体。城市道路径流雨水通过有组织的汇流与转输，经截污等预处理后引入道路绿地内，并通过设置在绿地内的以雨水渗透、储存、调节等为主要功能的低影响力开发设施进行处理。因此，在后期的道路绿化设计中，综合考虑城市排水、低影响力开发绿色基础设施的规划建设，结合道路绿化带和道路红线外绿地，规划下沉式绿地、生物滞留池、雨水花园等规划思路将成为道路绿地规划设计的前沿趋势。

7.4.1 设计原则

城市道路绿地是城市道路的重要组成部分，在城市绿化覆盖率中占较大比例。合理的道路绿地设计能有效提高交通效率，保障交通运输的畅通和安全，绿地的植物还能改善城市生态环境，改善局部的小气候，并起到装点城市、美化街景的作用。

（1）安全性道路绿地配置 道路的绿地设计以安全性作为第一前提，要求在道路转弯处的"视距三角形"内不得种植高大乔木，同时为保障行车视线，采用通透式配置，即在距相邻机动车道路面高度0.9～3.0 m范围内，其树冠不遮挡驾驶员视线的配置方式。

（2）确定道路绿地定额指标 道路绿地应尽可能提高道路的绿地率，一般情况，园林景观路绿地率不得小于40%；红线宽度大于50 m的道路绿地率不得小于30%；红线宽度在40～50 m的道路绿地率不得小于25%；红线宽度小于40 m的道路绿地率不得小于20%。

（3）合理布局道路绿地 种植乔木的分车绿带宽度不小于1.5 m；主干路上的分车绿带宽度不宜小于2.5 m；行道树绿带宽度不小于1.5 m。

（4）发挥绿地的防护及生态功能 规划时应考虑密林式、疏林式、地被式、群落式等栽植方式，力求做到丰富道路绿化林下空间，强化道路绿地的乔灌木合理搭配，改善道路及附近的地域小气候生态条件。

（5）体现道路景观特色 道路的景观及设计基调宜保持整体统一，同一道路的绿化应有统一的景观风格；植物的配置讲究空间层次的协调、色彩的搭配，注重植物的季相变化；多选用具有地方特色的乡土树种，体现具有地域特点的城市景观风貌。

7.4.2 行道树绿化设计

行道树绿化的主要功能除了满足该区域防尘降噪等生态功能和环境美化功能外，还能为行人提供萌蔽，对过往的车辆进行视线引导，因而对于城市道路而言，行道树绿化的重要性不言而喻。相对于自然环境，行道树的生存条件并非理想，其需要面临光照不足、通风不良、土壤条件差、水肥难以保证等的威胁，还需面对常年的汽车尾气侵袭、城市烟尘污染、地下管线对根系的影响，甚至可能遭受人为的有意无意的破坏。因此，

选择对环境适应性强、生长力旺盛，且能满足遮阴、美观、吸附力强等功能的树种就显得至关重要。

行道树的选择首先应该考虑其适应性，优先选择适合当地长期生长的乡土树种。乡土树种在当地长期生长，经历了较长时间的适应，能够有较强的耐受环境的能力，抗病、抗虫害能力强，成活率高，且苗木来源广泛，是行道树的首选。

行道树的选择应结合近期和远期进行综合性规划。考虑到造景的效果与周期，行道树需要根据实际情况选择速生树或缓生树品种，以减少树木衰老而带来的频繁更新工作和形成效果周期过长所带来的弊端；行道树树种的选择要相对统一，同一街区的行道树尽量要在种类、规格上保持一致，不同的街区可使用不同的行道树，但不宜混杂；行道树宜尽量选择深根树种，以免在遭受强风天气时倒垮，对行人和车辆构成威胁，同时，应选择萌蘖力较强的树种，以适应道路功能性的修复和修剪；为避免破坏路面及影响行人步行和视线，行道树尽量不选择根系过于发达、分枝点低的树种。

行道树要选择无毒、无刺、无飘絮，不易引发过敏症状的树种，避免选择有异味、花叶落果有污染、招惹虫害、落果会砸伤行人和污染衣物等的树种。

考虑到道路的整体美观，行道树宜选择树干挺直、树枝端正、形态优美、冠大萌浓的树种。常绿树和落叶树种均可，落叶树以春季萌芽早、秋天落叶迟、叶色具有明显的季相变化者为佳，且出于环卫考虑，宜选择落叶期相对集中的树种。若选择有花果的树种，宜选择花色亮丽、果实美观且不对行人造成影响的树种。

行道树的种植形式可分为树池式和种植带式。通常来说，人行道绿化宽度在2.5～3 m时，考虑步行要求，原则上不设置连续的长条带状绿地，而以树池式种植为主，树池形状一般为正方形，其边长不应小于1.5 m，长方形树池短边不宜小于1.2 m；若人行道宽度在3.5～5 m时，通常会在人行道与车行道上设置不小于1.5 m宽的带状种植池；5 m以上的宽度则可考虑交错种植两行乔木。

行道树的栽植还需要考虑到车辆通行时的净空高度要求，通常定干高度不宜低于3.5 m，非机动车和人行道之间的行道树考虑到行人的来往通行需要，定干高度不宜低于2.5 m；行道树株距设计应根据树种壮年期冠幅来确定，最小株距为4 m，速生树一般为5～6 m，慢生树一般为6～8 m。

7.4.3 分车绿带绿化设计

分车绿带主要功能是将机动车与机动车之间，机动车与非机动车之间通过绿化带形式分隔，以确保不同方向、不同车速、不同车流的车辆能安全行驶。

分车绿带通常两端采用圆角设计方式，两端头的植物应该采用通透式配置，以确保不遮挡行人和驾驶员的视线。分车绿带的长度一般随道路的长度而定，为保证行人正常通行，通常设置开口距离为 70～100 m，但在某些特殊地段，如大型人流集散广场、超市、学校等，可适当把开口距离设置更短，以道路斑马线作为开口设置的依据。

分车绿带是基于城市道路断面而言。我国现有的城市道路多采用一块板、两板块、三块板和四块板等形

式。其中，"板"指城市道路，与板对应的是"带"，一块板对应的"一板两带式"断面形式即"一条道路两行树"的断面布局。因此，与道路"板"相对应的绿带形式就有一板两带式、两板三带式、三板四带式、四板五带式和其他形式。

（1）一板两带式　一板两带式是道路绿地中最常用的一种形式（图 7-20）。在车行道两侧人行道分割线上种植行道树。特点是简单整齐，经济适用。但车行道过宽时行道树的遮阴效果不佳，不利于机动车辆与非机动车辆混合行驶时的交通管理。

（2）两板三带式　两板三带式是指在道路中有明显的中间分车绿带，把道路一分为二，能够对来往的车辆进行分隔，从而降低会车的安全隐患，通常适用于城市次干道（图 7-21）。

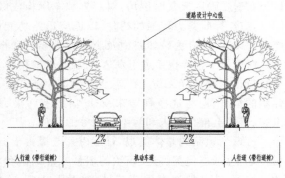

图 7-20　一板两带式剖面

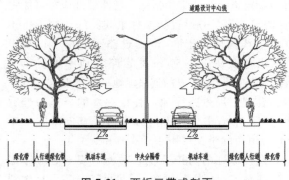

图 7-21　两板三带式剖面

（3）三板四带式　三板四带式是指具有两条两侧分车带，分别分布在道路的左右两侧，其中间为机动车道，两侧为非机动车道，连同车道两侧的行道树共有四条绿带（图 7-22）。该布局形式能够把机动车和非机动车进行分流，以更为高效和安全的方式组织交通。该断面形式虽然占地面积较大，却是城市道路绿地中较为理想的形式，因其绿化量大、夏季庇荫效果较好、组织交通方便、安

全可靠，解决了高、中型车辆混合互相干扰的矛盾。

（4）四板五带式　四板五带式是指三条分隔带将车行道分成四条，规划五条绿化带，除有中间分车带外，还同时兼具两侧分车带，能够同时保证会车分隔和机动车与非机动车分流，确保各种车辆上行、下行互不干扰（图 7-23）。此类断面形式的占地面积是上述几种形式中最大的。

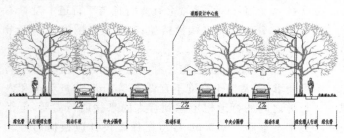

图 7-22　三板四带式剖面

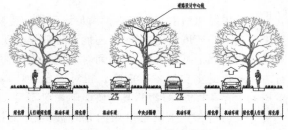

图 7-23　四板五带式剖面

（5）其他形式　根据道路所处位置的地形、外部环境等条件，可因地制宜设置相应绿带，如山坡、水道等绿道设计。

在分车带的设计上，出于安全行车的考虑，在接近交叉口及人行横道处必须留出足够的安全视野，称之为"视距三角形"（图7-24）。在保证两条相交道路上的直行车辆都有安全停车距离的情况下，还必须保证驾驶人员的视线不受遮挡，以确保行车安全，因此在这个三角区域内设计师通常只配置低矮的灌木和草本，而不配置高大的乔木。如道路的转角路口设计，主要以低矮的灌木、草花、草坪进行组合搭配，既能体现植物的色彩变化和植物种植的层次性，增添景色，又不妨碍视线，从而达到结构和功能的完美统一。

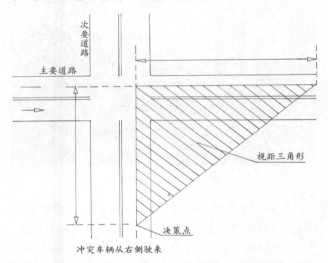

图7-24　"视距三角形"示意图（王涛 改绘）

分车绿带根据道路的形式，一般可分为中间分车绿带和两侧分车绿带。

（1）中间分车绿带　位于道路中心，用于机动车与机动车的对向行驶分隔。中间分车绿带的设计中，植物配置应采用简洁的形式，要求树形整齐，乔灌结合。中间分车绿带通常设计高度在0.6～1.5 m的灌木，用来阻挡相向行驶车辆的夜间眩光，配置的植物应选择常年枝叶茂密的类型，且株距不得小于冠幅的5倍。由于实际情况不同，在分车绿带绿化中，分车绿带的宽度差别比较大，窄的只有1 m，宽的可以达到10 m左右，主干道分车绿带的植物设计也会随着分车绿带的宽度产生变化。

通常两侧分车绿带的宽度会相对较窄，而中间分车绿带则根据道路布局形式而宽度变化较大。中间分车绿带较窄的时候（图7-25），一般以低矮的灌木及草坪片植的形式为主，可适当用球形的灌木进行搭配组合以体现层次和植物冠线的变化，力求整体风格干净整洁。当分车绿带宽度在1.5 m以上，才可考虑配置乔木。

随着分车绿带宽度的增加，植物景观形式趋于多样。当宽度达到4～6 m的时候，则可以自然式的形式布局，在这里的设计可充分考虑植物在时间和空间的变化，利用植物的不同姿态、线条、色彩、质地等特点，将常绿、落叶的乔木、灌木、草进行合理搭配，以达到四季有景且富有变化的景象（图7-26）。把树木的外形和颜色配置成富于变化的景观，可以缓解司机行车中的视觉疲劳和单调枯燥的情绪。因此，在植物选择时，应该考虑植物的高低、品种和造型的多变，具有连续性、动态性和韵律感的设计仍然是目前阶段的首选。

图7-25　中间分车绿带（较窄）

图7-26　中间分车绿带（较宽）

（2）两侧分车绿带　两侧分车绿带位于道路两侧，是用于分隔同向行驶中机动车与非机动车的绿化带（图7-27）。两侧分车绿带相对中间分车绿带而言宽度通常较窄，以1.5 m居多（图7-28）。当两侧分车绿带宽度在1.5 m以下时，只考虑灌木和地被的搭配；当宽度在1.5 m以上时，则可考虑乔木配置，乔木通常选择分支点较高、树形优美的树种，一般不使用丛枝型乔木和大型灌木。在满足分车绿带宽度大于1.5 m的前提下，可改变以往生硬的直排式行道树的种植手法，代之以高低错落、疏密合理的乔、灌、草群落式种植，植物品种的选择要避免单一，将常绿、落叶的乔、灌、草进行合理搭配，或环植、或丛植，在重点的视线交汇处和转角节点配以石景和小品，搭配点缀四季草花，就能够快速形成城市道路景观的亮点和特色。

图7-27　两侧分车绿带

图7-28　宽度较窄的两侧分车带

7.4.4　交通岛绿化设计

1）中心绿岛

中心绿岛俗称"转盘"，通常设计在道路交叉口处，起回车及约束车道、限制车速和装饰街道的作用，用于组织环形交通，规定驶入车辆绕岛做单向行驶，对交通进行有序疏导以解决复杂的交通问题（图7-29）。中心绿岛的半径必须保证车辆能按一定速度以交织方式行驶，目前我国大中型城市所采用的圆形中心绿岛的直径一般为40 m，一般城镇的中心绿岛的直径不小于20 m。

图7-29　中心绿岛绿地

中心绿岛的景观设计，应以不影响整体交通作为前提。此外，作为车辆交通的汇集点和视线的集中点，也作为市区内文明与文化的展示点，中心绿岛还需注重体现地方文化特色和绿化设计造型，充分体现环境的整体美观性和设计的艺术性。

在中心绿岛设计中，首先要考虑安全问题。为避免会车车辆的视线受阻，植物配置中应尽量不密植或种植大型乔木，且不设置影响视线的大型建筑或雕塑，配置以灌木和草本为主，风格力求简单、明快、通透。中心绿岛若非特殊需求，一般不做园路设计，不考虑游人进入，也避免规划设计娱乐休闲设施。设计时需要根据全路段的整体规划，判断该位置的重要性，并结合地形特点，合理配置绿化植物，可充分利用地形，根据植物的形状、色彩、高度等打造高低错落、层次分明的植物组合，以造型花坛（图7-30）、模纹艺术等形式展示植物景观，也可适当配置造型绿化，丰富绿化形式，体现整体设计的艺术性。

图 7-30　中心绿岛立体花坛

对于道路重点路段,可考虑设置大型通透类雕塑、灯柱、花坛、纪念性构筑等,作为展现城市风貌和文化的重要窗口,凸显其地理标志性和环境的整体美观性。

2)导向岛

导向岛用于指引行车方向,约束车道,使车辆减速转绕,保障行车安全(图 7-31、图 7-32)。其绿化布置常以草坪、花卉为主。如用来强调主要车道,可适当采用圆锥形常绿树用于加强引导,同时在次要道路的角端,可选用圆形树冠树种以示区别。

3)立体交通绿化

立体交通绿化是指在立体交叉桥中成岛状分布及桥周边分布的绿地的总称(图 7-33)。其桥面及四周的绿化布置首先要服从立体交叉桥的交通功能,保证安全视距,同时在交叉桥上行或下行路口栽植成行的乔木以引导驾驶视线。此外,在桥面上可通过悬挂花钵

图 7-32　交通导向岛及设施

图 7-33　立体交叉桥绿地

和花盆的形式来增加观赏植物,在桥面和桥底可设置耐阴的绿化藤本植物和灌木进行绿量补充,起到软化建筑、增加整体自然度和美观度的作用。

立体交通绿岛是立体交通互通式立体交叉干道与匝道围合的绿化用地,通常绿地面积较大,一般宜布置成开阔的草坪,草坪上配置具有一定观赏价值的花灌木或常绿乔灌木,也根据光照面积搭配宿根花卉,构成舒朗而壮观的图景(图 7-34)。立体交通绿岛中不宜布置过高的绿篱和密植大量乔木,以免造成局部环境阴郁。如果绿岛面积足够大,在不影响交通安全的前提下,可按街心花园的形式进行布置,设置园路、亭子、水池、雕塑、花坛、座椅等休闲设置,也可以适当布置小型场地(如小型广场等)。

图 7-31　交通导向岛

图 7-34　立体交通绿岛

7.5　居住绿地设计

7.5.1　基本概念

1. 居住区

居住区是城市规划用地的重要组成部分,约占城市总用地面积的 50%。《城市居住区规划设计标准》

(GB 50180—2018)中对"城市居住区"的定义如下:城市中住宅建筑相对集中布局的地区,简称居住区。

城市居住区按照居民在合理的步行距离内满足基本生活需求的原则,可分为十五分钟生活圈居住区(15-min pedestrian-scale neighborhood)、十分钟生活圈居住区(10-min pedestrian-scale neighborhood)和五分钟生活圈居住区(5-min pedestrian-scale neighborhood)及居住街坊(neighborhood block)四级,其分级控制规模应符合表 7-13 的规定。

(1)十五分钟生活圈居住区　以居民步行十五分钟可满足其物质与生活文化需求为原则划分的居住区范围。一般由城市干路或用地边界线所围合,居住人口规模为 50 000～100 000 人(约 17 000～32 000 套住宅),配套设施完善。

(2)十分钟生活圈居住区　以居民步行十分钟可满足其基本物质与生活文化需求为原则划分的居住区范围。一般由城市干路、支路或用地边界线所围合,居住人口规模为 15 000～25 000 人(约 5 000～8 000 套住宅),配套设施齐全。

表 7-13　居住区分级控制规模

距离与规模	十五分钟生活圈居住区	十分钟生活圈居住区	五分钟生活圈居住区	居住街坊
步行距离/m	800～1 000	500	300	—
居住人口/人	50 000～100 000	15 000～25 000	5 000～12 000	1 000～3 000
住宅数量/套	17 000～32 000	5 000～8 000	1 500～4 000	300～1 000

注:引自《城市居住区规划设计标准》(GB 50180—2018)。

(3)五分钟生活圈居住区　以居民步行五分钟可满足其基本生活需求为原则划分的居住区范围。一般由支路及以上级城市道路或用地边界线所围合,居住人口规模为 5 000～12 000 人(约 1 500～4 000 套住宅),配建社区服务设施。

(4)居住街坊　由支路等城市道路或用地边界线围合的住宅用地,是住宅建筑组合形成的居住基本单元。居住人口规模在 1 000～3 000 人(约 300～1 000 套住宅,用地面积 2～4 hm²),并配建有便民服务设施。

居住区用地由住宅用地、配套设施用地、公共绿地以及城市道路用地四项用地组成。

(1)住宅用地　住宅建筑基底占地及其四周合理间距内的有用地(含宅间绿地和宅间小路等)的总称(图 7-35)。

(2)配套设施用地　是与居住人口规模相对应配

图 7-35　住宅绿地景观(李飚　绘)

建的、为居民服务和使用的各类设施的用地,应包括建筑基底占地及其所属庭院、绿地和配建停车场等。

（3）城市道路用地 居住区道路、园路及非公建配建的居民小汽车、单位通勤车等停放场地。

（4）公共绿地 是为居住区配套建设、可供居民游憩或开展体育活动的公园绿地。公共绿地应满足规定的日照要求，适合于安排游憩活动设施，能够供居民共享。新建各级生活圈居住区应配套规划建设公共绿地，并应集中设置具有一定规模，且能开展休闲、体育活动的居住区公园。根据《城市居住区规划设计标准》（GB 50180—2018），公共绿地控制指标应符合表 7-14 的规定。

表 7-14 公共绿地控制指标

类别	人均公共绿地面积/（m²/人）	居住区公园		备注
		最小规模/hm²	最大规模/hm²	
十五分钟生活圈居住区	2.0	5.0	80.0	不含十分钟生活圈及以下级居住区的公共绿地指标
十分钟生活圈居住区	1.0	1.0	50.0	不含五分钟生活圈及以下级居住区的公共绿地指标
五分钟生活圈居住区	1.0	0.4	30.0	不含居住街坊的公共绿地指标

注：居住区公园中应设置 10%～15% 的体育活动场地。

2. 居住绿地

居住绿地是居住环境的主要组成部分，也是决定居住区外部环境好坏的关键，一般指的是在居住区范围内，除住宅用地、配套设施用地和城市道路用地以外的，可用于布置绿化和园林建筑小品设施、承担居民观光和游憩活动的用地（图 7-36）。居住绿地在城市绿地系统中占比较大，是改善城市生态环境的重要环节。因为其与使用人群联系紧密，所以对居民生活影响较大。因此，现阶段的城市绿地规划把居住绿地景观质量作为衡量居住环境质量的一项重要指标。在此背景下，大力发展居住区绿化，提高居住区绿化整体水平是提高人们生活水平、改善居住区人居环境及促进人们身心健康发展的重要举措。

居住绿地规划与设计在充分考虑居住绿地的功能和人性化设计的前提下，需注重绿地与周边环境之间的互相影响，既要组织风格统一协调且丰富多样的绿化空间，还要考虑将美化内容与居民的日常生活紧密结合，以求营造良好的居住生态环境和人文氛围。

在绿色建筑理念影响下，居住区绿化逐渐发展，已不局限于绿地，而是向建筑物立体拓展，结合绿色建筑设计，突破建筑物对绿化的空间界限，将绿化结合到建筑物的形体上，并逐步向建筑内部渗透。比如，能够为居住提供绿色休闲场所、景观游憩空间，能够丰富建筑绿化结构的屋顶花园，已得到广泛认同。与此同时，生态阳台的绿化，高层住宅建筑的架空层、构架、挑台绿化也进一步丰富了多样的立体绿化景观。

随着生态理念、低碳理念、海绵城市设计、节约型

图 7-36 居住绿地

园林等先进理念的不断发展，关于建设持续性生态居住区的思路已深入人心。新型节能材料的运用、低影响设计和开发（low impact design or development），通过使用绿色屋顶、透水铺装、蓄水存储、雨水花园等方式，来吸收并过滤水中的污染，净化水源；利用海绵城市设计进行雨洪管理，实现雨洪控制利用，提升居住区景观整体性。上述措施通过减少城市热岛效应，达到城市美观效果。与此同时，在居住区绿地的设计中，多学科的错综渗透、科学和创造力的融合，也对居住区绿化的设计者提出了更高的要求。

3. 居住绿地功能

1）使用功能

居住绿地能够在较大程度上丰富人们的生活，满足居民的日常休闲娱乐，为各年龄段人群提供运动、游戏、散步、休憩、观赏、社交等活动空间。

2）生态功能

居住绿地能够降低夏季气温、增加空气氧气含量、净化空气、增加空气湿度、防风降噪、吸收有毒气体等，从而改善居住区的小气候，营造舒适健康的生活环境。

3）美化环境功能

居住绿地通过园林建筑小品、园路、植物、水体的相互搭配，从空间、色彩、质地、季相等方面构建一个符合居民审美的家园空间，满足人们对于美好环境的追求。

4）防灾避险功能

居住绿地能够为火灾和地震等灾害提供临时的疏散场地。

7.5.2 设计原则

不同于一般的公共绿地，居住绿地特点鲜明，主要体现在以下几方面：绿地分块特征突出，整体性不强；分块绿地面积不大，设计的创造性难度较大；建筑北面会产生大量阴影区域，影响植物的生长。因此，居住绿地设计需要考虑建筑的布局形式、朝向、结构和色彩，力求与建筑周边环境协调。同时，作为与居民生活联系最为紧密的场所，居住绿地需根据居民的需求而设计，而这种需求除了物质方面的，还有精神方面的。从前，人类的居住环境是以宅旁农田蔬果为主，以绿植花卉为辅，以山石点缀为景，而随着现代都市生活的影响，如今居住绿地居民的主要需求是生态、休息、游憩、景观、健身、交流等。因此，研究居住区内居民的生活习惯、当地的民俗风情、居民日常活动类型及其行为空间是居住绿地设计的重要依据。

1.合理布局，创造整体环境

居住绿地通常被建筑和道路分隔，常为建筑的布局所主导，易形成块状绿地而导致缺乏整体性。但风景园林设计是一种强调环境整体效果的艺术，一个完整的环境设计不仅可以充分体现环境构成要素的性质，还可以形成统一而完美的整体效果。因此，居住绿地除了要注重整体风格的把控外，还需要在各区块中实现景观要素和整体间的联系，具体可通过铺装的色彩及材质、铺装的形式和要素、植物种植的类型和方式、景观素材韵律、实体空间的延续、竖向空间的整体界定、园林小品的设计风格等方面来实现。

同时，居住绿地设计要根据建筑周边道路、管线、管网等布置布局，在满足市政设施对区域的基本要求

外，还需要避免破坏管线，合理组织建筑外部环境空间，注重植物的种植规范，做到不影响居住区的交通视线以及不影响建筑物的日照、采光、通风和视线等方面的要求。

2.因地制宜，充分利用现状

居住绿地设计尽量不对地形进行大修大改，不破坏良好的原始资源，对现状的各种条件加以充分利用，如地貌、水体、构筑物等，以节约用地和投资。对居住区原有的良好植被予以保留利用，尤其注重古树名木的保护。同时，居住绿地设计要充分体现环境的自然生态属性，贯彻人与自然和谐的原则。

3.功能为主，考虑居民需求

居住区是居民安身的场所，其绿地设计应充分考虑到人的行为习惯和心理需求。在充分了解居民的生活行为规律和心理特征的基础上，居住绿地应为人们各项日常生活及休闲活动提供相应的场所，满足不同年龄段居民的使用。

4.注重内涵，突出地域文化

文化是人类历史的沉淀，存留于建筑间，融汇于生活，对城市营造和居民的行为起着潜移默化的影响，是城市和建筑的灵魂。因此，居住绿地设计需注重文化的融入，突出地域特色，并根据这些特点挖掘生活中的素材，赋予其深层次的内涵，强调景观的可识别性。

5.植物为重，创造多层空间

居住绿地常以植物造景为主要方式，要充分利用植物进行空间组织，以生态绿色为宗旨，改善居住区的外部生态环境，创造宜人的居住区小气候。在具体设计中，可采用"拆墙透绿""见缝插绿""沿墙挂绿"等形式，增加小区整体绿量，同时注重发展屋顶绿化、阳台绿化和垂直绿化；按照适地适树的原则进行植物设计，强调植物分布的地域性和地方特色。

7.5.3 居住绿地设计

1.居住绿地分类

居住绿地是指居住用地范围内除社区公园以外的绿地，包括组团绿地、宅旁绿地、配套公建绿地、小区道路绿地等，还包括满足当地植物覆土要求、方便居民出入的地下或半地下建筑的屋顶绿化、车库顶板上的绿地。

（1）组团绿地　是指居住区集中设置的绿地，通常直接联系住宅。

（2）配套公建绿地　是指居住区及居住小区中的医院、学校、图书馆、托幼机构及其他公共建筑和公共设施用地范围内的服务绿地。

（3）宅旁绿地　是指住宅四周或院落中私有、半私有空间中的绿地。在绿化配植中应注重体现院落的特色，强调院落的可识别性。

（4）居住区道路绿地　是指居住区或居住小区内部各级道路两旁的绿地及行道树，在布置上应满足环境美学及行车安全的要求。

（5）居住区垂直绿化　是指在居住区内，设置在具有一定垂直高度的立面或特定的隔离设施上，以植物材料为主题营造的一种绿地形式。

2. 居住绿地设计定额指标

居住绿地的定额指标是指居住区中每个居民所占的园林绿地面积，用以反映居住绿地数量的多少和质量的好坏，以及城市居民环境和生活水平，也是评价城市环境质量的标准和城市居民精神文明的标志之一。

根据《居住绿地设计标准》（CJJ/T 294—2019）规定，绿地率要求新区不低于30%，旧区改建不低于25%。新建居住绿地内的绿色植物种植面积占陆地总面积的比例不应低于70%；改建提升的居住绿地内的绿色植物种植面积占陆地总面积的比例不应低于原指标。水体面积所占比例不宜大于35%，居住绿地内的各类建（构）筑物占地面积之和不得大于陆地总面积的2%。同时，根据《城市居住区规划设计标准》（GB 50180—2018），居住街坊内集中绿地的规划建设中，新区建设不应低于0.5 m²/人，旧区改建不应低于0.35 m²/人；绿地的宽度不应小于8 m，在标准的建筑日照阴影线范围之外的绿地面积不应少于1/3，其中应设置老年人、儿童活动场地。

3. 居住绿地设计要点

（1）居住区外围绿地　居住区外围设置区域性绿地，既能成为居民游憩观光的场所，同时也能形成绿色隔离带，对居住区整体环境进行美化。居住区外围绿地应充分考虑周围的环境，部分居住区临近城市主干道，受到噪声、粉尘等影响较大，因此在绿地的规划与设计中，应注意防护林的设置，一般选择冠大干高的落叶树、常绿树及花灌木相互搭配，行数设置3行以上为佳，增加整体降噪、减尘及安全防护作用。在用地充足的前提下，应尽量考虑在防护林带内设置小型休息场地，以使小区的外围环境更为人性化和美观化，使居住区建筑远离城市干道。

2016年2月21日，我国颁发的《中共中央国务院关于进一步加强城市规划建设管理工作的若干意见》提出："加强街区的规划和建设，分梯级明确新建街区面积，推动发展开放便捷、尺度适宜、配套完善、邻里和谐的生活街区。新建住宅要推广街区制，原则上不再建设封闭住宅小区。已建成的住宅小区和单位大院要逐步打开，实现内部道路公共化，解决交通路网布局问题，促进土地节约利用。"在这种推广街区制的背景下，居住区外围绿地设计的前景更为广阔，居住区外围绿地未来可能成为街区和居住区的重点衔接绿化区域，既是小区的门户装点，也是居民晨练和散步的重要休闲场所。

（2）公共绿地　有一定绿化面积的居住区通常都有相对集中的公共中心区域，为该区域的居民提供商业、文化、娱乐等服务，形成居住区居民的共享空间，成为居民购物、观赏、游乐、休憩、健身的场所。居住区公共绿地根据面积和内容，可分为居住区公园、居住小区公园和组团绿地3级，各级绿地的设置内容和规模参考表7-15。

①居住区公园。通常是为整个居住区居民服务的居住区公共绿地，其在用地性质上属于城市绿地系统中的公园绿地部分，在用地规模、布局形式和景观构成上，与城市公园无明显的区别，因此在设计中可参考本

表7-15　居住区公共绿地的设置内容和规模

公共绿地名称	设置内容	要求	最小规格/hm²
居住区公园	草坪、花坛、水体、凉亭雕塑、小卖部、茶座、老幼设施、停车场地和铺装场地等	园内布局应有明确的功能区划	1.0
居住小区公园	草坪、花坛、水体、雕塑、儿童设施和铺装场地等	园内布局应有一的功能区划	0.4
组团绿地	草坪、桌椅、简易儿童设施等	灵活布局	0.04

书后面城市公园设计部分。由于居住区公园相对城市综合性公园而言，更为贴近居民的生活，因此用地更为紧凑，游览路线的景观变化节奏比较快，同时需要更加注重居民的休息场地设计，对体育锻炼、儿童游戏和人际交往空间的设计需求相对更大。

②居住小区公园。面积小的居住小区公园也可称为居住区小游园。有的居住小区公园布置在居住小区临近城市主要街道的一侧，这种临街的居住小区公园绿地对美化街景起重要作用，又方便居民、行人进入休息，能够使居住区建筑与城市街道形成良好的过渡，减少城市街道对居住区的不利影响。

在居住小区公园的设计中，公园内部布局形式宜灵活多样，须协调好公园与周边环境间的相互关系，在美化环境的基础上，尽量满足居民日常生活对铺装场地的要求，设计中可适当增设树荫式的活动广场。另外，作为居民重要活动场所，居住小区公园可适当布置园林建筑小品，丰富绿地景观，增加游憩趣味，但是小品和建筑的体量应与居住小区公园的尺度相匹配，风格应与居住区建筑风格相协调。由于相对体量较小，居住小区公园可不设置明确的功能分区，但设计通常需要考虑游憩健身活动场地、结合养护管理用房的公共建筑、儿童游戏场地及其简单设置，并布置花坛、花架、亭、廊、榭等园林小品及铺装、园凳、景墙、宣传栏等。

居住小区公园的总体布局分为自然式、规则式和混合式三种。通常，对于规模较小的居住小区公园，采用规则式布局手法，能够营造干净、整洁、明快的环境氛围；对于规模较大的居住小区公园，则更多采用自然式或混合式的布局手法，以求营造丰富多变、富有意境的游憩环境。

③组团绿地。组团绿地是直接联系住宅的公园绿地，结合居住区建筑组团布置，服务半径相对较小，使用效率高，为组团内老人和儿童提供户外活动的场所。一般组团绿地面积在 400 m² 以上，服务居民 2 000 人以上。

组团绿地的服务对象相对稳定，作为住宅室内空间向室外延伸的实用型绿地，其多为建筑所包围的环境空间，因此，在设计时首先应满足邻里交往及居民户外活动的需求，各类园林小品、活动设施、植物、水池、铺地等构成了主要景观要素，同时还需注意赏景视线的组织、环境空间形态的塑造及社区文化氛围的营造。

组团绿地设计中，空间的组织应大中有小，特别要注意小尺度空间的运用及处理，合理设置小景，如采用一树一景，一石一景，一水一景，采用"小中见大"的造景手法，协调空间关系。在空间分隔时，要综合利用景观素材的组合分割空间，如水面空间的分隔，可设小桥、汀步，并配以植物等划分水面的大小，形成高低错落、层次分明、意境丰富的水上观赏活动；提倡软质空间"模糊"绿地与建筑边界的造景手法，扩大组成绿地空间，加强空间的层次感和延续性。

绿地空间可通过植物的适当配置营造出不同格局、或闭或开的多个空间，如用树木高矮、树冠疏密、配置方式等的多种变化来限制、阻挡和引导视线，使景观显隐得当。同时可结合当地的地方文化，打造具有文化特有属性的组团院落文化，如主打龟鹤文化的鹤城怀化居住区，能够映衬老年人居住区的龟鹤"长寿"意向，凸显鹤城怀化的地域文化特色。

组团绿地通常以静态景观为主，因此设计中静态空间的组织尤为重要。通过设计，有意识地安排不同透景形式、不同视距及不同视角的赏景效果，园林中的绿化设施和建筑，如亭子、廊架、水树等，都须讲究对位景观的观赏性。对于观赏面积较大的组团绿地，则需要注意空间和景色的变化性，同时注重变化的节奏，以求达到步移景异的景观效果。园路可设置得曲折迂回，增加景观空间的深度感。

（3）宅旁绿地　宅旁绿地是住宅内部空间的延续和补充，其功能性相对于中心绿地较少，但却与居民的日常生活联系更为紧密。结合绿地，可开展家务活动、儿童宅旁嬉戏、品茗弈棋、邻里联谊交往、衣服晾晒等从室内向户外铺展的活动，具有浓厚的生活气息，能够一定程度地缓解现代住宅单元的封闭隔离感，以家庭为单位的私密性和以宅间绿地为纽带的社会交往活动都能得到满足和统一协调。

宅旁绿地的设计应结合住宅的类型及平面特点、建筑组合形式、宅前道路等因素，创造宅旁的庭院绿地景观，区分公共与私人绿地空间；应体现住宅标准化与环境多样化的统一，根据居民的爱好及景观变化的要求进行配置，创造具有居民认同感和归属感的绿地。

宅旁绿地植物的配置首先要保障建筑低层住户的

采光及通风,因此在靠近住宅区的部分不宜密植大型乔木,植物景观的营造宜以协调、整洁为佳,可结合用户的窗台和阳台绿化进行延伸设计,保持环境的整体协调,也可选择垂直绿化,如木架、悬挂、设槽等形式丰富立体的空间绿化形式,既能增加小区整理绿量,又能美化环境,改善局部小气候。

(4)配套公建绿地　配套公建绿地是指在居住区或居住小区内的公共建筑及公用设施用地内的专用绿地,一般由单位使用、管理并各按其功能需要进行布置,主要包括学校、托幼机构、社区中心、商场、出入口周边等绿地。这类绿地对改善居住区小气候、美化环境及丰富生活内容等方面也发挥着积极的作用,是居住绿地中的重要组成部分。

在主入口和中心地带等开放空间系统的重要部位,往往布局具有标志性的喷泉或设有环境艺术小品的景观集散广场。景观集散广场、商场建筑周围和社区中心的绿地,要发挥其在组织开放空间环境方面的作用,绿化布置应具有较突出的装饰美化效果,以体现现代居住区的环境风貌。缀花草坪、模纹花坛、装饰花钵的组合运用能够较大程度地丰富区域内视觉效果。公共设施绿地内部的植物布置通常宜简洁明快,多为规则式,植物材料以草坪、常绿灌木带和树形优美的乔木为主。

居住区内的学校、托幼机构及社区中心、商场周围如有充足的绿地,其绿化应以常绿乔木为主,通过绿化划分居住区的不同功能区域,减少相互干扰,同时增强绿地的生态功能。居住区内的小区公园、组团绿地等公园绿地与社区中心、商场、集散广场结合布局时,两者在空间上一般应相互分隔,使绿地作为功能中心的优美背景,但两者之间又应有便捷的交通相联系。

(5)居住区道路绿地　居住区道路是居住区的整体骨架,其绿化除了有利于行人的遮阴、保护路基,还能美化小区整体环境,增加绿化覆盖率,发挥绿化生态效果。根据居住区的规模和功能,通常可将居住区道路分为四级,道路绿化应根据分级的不同情况进行合理设计。

①一级道路。通常是指居住区内的主要道路,是联系居住区内外的主要通道,一般考虑通车,因此,在绿化设计中,其行道树配置要尽量选择冠大荫浓的树种,方便行人的遮阴,同时,树的净高要满足不影响车辆通行和视线要求。此外,道路的交叉路口不宜设置高大的乔木和建筑或小品,以免影响行车视线。

②二级道路。通常是指居住区的次要道路,是联系居住区中区与区之间的道路。次要道路绿化设计需考虑预留消防车通道、交通视线和遮阴方面的因素,在建筑与道路间距较近的时候,还需考虑设计植物的密度和增加植物的层次,以达到减噪防尘的功能。

③三级道路。通常是指联系居住区内部住宅组团之间的道路,一般考虑通行非机动车和人行为主,其绿化布置与建筑的关系较为紧密,可作为配景对建筑进行软化和美化,丰富建筑的外观环境。道路还需满足救护、消防、货运、垃圾清除搬运等车辆的行驶功能要求,且在贴近住宅的区域,需考虑保留建筑通风和采光的需求。

④四级道路。通常是指住宅小路,是联系各住户或居住单元的小路,也包括小区内部绿化区域的园路和游步道等,主要供人行走。绿化设计时,宜从造景的角度出发,以适当的曲折设计来营造行人步移景异之感。小路的形式可根据景观的形式进行多样化设置,如采用汀步、木栈道、木屑路等。

7.6　城市广场用地设计

7.6.1　基本概念

广场作为城市整体空间的重要组成部分,起源于古代欧洲,最早可以追溯到古希腊,具有悠久的发展历史。起初的广场源于庆典与祭祀活动需求,其布局自由,形式开敞,往往是由各种建筑物围合或限定而成的空地或开阔的街道来作为人们进行祭祀、宗教等活动的"广"而"空"的场地,负担起宗教中心的功能。而后,广场逐渐演变为城市中心,居民在此聚会、交流、参政和交易商品等,呈现出功能多样化的趋势。

公元前 3 世纪,古希腊就出现了称为"Agora"的中心广场。其中,著名的有希腊化时代阿索斯城的中心广场——阿索斯广场(Assos)。Agora 字面意思是"聚集地"或"集会",不仅作为居民开展社会活动的公共场所,还是一个自由贸易市场,同时也是法庭、议事厅及政府机构的所在地,是希腊城邦开展政治、经济和社会

活动的核心区域。如今,随着经济社会的发展,城市建设步伐加快,城市广场不仅是进行公众活动、交流和休憩的场所,更是一个城市的象征,是历史文化的融合。

《中国大百科全书》将广场定义为:城市中由建筑、道路或绿化地带围绕而成的开敞空间,是城市公众社会生活的中心,是集中反映城市历史文化和艺术面貌的公共空间。

文增在《城市广场设计》一书中,将城市广场定义为:是为满足多种城市社会生活需要建设的,以建筑、道路、山水、地形等围合,由多种软硬质景观构成的,采用步行交通手段,具有一定的主题思想和规模的节点型城市户外公共活动空间。

可以看出,城市广场在城市空间系统中占据着重要的地位,并对城市环境与城市生活起着最直接的影响作用。城市广场的好坏关系到其能否体现城市的精神与特质,能否有效地提升城市形象,增强城市的吸引力。因此,城市广场应具备以下基本条件:清晰的边界轮廓;融合的园林要素;单一的交通方式;交融的空间形态;明确的主题思想。

7.6.2 城市广场发展概述

1.国外城市广场发展概述

西方城市广场有着1000多年的历史,经历了多个时期的发展。古希腊时期,受政治民主氛围影响,广场布局自由,不拘泥于固定的形式,能够体现出人们对空间的体验感受和功能需要,表达了对自由和民主的追求。到古罗马时期,广场的使用功能逐步扩大,出现了娱乐性广场、纪念性广场等。同时,随着罗马帝国皇权的形成,广场一度成为展示统治者功绩的公共场所,因而逐渐出现了以最高统治者名字命名的广场,如奥古斯都广场、恺撒广场和图拉真广场等(图7-37)。这一时期的广场由一系列分隔的空间组合而成,边界由开敞变得更加明确、封闭。

进入中世纪,广场的功能与空间形态进一步拓展,并且在空间尺度和视觉效果上有明显提升。这一时期,教会是唯一强大而广泛的社会组织,大教堂成为最主要的城市机构,广场常与居于城市中心的教堂连成一体,与城市相互依存,广场建设达到了高峰。到了文艺复兴时期,创造与变革成为时代主题,人们开始追求理性美与艺术美,注重比例与和谐,力求体现人文主义价值。这一时期的广场设计多呈现出严谨的规则形

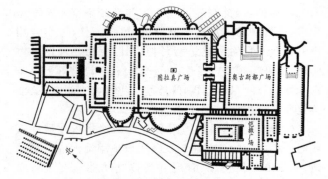

图 7-37 奥古斯都广场、恺撒广场和图拉真广场示意图（冯永强 临摹绘制）

态,采用特殊几何形态和空间组合,整体上显得堂皇气派,也为现代城市广场的形成奠定了基础。例如,威尼斯的圣马可广场整体空间丰富多彩又完整统一,被公认为文艺复兴时代城市空间的杰作(图7-38)。

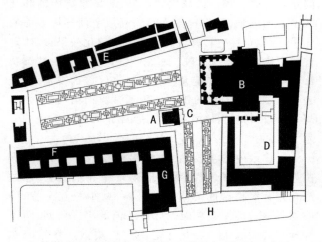

A. 钟塔；B. 圣马可教堂；C. 卷廊；D. 总督府；E. 旧市政大厦；
F. 新市政大厦；G. 圣马可图书馆；H. 石柱

图 7-38 圣马可广场（赵予頔 临摹绘制）

与文艺复兴时期相比,17~18世纪依附于巴洛克建筑发展起来的巴洛克式广场,突破了平面形式的束缚,从基本几何关系中跳脱出来,尝试打破内外空间的对立,使空间在水平和垂直方向相互渗透,最大化地与城市道路体系形成整体,强调空间的流动感,表现出极大的自由与解放。这一时期最具代表的就是意大利罗马的纳沃纳广场。

近现代以来,人类社会发生着深刻的变化,由于社会生活方式的丰富化和居民经济水平的提高,除了政治、商业、集会、社交、演出等基本功能外,现代城市广

场的范畴再次被延伸,形成了更加多元的空间类型和功能,以满足市民多样化的需求,总体上朝着平民化、生活化、多样化的方向发展。

2. 中国城市广场发展概述

中国城市广场的发展与欧洲存在较大的差异。由于历史和文化等因素,中国古代城市并没有广场的概念,最早出现的传统公共空间(或区块)是供市民交易和来往的街市,但也与西方集会、论坛式的广场有着非常明显的区别。如果从形式上看,中国城市广场的雏形可追溯到原始社会。例如,位于西安东郊的半坡村遗址部落(图7-39),在开始聚族而居产生固定居住点后,人们通常将居所围绕一块空地修筑成环形布局,这个社会性的空间第一次将室内和室外两种不同性质的领地区分开来,以提供举行庆典、祭祀供奉的场所。这种向心式的"聚落广场"形态被认为是中国最原始的广场。

图7-39 半坡村遗址部落示意图(干佳钰 临摹绘制)

封建时期,中国实行封建皇权制的统治模式,中央集权统治高度集中,封建皇权具有绝对不可侵犯的权威,所有地方必须无条件地服从最高权力者的统治,因此并不存在个人与集体的概念,也没有专门为百姓特设的公共空间。城市形态和空间布局是基于制度安排而形成,受权力运作与社会经济因素的共同影响,呈现出一种封闭格局,这个时期几乎没有开敞空间。因此,中国古代城市集中着各种杂技、游艺、茶楼、酒馆等休闲场所的街道空间,常常成为城市生活的中心,游街是老百姓外出最为流行的休闲方式,这和传统欧洲城市中以广场为中心的开放格局截然不同。

进入近代殖民地半殖民地时期,上海、天津、广州

等外国租界较集中的大城市修建了部分广场,才逐渐引入城市广场的概念,但由于当时经济和政治的因素,西方国家城市常见的市民广场并没有大量出现。直到改革开放以后,我国经济飞速发展,人民日益增长的物质文化需求逐渐过渡到精神文化需求,城市的面貌发生了翻天覆地的变化。20世纪八九十年代,我国城市广场经历了一个史无前例的建设高潮,全国各地先后进行广场的建设,比如西安钟鼓楼广场、大连星海广场等。这些新建的广场改变和重塑了城市形象,优化了城市空间,改善了市民的生活环境,但其中也存在追求表面、盲目跟风、文化缺失等问题。在城市广场的设计和建设上,如何将外来形态和理念与本土的文化内涵有机地结合起来,科学合理地创造出实用且具体验感的人性化空间,仍然有很长的路要走。

3. 现代城市广场发展展望

现代社会随着人们精神需求的日益增长,城市广场承担起更多的职责。它不仅是作为居民社交活动、休闲休憩的开放空间,也是新时代的人们获取信息、传播思想的场所,更是改善城市环境、美化城市景观的有效方式。从某种程度上来说,城市广场已经逐渐成为城市空间里最具公共性和艺术魅力,也最能反映现代都市精神的开放空间,就像一座城市丰富历史文化的缩影。

在城市开发的热潮中,城市广场的建设同步呈现良好的势头,但与此同时,也暴露出不少问题。例如,"以人为本"设计理念的缺失、无地域性主题、盲目求大求全、千篇一律、体量与功能不匹配、利用率低下等,使得广场变成毫无灵魂的空壳,无法真正达到提高人们生活质量的要求,无法实现精神需求。值得庆幸的是,近年来国内的一些设计师已经意识到人性化设计的必要性,并进行了有益的改进,其广场设计越来越重视人的心理需要,充分考虑人的需求,出现了一批地方特色鲜明的作品。在未来的设计中,现代城市广场如何增强场地的凝聚力、促进市民交往与沟通、塑造城市独特形象、成为丰富多彩的城市公共空间,是所有城市管理者和广场设计从业人员都应思考的重大问题。

7.6.3 城市广场分类

通常,广场的功能决定了广场的性质和类型。现代城市广场根据其主要功能和用途,大致可分为以下五类:市政广场、交通广场、商业广场、纪念广场、休闲

广场。

1)市政广场

市政广场一般位于市政建筑和行政中心附近,是城市的中心广场或区域中心广场。这类广场一般体现着城市的历史文化背景和人民生活文化特征,有强烈的城市标志作用,同时与城市主干道相连,满足交通人流的疏散。市政广场具备供游人休憩、娱乐的基本功能,为城市人民在闲暇的时候进行放松和锻炼身体提供舒适的户外休闲场所,如东莞市政广场(图7-40)。

图 7-40　广东东莞市政广场夜景

2)交通广场

交通广场是城市交通系统的组成部分之一,是具有交通枢纽功能的广场,一般位于交通频繁的多条道路交叉口,主要功能是组合和分散交通流,同时也可结合标志性构筑物等作为道路景观装点城市形象,如四川成都火车东站广场(图7-41)。因交通广场特殊的功能,在设计上需更多考虑安全性。

图 7-41　成都火车东站广场

3)商业广场

商业广场,一般集购物、娱乐、饮食、休闲、服务于一体,与周边的商业建筑及配套设施密切联系,具有浓郁商业气氛的多功能活动中心,是现代城市广场中最常见的一种,如成都远洋太古里商业广场(图7-42)。如今,商业广场休闲化的趋向越来越明显,为城市居民提供了更加舒适的活动空间,在城市生活中扮演着重要角色。

图 7-42　成都远洋太古里商业广场

4)纪念广场

纪念广场是为了缅怀历史事件或历史人物,以历史文化遗址、纪念性建筑物为主体并将其设置于构图中心,结合地形特征进行布置,可供人们瞻仰、纪念、教育与游览的场地,是具有明确主题性的纪念性场所,如位于南京市玄武区紫金山南麓钟山风景名胜区内的南京中山陵广场(图7-43)。

图 7-43　南京中山陵广场

5）休闲广场

休闲广场是供市民休息、娱乐、游览、交往、学习等的公共开放场所，是最贴近居民城市生活的户外活动中心。其形式多变，功能丰富，通过营造适宜的环境，为人们提供舒适的感官体验与身心享受，满足人们在快节奏的生活压力下亲近自然的需求，如重庆朝天门广场（图7-44）。

图 7-44　重庆朝天门广场

7.6.4　广场设计原则

城市广场的绿地建设是城市建设的重要项目之一，同时也是基于人们对城市环境亟待改善的需求。城市广场的绿地建设不仅能够提升城市风貌，优化环境质量，而且是城市发展水平与居民生活质量的真实反映，为广大市民提供了舒适的休憩地，构造出一个自然的城市生态公共空间。

1）整体性原则

在城市广场绿地设计中，坚持整体性原则有着重要的意义，这决定了广场是否能够与整个大环境共生共融，发挥其社会、生态和经济效益。设计应当根据城市总体规划、场地现状以及环境特征，考虑广场的历史文化蕴涵与周边建筑的统一与变化，在原有条件基础上与该城市绿化总体风格协调一致，使得广场景观自然融入城市大景观当中，达到和谐统一之感。同时，绿地布局应当与城市广场总体布局统一，成为广场的有机组成部分，更好地发挥其主要功能，符合其主要性质要求，创造具有整体性效果的广场空间形态。

2）生态性原则

生态性原则是绿地设计中的重要原则，是在保护的前提下以城市生态可持续发展为目标，遵循生态学原理开发利用资源，体现因地制宜的理念。设计既要满足美化环境的景观要求，又要充分发挥绿地的生态

效益，同时注重特色地域文化的挖掘。应当注重物种的多样性，尽量减少对自然生态系统的扰乱，维持动植物的生活环境质量，以助于改善人居环境及生态系统的健康。植物配置上，宜采用"乡土树种为主、适地适树兼并"的复合种群配置方式，达到净化空气、吸收噪声、调节气候、改善环境、修复生态和休闲康养的作用，形成"功能全、景观美、生态好、文化活"的城市广场。

3）人性化原则

一切设计的共同基础都是满足人类所需，真正的"以人为本"应首先满足人作为使用者的根本需求。广场是城市中重要的公共开放空间，而城市居民又是该空间的主要使用者，因而广场的环境设施及其他各因素的组织都应考虑人的行为习性以及活动需要。如在生理上，身处钢筋林立的都市中的人们，对蓝天白云、绿水青山、草长莺飞的自然景象有着更迫切的向往，所以城市广场应当拥有优美的景致与休憩场所，使人们在此得到满足。在心理上，人们更多的是一种感知过程，所以绿地设计应尽可能使人们在对景观的心理感知中得到高层次的文化精神享受。因此，人性化原则归根到底是在符合人们物质需求的基础上，强调精神与情感需求，是生理和心理层次上的关怀。

4）文化性原则

在趋同化现象日益明显的现代社会，城市广场也面临着相互模仿、文化缺失等一系列问题，如我们能够在不同地方的城市广场中看到公式化、模式化的设计手法，这使得城市独有的历史风貌、人文内涵不断流失且趋于平淡。究其源头是没有抓住文化这一核心，没有将城市的文化内涵融入设计当中。

城市广场这一开放空间不仅仅是独立的自然地域环境，同时也处在复杂的城市空间系统中，它是基于文化的发展，在历史文脉、社会经验、人类活动综合作用下所得的产物。只有凝聚了传统文化精粹的设计才会更具生命力，因此，广场绿地设计应当紧扣文化主题，通过深挖城市历史，找准城市特色，使得景观更具辨识度，从而使得人们对广场更有认同感。

5）多样性原则

随着现代社会人们对生活品质的追求，对生态环境的关注，对回归自然的渴望，广场的发展趋于多元化，植物在广场中的应用也日趋广泛。现代广场不再像从前一样布置大面积的硬质景观，提供单一的集聚功能，而是展现出各方面的多样性，这其中就包括绿地

设计的多样性。一个城市广场要想成功使人们驻足，其多样性就必不可少。不仅如此，不同的人会存在生理与心理差异，反映出不同的审美标准，这对景观丰富度的要求也有所提高。因此，城市广场的绿地设计必须考虑到不同的人对空间的不同要求，构建出能够使城市居民各得其乐的绿色空间。

6)特色性原则

城市广场绿地设计的特色性原则应当包括自然特色与人文特色两方面。自然特色应当作为设计基底，充分考虑当地的气候、土壤、温度、水文等要素，如将地方特色植物和特色生态景观等融合在绿地设计当中，强调城市的独特自然风貌。人文特色应体现城市地域精神与历史文脉，呼吁个性塑造与文化复兴，如西安钟鼓楼文化广场，其绿化和设施设计中采用了方格状的草坪和硬质铺装，配合用于地下采光的玻璃锥塔，以抽象、隐喻的方法，使广场既体现出现代的气息，又重现古都的历史风貌。

7.6.5　城市广场设计

1. 市政广场绿地设计

市政广场是重要的城市名片，往往作为一个城市的门面诉说着当地的历史兴衰和文化传统，也反映着人们的日常习惯和生活态度。市政广场通常是由政府办公建筑、各类构筑物与绿化等围合而成的空间，并逐渐成为各政府部门为融合城市发展、提升城市形象、增强城市影响力而采取的建设手段之一。因此，在绿地设计中，市政广场的景观设计要与其他景观有所区别，要能够充分体现城市的文化风情和积极面貌，这对城市发展建设来说也至关重要。其中，绿化种植是市政广场的重点工程之一，其设计不仅要考虑美观，更要深度结合人文、生态等多方面因素，将广场打造为既符合自然、景观优美、功能齐全、简约大气，又具有人性化尺度的景观公共空间。

(1)坚持持续发展原则　绿化设计应有效发挥其生态学效应，增强城市生态性。应充分考虑植物的生态效益，提高植物覆盖率，注重生物多样性，将环境效益和生态效益最大化，创造舒适自然的生活环境。

(2)协调布局的统一性　布局上应合理安排绿地的总体构成，使其与广场整体布局紧密结合，总体上达到和谐统一。同时，各景观节点在具备各自特征的同时，互相之间也要形成联系，使人们在游览过程中能够

得到丰富的体验，增强广场的观赏度。

(3)考虑场地的氛围性　市政广场的设计中常以绿化凸显政府建筑，以传达出"与人为公"的服务精神。因此，绿地设计应考虑场地氛围的营造，塑造既稳重、大气，又具有亲和力的广场空间形态。

(4)选择植物的乡土化　绿地设计必须考虑本地区的植被生长情况，进行实地勘察，充分了解实地气候特征，本着"适地适树、经济合理"的原则进行植物选择，不应为制造奇观异景而盲目引进外地的新物种，杜绝"大树进城"的现象，以免破坏原生态系统，同时造成经济上的损失。这对城市的自然再生产、生物多样性保护及广场绿地的养护管理也有促进作用。

(5)注重植物的生态性　植物配置时，应符合自然规律，乔灌草合理搭配，通过高矮、疏密、群落等方式形成高低错落的层次感，同时注意颜色的搭配，使景观达到简洁明快、和谐自然的效果。特别地，广场在冬季容易因为树叶枯黄掉落，使景观单调萧条、缺少活力而造成使用率降低，因此可加大常绿树的比例，选择多种冬季观赏树种增加观赏性。

2. 交通广场绿地设计

交通广场的主要功能是疏散人群与疏导交通，因此交通广场的所有设计都要建立在不影响交通功能的基础上。一般交通广场的类型主要分为两种：第一种是岛式交通广场，常位于较大型道路交叉口，是多条道路的交汇处；第二种是集散式交通广场，如飞机场、火车站、汽车站等交通枢纽附属的站前广场。两者都是城市中重要的交通节点，承担着展示整条街区乃至城市形象的作用。因此，绿地设计应当综合考虑场地条件，以打造城市标志性景观为目的。

1)岛式交通广场绿地设计

岛式交通广场是设置在道路交叉口范围内的岛屿状绿地空间。由于场地的特殊性，岛式交通广场通常不设人行横道，也不允许行人进入广场以保证安全。这类交通广场的绿化是设计的重点，主要起到道路美化与装饰的作用。

(1)强调绿化的安全性　设计要参照相关道路设计法规、规范与标准，保证道路行车安全。绿地中的植物不宜过高，不能遮挡视线，不能遮蔽交通标识，要保证道路有足够净空，且树高应自圆心向外逐渐降低，保持各路口间的行车视线通透。

(2)协调风格的一致性　广场整体风格应当与道

路整体绿化风格一致,在市中心或人流较多的交通广场可结合体量和尺度适当设置雕塑、水池、置石、小品等地域性景观标志,表达城市个性,凸显本土文化。

(3)选择植物的功能化　由于广场位于道路中间,空气中掺杂大量灰尘、烟雾、尾气、有害气体等污染物,因此广场植物应优先选择抗重金属、耐尾气污染、抗烟尘、抗病虫害且易养护管理的多功能园林植物品种。同时,应尽量避免使用落果、飞毛、飞絮及分泌臭味的树种,以免造成行车安全隐患,引发交通事故。

(4)注意布局的简洁化　广场绿地布局不宜过于繁复,可使用大色块、大图案,达到简洁明快、清新优美的效果,同时能够满足行车途中移动视觉的观赏。在不影响交通安全的前提下,可布置层次较丰富的植物群落,形成生态绿岛景观。

2)集散式交通广场绿地设计

集散式交通广场大多为站前广场,这类交通广场更多具有人流集散的作用,即为旅客与过往行人提供室外活动场所的功能。绿地设计应当为开敞式通透布局,创造出开朗明快、舒适自然、简洁安全的广场景观。

(1)强调广场的功能性　站前广场常是室外候车、临时休憩、约定会面、亲友接送等行为发生的场所,因此绿地设计应当满足广场功能,为人们营造一个休闲、舒适的绿色活动空间。例如,广场中可通过种植高大乔木和绿篱分隔空间,同时保留足够空间供人流集散;适当设置草坪、花坛,在周边设置足够的座椅、树池、景观小品等可供人们停留休憩的设施。

(2)做到两者的协调性　广场植物造景需要与广场性质协调,服务于广场主题。植物的形态、色彩、高矮应与广场周围建筑的风格、尺度相协调。造景形式不宜过于繁复,以免影响人们识别广场内的有效信息。例如,车站旁的交通广场应对购票处、进站口、出站口等功能区域进行考虑,通过合理的绿化流线,达到指示引导作用。

(3)增强植物的生态性　绿地布置要考虑其规模和空间尺度,以便更好地发挥其生态功能,利于游人活动。广场内可选用枝叶浓密、冠幅较大的树种,在夏季形成大片绿荫,以提供良好的遮阴场所,还能减弱大面积硬质地面受太阳照射而产生的热量,改善广场小气候。

3.商业广场绿地设计

商业广场通常临近城市中央商务区,是以城市居民的生活需求和经济效益为导向,以为人们提供便利、舒适、轻松的购物场所为目的而建,具有人流量大、活

动类型多、功能性强等特点。商业广场的环境质量很大程度上影响着该商业综合体的整体魅力与吸引力,从而影响购物的人流量,决定场地的核心竞争力,是聚集广场人气的重要因素。因此,提升广场的植物景观质量,做好绿地设计就显得尤为重要。

1)强调空间的层次化

商业广场的通行方式多以步行为主,需要承接各方汇聚而来的人流,因而设计时应保证大面积的人行空间以及合理的人行流线。在此基础上,绿地布局以树池与硬质铺装相结合,加以人性化休闲空间、标志性景观小品与特色景观种植空间,形成适于购物的空间规模和丰富多变的空间层次。

2)把握尺度的合理性

商业广场作为兼具公共性、开敞性、交互性等特点的广场空间,为满足其通达性要求,可设置"树阵广场",既能提高广场绿地率,创造美观舒适的休憩环境,又能满足广场集会、休闲的功能。但设计要把握好空间尺度,既不能使人群过于拥挤,影响人的体验,又不能使广场显得太过空旷,从而失去热闹的商业氛围。

3)注重设计的人性化

现代商业广场不仅承担连接城市道路与商业楼的作用,更是市民进行购物等商业活动以外的娱乐活动场所。植物设计应多考虑老人、小孩等人群的心理需求,在广场四周要有单行或多行常绿大乔木,下设坐凳和花池等服务设施,以供人们在夏日停留休息。

4)加强植物的立体化

由于商业广场铺装所占比例较大,广场平面绿化有限,通过丰富垂直方向上的绿化能够增加绿视率,强化建筑与广场间联系,使整个商业环境显得融合美观。

5)挖掘广场的商业特色

广场空间是具备一定文化内涵和审美价值的景观场所,应与周围商业建筑主题一致。赋予地域特点,可以激发出场地个性,更好地衬托商业气氛,更多地吸引购物者在广场内驻足,从而刺激人们的消费欲望。

4.纪念广场绿地设计

纪念广场是用于纪念人物或事件的场所,具有明确的主题,其表现出的浓烈的文化内涵与城市精神往往也成为城市的旅游景观文化,使其成为标志性旅游地。与其他类型的城市广场相比,纪念广场除了具备广场的基本功能外,更重要的是满足人们的某种纪念情感的需要,供人们回顾过去,缅怀历史,充分发挥精

神功能。所以纪念广场的绿地设计应当配合场地主题,结合纪念物配套设置,满足整体环境气氛要求。

1) 围绕绿地的主题性

纪念广场是为了纪念某些名人或事件,可根据其不同的情感色彩区分为缅怀式、歌颂式、沉思式等纪念主题。与之相应的纪念广场的绿地规划设计要根据主题突出绿化风格,渲染氛围,使人们全身心沉浸在广场主题当中。

2) 烘托广场的主体性

纪念广场大多采用中轴线对称布局,布置具有象征意义的纪念碑、纪念塔、纪念雕像等构筑物,并成为整个广场的景观核心,是人流汇聚与停留的场所。纪念物周围的绿化要注重乔、灌、草的合理搭配,运用简洁、规则的形式,烘托纪念物的主体地位,满足纪念氛围象征的要求。例如,湖南韶山毛泽东铜像广场,铜像周围青松翠竹掩映,群山拱护,背景以雪松、香樟和马尾松等高大乔木为主,形成自然的林冠线与韶山相映,营造庄严、肃穆的纪念氛围,表达出对毛主席的崇敬和思念之情(图7-45)。

图7-45　湖南韶山毛泽东铜像广场

3) 注重植物的节奏感

纪念广场的环境氛围基本都较为宁静、庄重,周边少有嘈杂的商业区和娱乐区。广场绿地规划设计应结合场地的地形地貌合理设置植物,组织与划分广场空间,保持整体环境安静。但这并不代表要一味打造严肃的气氛,在广场中仍需要为人们提供休憩游览的活动空间,适当营造活泼、温馨的氛围,注重植物配置的韵律和节奏感,充分发挥绿色植物的亲和性。同时,可通过栽植落叶乔木及部分观花、观果植物增加广场植物群落的

季相变化,也可设置疏林草地,营造出安静、休闲、舒适的空间环境,为人们提供休憩、放松的场所。

4) 植物选择的寓意性

植物选择上,宜采用能够渲染纪念场所精神的具有特殊寓意的植物创造意境,从而激起人们感情上的共鸣。例如,以松柏类植物象征先烈的高风亮节和精神品质永垂不朽;以女贞(*Ligustrum lucidum*)、海桐(*Pittosporum tobira*)、梅花(*Armeniaca mume*)和垂柳(*Salix babylonica*)等植物表达哀悼与悲痛之情。此外,利用植物的形态和色彩也可以烘托广场的主题和情感。例如,尖塔形的植物可强调空间的垂直感,常用来营造庄重、肃穆的氛围;圆形、拱形的植物使环境具有安静、平和的格调;广玉兰(*Magnolia grandiflora*)、山茶(*Camellia japonica*)和含笑(*Michelia figo*)等树种以白色寓意纯洁、正直、超脱世俗的精神。

5. 休闲广场绿地设计

休闲广场在城市中主要是为市民提供一个休憩、游玩、娱乐、交往的室外活动空间,其功能丰富,形式多样,气氛活跃,是具有人气的活力中心。休闲广场鲜有固定的形式与主题,最大的特点就是以人为中心,创造出宜人的休闲场所。其绿地设计应遵循以人为本与生态性原则,保证广场具有较高的绿化覆盖率和良好的环境,改善广场生态环境,提高广场利用率。

1) 保证广场绿化面积

休闲广场的绿化从功能上看,主要是为人们提供在林荫下的休憩环境、在游览过程中的视觉体验、轻松愉悦的氛围以及对广场整体景观的美化增色。广场整体的绿化面积应当不少于总面积的25%,并根据当地特定生态环境和资源条件选择植物的配置比例与种植方式,更好地优化环境质量、保持生态平衡、缓解居民压力,实现城市可持续发展。

2) 坚持以人为本原则

休闲广场设计应全方面考虑人的活动需求,包括各年龄段及特殊人群的心理需要,使广场功能复合化、人群活动多样化。例如,在场地原有基础上,利用花坛、树池、树阵、低矮灌木等形式,结合地面高差、硬质铺装、景观小品、无障碍设计等元素对广场空间加以限定,创造出不同功能主导的小空间,形成良好的场所感,满足各类人群的不同要求,使广场景观也更具有层次性。

3) 增加立体绿化面积

随着城市建设的不断发展,休闲广场越来越

呈现立体化趋势,许多"下沉式"广场逐渐形成。在这类广场设计中,立体绿化起到了美化环境的作用,其占地面积小而绿化覆盖面积大,不仅增加了绿化覆盖率,还把广场的上下空间自然地联结起来,丰富了视觉的空间层次感,为广场注入活力。

4)增强市民的参与性

当前许多开放性广场在设计过程中往往过于注重形式,却忽略了休闲广场本该具有的人情味和生活气息,导致广场的市民参与度小,无法满足人们放松身心的需求。种植设计应将自然引入人们日常活动空间中,使用适宜的尺度,以自身的景观特性,通过人为艺术加工,呈现具有特色的自然景观,形成一种包容、生态、平和的空间氛围,给观者带来美的享受,使人能够褪去生活中的疲惫,得到惬意与满足。

5)选择植物的合理性

为了使人们享受到更加舒适的广场空间,绿化设计宜采用分枝点较高、冠大荫浓的乔木,在炎热的夏季或特殊天气为人们遮风避雨。同时,在树下开辟硬质场地,满足开展活动的需要。开敞的水平空间(如草坪上)可孤植或群植少量乔木,有助于形成良好的休闲氛围,使绿地与人的活动更加紧密,增强人们与自然环境的沟通,满足其亲近自然的本性。

6)发挥植物的生态性

科学合理的植物配置能提高城市景观质量,在一定程度上起到降低噪声、净化空气、改善小气候、美化景观的作用。设计中应多选择适应当地气候水土的本地植物,保持原有自然生态,体现地域特色。运用丰富的植物种类,将不同高度、不同色彩的植物进行搭配,强调层次感,将不同花期的种类分层配置,延长观赏期,使人们感受到大自然的四季更替与勃勃生机。

7.7 绿道规划设计

7.7.1 基本概念

绿道(greenway)概念最初起源于美国景观设计学奠基人弗雷德里克·劳·奥姆斯特德于 1865 年提出的公园道(parkway)概念。绿道的定义在其不断建设和发展的过程中逐渐明确,在不同的领域和条件下有不同侧重点,存在时间或空间上的局限性(表 7-16),但绿道理念在全球范围内发展。

从广义上讲,绿道是以线型为主要表现形式的绿色开敞空间的总称,具有生态美观、休闲游览、文化教育、串联空间关系等功能。中华人民共和国住房与城乡建设部发布的《绿道规划设计导则(2016)》中将绿道定义为:以自然要素为依托和构成基础,串联城乡游憩、休闲等绿色开敞空间,以游憩、健身为主,兼具市民绿色出行和生物迁徙等功能的廊道。

表 7-16 不同学者/机构对绿道的定义

学者/机构	概念切入点	绿道定义来源
威廉·怀特	词义方面	将带状空间的"greenway"中的"green"与"parkway"中的"way"结合,形成以人为主的景观相交叉的一种自然走廊
哈伊	功能方面	明确绿道的功能作用,定义为集生态功能、文化遗产功能、娱乐休闲功能于一体的景观链
佐治亚州政府	存在形式与价值	将未被开发的保持原有状态的自然或文化区域以连贯的近乎线性连接,维护这些区域的社会或自然价值
查尔斯·利特尔	空间界定连接范围	沿着自然廊道或具有游憩功能的人工走廊建设的线性开放空间,将公园等绿色空间相连接
罗伯特·布雷马克思	空间形态类型与社会用途	绿道的空间形态为线状廊道以及其他形式的线状开敞空间,具有游憩、健身、改善生态环境等多种功能

7.7.2 发展历程

绿道的发展历程大致可以分为三个阶段。

第一阶段,时间为 1700—1960 年。绿道经历了萌芽、转折、实践和发展期,表现出景观和生态功能,满足人们对自然生态环境的基本需求,主要起到连接作用,将城市景观轴线、河道、线性公园廊道相联系,形成线性景观。世界公认最早的绿道是由奥姆斯特德主持规划的"波士顿公园绿道系统（图 7-46）"。19 世纪的工业革命带来了生产力的飞速发展，也带来了城市的蔓延扩张和生态环境破坏等问题，绿地被侵占，难以满足居民的需求，人们渴求回归自然。奥姆斯特德在波士顿规划了一条线性绿色空间，即公园道，将已建成的贝克湾城市公园、富兰克林公园和其他公园以及马迪河联系起来，形成一条绵延 16 km 的绿道系统，这就是后来著名的波士顿"翡翠项链"。

第二阶段，时间为 1961—1985 年。此时的绿道功能以休闲、游憩为主，强调提供给居民接近自然景观的机会，并开始重视绿道的旅游潜力和理论研究。

①波士顿公地；②公共花园；③马省林荫道；④滨河绿带（又称查尔斯河滨公园）；⑤贝克湾城市公园；⑥河道景区和奥姆斯特德公园（又称浑河改造工程）；⑦牙买加公园；⑧阿诺德植物园；⑨富兰克林公园

图 7-46　波士顿公园绿道系统规划图（陈东田 绘）

第三阶段，时间为 1985 年以后。绿道理念的影响力越来越大，功能越来越全面，在原始休闲游憩的基础上融合了生态、慢行交通、运动健康、美化城市环境等多重功能，打造迎合城市复杂环境的多功能复合绿道。在这一阶段，理论研究和实践建设取得了突破性进展，世界各地也逐渐开展绿道的规划和理论研究工作。

中国的绿道建设起步较晚，但在我国古代也有具备绿道功能的绿地。1985 年，随着日本西川绿道公园案例在《世界建筑》上的发表，"绿道"这一概念在中国逐渐受到重视。1998 年，原全国绿化委员会、交通部、林业部、铁道部等联合发布了《关于在全国范围内大力开展绿色通道工程建设的通知》，随后，我国在公路、铁路沿线上进行了大规模的绿化建设。

2000 年，绿道的概念随着北京大学城市与环境学系的张文、范闻捷所写的《城市中的绿色通道及其功能》一文的发表逐渐推行。在 2000—2010 年的 10 年间，随着欧美绿道建设理念的传入，我国风景园林学专家刘滨谊、俞孔坚、余青等更加关注绿道的理论研究和

实践。在国内专家对于绿道研究的理论成果基础上，广东省于 2010 年批准通过了《珠江三角洲绿道网总体规划纲要》，纲要要求用 3 年时间在珠三角率先建成总长 1 690 km 的 6 条区域绿道主线、4 条连接线、22 条支线、18 处城际交界面和 4 410 km² 的绿化缓冲区。

2012 年，福建省人民政府批复实施《福建省绿道网总体规划纲要（2012—2020）》，计划至 2020 年，全省将建成省级绿道 3 119 km，包含 6 条省级绿道主线共 2 717 km、2 条绿道支线共 189 km、2 条绿道连接线共 213 km。绿道网涉及 20 处接壤面，90 个一级驿站。

2017 年，四川成都市城乡建设委员会公布了《成都市天府绿道规划建设方案》。方案按照建设大生态、构筑新格局的思路，梳理 14 334 km² 市域的 11 534 km² 生态基底（图 7-47）和 2 800 km² 城乡建设用地情况，规划构建城市三级慢行系统（图 7-48），厚植城市自然人文环境，提升市民宜居生活品质，以"可进入、可参与、景观化、景区化"的规划理念，以人民为中心、以绿道为主线、以生态为本底、以田园为基调、以文化为特色，全域规划形成"一轴两山三环七道"（图 7-49、图 7-50）的区域级绿道 1 920 km、城区级绿道 5 000 km 以上、社区级绿道 10 000 km 以上。具体而言，计划于 2020 年，建成"一轴两环"绿道；2025 年，建成市域主干绿道体系；2040 年，市域绿道建设全面成网（图 7-51、图 7-52）。

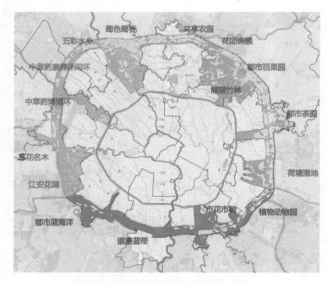

图 7-47　成都生态农业景观区规划图
（引自成都市城乡建设委员会）

图 7-48 成都天府绿道两级绿道(引自成都市城乡建设委员会)

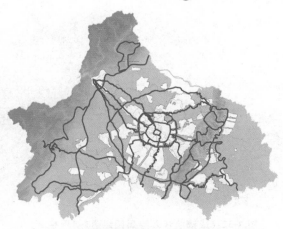

图 7-49 成都主干绿道体系规划图(2025 年)
(引自成都市城乡建设委员会)

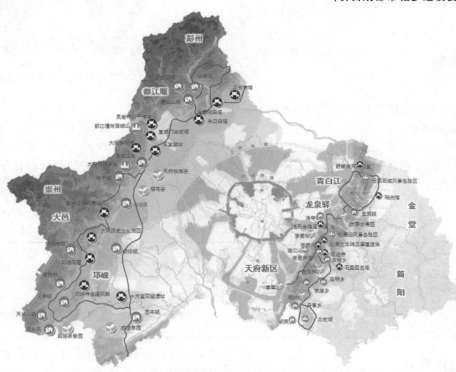

图 7-50 龙门山和龙泉山森林绿道规划图(引自成都市城乡建设委员会)

图 7-51 成都主干绿道体系规划图(引自成都市城乡建设委员会)

图 7-52　成都温江万春田园绿道（刘千睿 绘）

至此，湖北武汉、湖南长沙等全国各地也纷纷开展了绿道建设活动，截止到 2018 年年底，中国的绿道建设总里程已达 5.6 万 km。

7.7.3　功能类型

1）绿道功能

（1）休闲健身功能　提供带状绿色空间，为市民提供游憩和健身的活动场地。

（2）绿色出行功能　串联公共交通与自行车道等出行空间，成为市民的绿色通行道。

（3）生态环保功能　绿道可为生物提供迁徙廊道和栖息地，维护自然界的生命活动，并且可以改善城市小气候条件，净化空气。

（4）社会与文化功能　绿道将居民区、文化点和城市绿色公共空间连接，发挥文化资源的教育性，实现有效的保护与开发，同时，增加社会居民之间的联系。

（5）旅游与经济功能　整合沿线旅游资源，带动周边土地的投资，促进经济活动发展（图 7-53）。

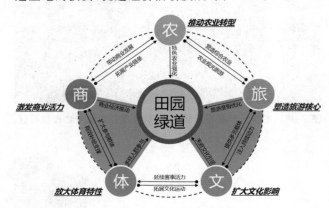

图 7-53　绿道的产业体系（陈其兵等 绘）

2）绿道类型

绿道综合性较强，从不同角度有不同的分类。按照绿道的区位和环境景观风貌，中华人民共和国住房和城乡建设部发布的《绿道规划设计导则（2016）》将绿道分为城镇型绿道和郊野型绿道（表 7-17、图 7-54、图 7-55）。

表 7-17　城市绿道类型

绿道类型	构成元素	基本功能	使用对象
城镇型绿道	人工景观廊道、道路绿地、公园绿地、广场、防护绿地	供市民休闲、游憩、健身、出行	高密集的城镇居民
郊野型绿道	森林、郊野公园、自然生态保护区、特色乡村、农业观光区	供市民休闲、游憩、健身和生物迁徙	旅游者、户外运动者、城市和郊区居民

7.7.4　绿道规划设计

1. 规划设计原则

（1）系统性原则　绿道规划设计应符合其上位规划，综合考虑城乡建设和发展，有机地连通沿线自然和人文资源节点，形成绿色网络体系，体现绿道综合功能。

（2）人性化原则　绿道规划设计应首先满足居民休闲活动的需求，集安全、便捷、舒适于一体，体现人性化，完善服务设施的建设。

（3）生态性原则　绿道规划设计应尊重自然本底，采用最小的干预手段进行规划设计，尽可能维持生态。通过绿道联系自然节点，构建城乡连通的生态网络体系。

（4）协调性原则　绿道规划设计应与场地实际条件和经济社会发展情况和速度相适应，与周边环境基调相协调，与道路建设、园林绿化、排水防涝、水系保护、环境治理等相关工程相协调。

（5）特色性原则　绿道规划设计应根据当地的现有人文与自然资源和地理地貌特征，展现地域自然或人文特色。

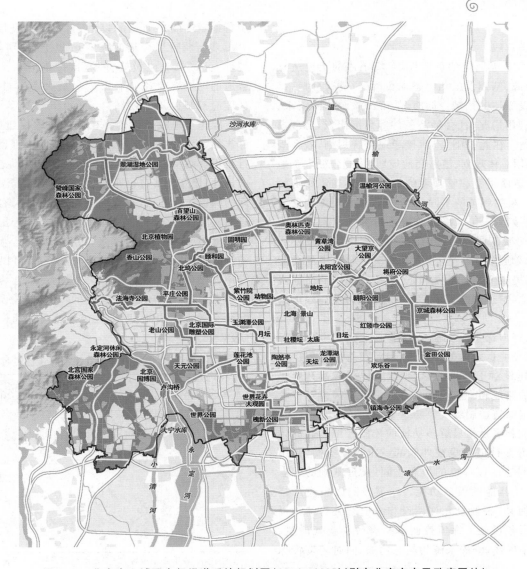

图 7-54　北京中心城区市级绿道系统规划图(2016—2035)(引自北京市人民政府网站)

图 7-55　成都锦城绿道西片区安靖段郊野型绿道
效果图(陈其兵等 绘)

（6）经济性原则　绿道规划设计为降低建设与维护成本,应严格控制新建规模,合理利用土地,避免资源浪费。建议采用绿色低碳、节能环保的技术、材料、设备等。

2. 规划设计策略

1)现状调研

现状调研是进行绿道规划设计前的基础性工作,主要目的是了解规划设计范围内的现有资源和需求情况。现状调研的形式包括现场调查、召开座谈会、发放问卷、收集资料。调研的内容主要为生态条件、自然资源、文化资源、土地权属、游客需求、交通条件、土地利

用情况等。

2）分类选线

通过 GIS 等地理信息软件，对场地内的土地适宜性（景观资源、基础设施和生态本底情况）进行分析，得出适宜建设绿道的区域。同时，从市民旅游休闲需求、当地土地利用情况、社会经济条件等角度出发，合理选择适宜场地。在此基础上，衔接绿地系统规划、城乡规划、土地利用总体规划、道路交通规划，并充分征求土地所有者、绿道使用者和管理者的意见，最终确定绿道的线路布局。根据绿道的不同分类，选线注意事项如下。

（1）城镇型绿道　城镇型绿道的服务对象主要为高密集度的城镇居民，因此在选线过程中应靠近使用人群密集区域进行布置，尽量多地串联城镇中的功能区，为市民提供使用上的便利。同时，城镇中的交通线路较为繁忙，绿道选线还要考虑交通因素，发挥绿道的多功能性。

（2）郊野型绿道　郊野型绿道通常处于生态资源丰富、自然环境良好的郊野地带，因此在选线过程中应考虑绿道建设对于环境的影响，绿道线路应避开野生动物迁徙的路线和生态保护核心区与敏感区。

3）划定绿道控制区

绿道控制区是指具有多功能的控制区域。其具体位置是绿道慢行道路缘线外侧的一定规模空间，是维持绿道及周边区域环境的生态空间，发挥基础的生态功能，并保证其他的服务功能。绿道控制区中应严格控制建设活动，一般只允许建设与绿道有关的基础设施和配套服务设施。绿道控制区具有改善空气质量、调节城市小气候、涵养水源的生态功能，同时还发挥休闲观赏的社会功能。

4）游径系统规划

绿道游径系统的规划应遵循"生态优先、因地制宜、安全连通、经济合理"原则，根据沿线区域的现状资源条件和绿道的功能类型来进行。绿道游径系统应保证其使用的安全性，同时结合地形的起伏，灵活设置步行和骑行游径。应避免机动车进入绿道，但需满足管理、消防、医疗、应急救助用车临时通行的条件。城镇型绿道在坡度、宽度、净空等条件合适的情况下应采用无障碍设计。

城镇型绿道的步行道宽度应在 2 m 以上，自行车道单向通行宽度应在 1.5 m 以上，双向通行宽度应在 3 m 以上，不宜设置步行骑行综合道。郊野型绿道的步行道宽度应在 1.5 m 以上，自行车道宽度应为 2～3 m，步行骑行综合道应在 3 m 以上。步行道的纵坡坡度大于 8％时应设置梯步，自行车道和步行骑行综合道的纵坡坡度宜小于 2.5％，最大不超过 8％，横坡坡度应控制在 2％～4％。

绿道交通驳点设置。在城市交通枢纽，如出租车停靠站、客运站、火车站、机场等地，应合理设置公共自行车租赁站及相关设施，充分考虑静态与动态交通流线的设计，建立公共自行车租赁站、公交站与交通枢纽之间的绿道连线方式，实现绿道与常规交通道路的接驳，进而实现慢行交通方式与城市其他综合交通的零接轨。

通过点对点方式建立城市交通枢纽与绿道换乘站、绿道驿站、绿道出入口之间的联系，可以通过运营专用大巴或专用游览车的形式进行专线运输。对于交通站点，根据站点类别与级别的不同，需要设置不同的配套交通衔接设施，以满足使用者对交通衔接的需求（表 7-18）。

表 7-18　交通站点绿道交通衔接设施设置要求

常规交通站点	自行车租赁点	绿道指引标志	接驳巴士点	绿道连接线	咨询服务中心
火车站	√	√	√	—	√
客运站	√	√	√	—	√
公共汽车站	√	√	×	—	×
机场	√	√	√	—	√
渡口	√	√	—	—	√
轨道交通站点	√	√	×	√	×
公交站点	√	√	×	√	×

注："√"表示必须设置，"—"表示可以设置，"×"表示不须设置。

5）植物设计

植物设计应坚持"生态优先、因地制宜、适地适树、地域特色"的原则，充分利用场地原有植被，根据绿道的不同类型进行分类设计，在与周边环境风格相协调的基调上展现地域特色。

植物设计应最大可能地保护和利用现有植被，优先使用乡土树种，充分保护原有古树名木。具体包括：优先选用生态效益高、抗性强、具有经济价值、美观、容易管理的植物种类；游人易接触的区域不得种植有毒、有硬刺的植物；道路出入口及交叉路口不得遮挡视线；注重植物季相效果，常绿与落叶、速生与慢生植物种类合理搭配，保证近远期效果（图 7-56）。

图 7-56　成都环球中心植物设计效果图
（引自成都市城乡建设委员会）

图 7-57　成都市域绿道一级驿站功能示意图
（引自成都市城乡建设委员会）

6）设施规划

参照《绿道规划设计导则（2016）》对设施规划的相关内容，简要总结为以下方面：

（1）服务设施　驿站是服务设施综合载体，通常分为三个等级。一级驿站是绿道的游客综合中心，主要设置在大型园林场地中，具备管理服务、安全防护等综合功能（图 7-57）；二级驿站是游客服务次中心，主要设置在城市内公园绿地内，设置小卖部、解说牌、自行车租赁等服务设施（图 7-58）；三级驿站主要设置休息亭、座椅等休息点。同时，驿站服务设施首先要结合现有建筑设置，层高设置 1～2 层为宜，建筑类型与当地特色及绿道周围环境相协调（表 7-19）。

图 7-58　成都市域绿道二级驿站功能示意图
（引自成都市城乡建设委员会）

表 7-19　驿站基本功能设施设置一览表

设施类型	基本项目	城镇型绿道			郊野型绿道		
		一级驿站	二级驿站	三级驿站	一级驿站	二级驿站	三级驿站
管理服务设施	管理中心	○	—	—	●	○	—
	游客服务中心	●	○	—	●	●	—
配套商业设施	售卖点	○	○	—	●	○	○
	餐饮点	—	—	—	●	○	—
	自行车租赁点	○	○	○	●	○	○
游憩健身设施	活动场地	●	—	—	●	—	●
	休憩点	●	●	●	●	●	●
科普教育设施	眺望观景点	●	○	○	●	○	○
	解说	●	●	○	●	●	●
	展示	●	○	○	●	○	○
安全保障设施	治安消防点	●	○	—	●	○	—
	医疗急救点	○	—	—	●	○	—
	安全防护设施	●	●	●	●	●	●
	无障碍设施	●	●	—	●	●	●

续表7-19

设施类型	基本项目	城镇型绿道			郊野型绿道		
		一级驿站	二级驿站	三级驿站	一级驿站	二级驿站	三级驿站
环境卫生设施	厕所	●	●	○	●	●	●
	垃圾箱	●	●	●	●	●	●
停车设施	公共停车场	●	○	—	●	○	○
	出租车停靠点	●	○	—	●	○	—
	公交站点	●	○	○	●	○	—

注："●"代表必须设置；"○"代表可以设置；"—"代表不做要求。引自《绿道规划设计导则(2016)》。

(2)市政设施　绿道市政设施规划设计应布局合理、满足绿道的需求；安全、环保、便于管理。例如，成都市域绿道中的青龙湖入口市政设施规划就满足以上需求(图7-59)。

图 7-59　青龙湖入口市政设施规划示意图
(引自成都市城乡建设委员会)

绿道中的照明设施规划设计应根据照明需求及周围条件，选择适宜的照明方式及照明设施，不得影响游人或骑行者的视线。

完善绿道通信网络，设置手机信号基站，铺设网络光缆，完善应急呼叫系统，同时使设施风格与环境相和谐。

绿道给水设施应根据实际情况就近取水，满足服务用水及消防用水需求。植物浇灌用水和消防用水以再生水、雨水、自然水体为主，采用循环用水的方式。

城镇型绿道的污水采用重力流的形式就近排入市政污水管道，节省管道的铺设；郊野型绿道应设置污水收集与净化系统，经过处理达到排放标准之后再向外排出。同时，绿道内建设海绵设施，有利于发挥其滞留、净化作用。

(3)标识设施　绿道标识分为指示标识、解说标识、警示标识三种类型，具有引导指示、解说、安全警示等功能。

绿道标识标牌应采用节能环保且与周围环境氛围协调一致的材料，结合当地自然风貌、历史资源、文化特征和民俗风情等地方特色进行设计，并与其他标识有所差别。绿道标识内容应简洁易懂，文字可选用中英文对照，充分考虑不同的使用者。当同一地点设置多种标识时，标识要有视觉上的明显变化，内容不得相互冲突。

7.8　风景名胜区规划

7.8.1　基本概念

参照《风景名胜区总体规划标准》(GB/T 50298—2018)，风景名胜区被定义为具有欣赏、文化或科学价值，自然景观、人文景观比较集中，环境优美，可供人们游览或者进行科学、文化活动的区域，是由中央和地方政府设立和管理的自然和文化遗产保护区域，简称风景区。风景名胜区事业属于国家社会公益事业，类似但有别于国外的国家公园。我国建立风景名胜区，必须坚持保护优先、科学传承、合理建设管理、良性协调发展、合理开发利用的原则。

中国国家级风景名胜区的徽志为圆形图案，正中部的万里长城和山水图案象征祖国的悠久历史、名胜古迹和自然风景；两侧由银杏叶和茶树叶组成的环形图案象征风景名胜区优美的自然生态环境和植物景观(图 7-60)。徽志应设置于国家级风景名胜区主要入口的标志物上。

根据《风景名胜区总体规划标准》(GB/T 50298—2018)和《风景名胜区详细规划标准》(GB/T 51294—2018)，现将风景名胜区相关术语概念汇总如下：

图 7-60　中国国家级风景名胜区徽志

1)风景名胜资源

能引起审美与欣赏活动,可作为风景游览对象和风景开发利用的事物与因素的总称。是构成风景环境的基本要素,是风景区产生环境效益、社会效益、经济效益的载体。也称风景资源、景观资源、风景旅游资源,简称景源。

2)风景名胜区总体规划

为保护培育、开发利用和经营管理好风景区,发挥其综合功能作用、促进风景区科学发展所进行的统筹部署和具体安排。经相应的人民政府审查批准后的风景区总体规划,是统一管理风景区的基本依据,具有法定效力,必须严格执行。

3)风景名胜区详细规划

为落实风景总体规划要求,满足风景区保护、利用、建设等需要,在风景区一定用地范围内,对各空间要素进行多种功能的具体安排和详细布置的活动。风景区详细规划是风景区总体规划的下位规划,为风景区的建设管理、设施布局和游赏利用提供依据和指导。简称详细规划。

4)景点

由若干相互关联的景物构成、具有相对独立性和完整性,并具有审美特征的基本境域单位。

5)景群

由若干相关景点构成的景点群落或群体。

6)景区

在风景区总体规划中,根据景源类型、景观特征或游赏需求划分的一定范围,包含有较多的景物和景点或若干景群,形成相对独立分区特征的空间区域。

7)风景线

由一连串相关景点构成的线性风景形态或系列。也称景线。

8)游览线

为游人安排的游览欣赏风景的路线。也称游线。

9)景观视线

景点到景点、观赏点到景点或景观面之间的空间通视线。也称视线。

10)典型景观

最能代表风景区景观特征和价值的风景名胜资源。

11)功能分区

在风景区总体规划中,根据主要功能的管理需求划分出一定的属性空间和用地范围,形成具有相对独立功能特征的分区。

12)游人容量

在保持景观稳定性,保障游人游赏质量和舒适安全,以及合理利用资源的限度内,单位时间、一定规划单元内所允许容纳的游人数量。是限制某时、某地游人过量集聚的警戒值。也称游客容量。

13)居民容量

在保持生态平衡与环境优美、依靠当地资源与维护风景区正常运转的前提下,一定地域范围内允许分布的常住居民数量。是限制某个地区过量发展生产或聚居人口的特殊警戒值。

14)核心景区

风景区内生态价值最高、生态环境最敏感,最需要严格保护的区域。

15)强制性控制指标

风景区内对建设项目的功能、规模、选址、用地范围,及其他需要严格保护的内容实行严格控制和强制执行的一类指标。

16)地表改变率

在规划建设过程中,原有地形地貌、地表植被等被改变的面积占建设用地总面积的比率。

7.8.2　风景名胜区功能

1)生态与保育功能

坚持生态优先、保护优先的理念,保护风景名胜区内资源所依托的自然生态背景和历史背景,保护区域原有生态资源和人文特色,维护自然生态景观的可持

续利用。

2）景观与游憩功能

满足游人精神和物质追求，创造生态环境良好的景观，合理利用景观资源，充分发挥其综合价值和潜力，配置购物、休闲游憩等旅游服务设施。

3）教育与科研功能

发挥风景名胜资源的科学文化价值，开展科研探究和科普教育教学，彰显其科学价值，完整传承风景名胜区的资源和价值。

4）生产与经济功能

合理开发利用风景名胜资源，带动当地经济发展和群众脱贫致富。

7.8.3　风景名胜区类型

参照《风景名胜区总体规划标准》（GB/T 50298—2018），风景区按用地规模可分为小型风景区（20 km² 以下）、中型风景区（21～100 km²）、大型风景区（101～500 km²）、特大型风景区（500 km² 以上）。

根据住建部 2017 年发布的《风景名胜区分类标准（征求意见稿）》的分类建议，风景名胜区分类包括风景名胜区类型（大类）和景区类别（中类）。

大类是对风景名胜区的特质和资源价值的规定，分为圣地类、生态类、胜迹类、风物类共 4 种。

中类是对风景名胜区各景区核心资源的形态空间特征的规定，分为山地型、河流型、湖泊型、海滨型、其他自然景观型、文化胜迹型、历史古迹型、历史城镇型、田园乡村型、其他人文景观型共 10 类。

7.8.4　规划程序与内容

风景名胜区规划是一项具有法律效力，必须严格执行的系统性、综合性的工程，涉及面广。参照《风景名胜区总体规划标准》（GB/T 50298—2018）及《风景名胜区详细规划标准》（GB/T 51294—2018）内容，总结概述风景名胜区规划程序、总体规划、详细规划相关内容如下。

1. 规划程序

风景名胜区规划是涉及资源、社会、经济等各系统，充分考虑历史价值、当代需求、未来发展三个时期进行的宏观调控。整个风景名胜区规划编制大致可以分为调查研究阶段、制定目标阶段、规划部署阶段、规划优化与决策阶段以及规划实施监管与修编阶段 5 个

阶段。

1）调查研究阶段

调查研究阶段主要需要完成前期准备、调查工作、现状评价、综合分析等内容。这一阶段是风景名胜区规划重要的基础调研阶段，资料收集的丰富性与真实性、人员组成的科学性与协作性、现场调研的深入性与灵活性以及综合分析的准确性与前瞻性都将直接影响规划进度、深度、效能等各个方面。

2）制定目标阶段

制定目标阶段主要包括确定规划性质、发展目标、指导思想、宏观发展战略等内容。综合利用各种理论与方法，对风景名胜区发展制定控制性的原则内容，为风景名胜资源的保护与利用工作提出大的方向与方针。

3）规划部署阶段

在上一阶段确定并经过专家评审通过的发展目标、技术指标及发展战略的基础上，对资源保护、社会经济调控、游赏服务设施等子系统进行构建、协调与完善的过程，保证规划系统的全面与协调、可持续发展。

4）规划优化与决策阶段

在规划方案形成之后，要在征询规划专家、当地政府、国家主管部门等方面意见的基础上，对规划成果的具体可行性、实际操作、可视化等方面进行优选和提升，使规划成果可以更好地满足规划实施与管理的需求。

5）规划实施监管与修编阶段

随着社会的进步和经济的发展，规划会在实施与监管过程中出现不可预测的变化，因此必须根据内在条件与外部环境的变化不断使自身的系统得到更新与完善，使规划与建设管理始终处于一种良性互动状态。

2. 总体规划

1）风景名胜区总体规划的基本规定

进行风景名胜区总体规划的编制工作，必须对风景名胜区的现实基本情况进行实地调查与分析，科学评价风景名胜资源，依托合理的规划依据和标准，确定风景名胜区的范围、性质与发展目标，分区、结构与布局，容量、人口与生态原则等基本内容。

（1）风景名胜区现状调查与分析　主要包括风景名胜区所依托的自然和历史人文资源的特点分析；各种资源的类型、特征、分布及其多重性分析；资源利用的方向、潜力、条件与利弊分析；土地利用结构、布局、

矛盾和适宜性分析;风景区的生态、环境、社会与区域性因素分析;游人现状与旅游服务设施现状分析等内容。

例如,2015年广东省住房和城乡建设部编制印发《广东省风景名胜区体系规划(2015—2030)》,指导全省风景名胜区体系建设。基于此,规划编制单位对全省包括2A级以上景区、森林公园、地质公园、历史文化街区、名镇、名村等在内的1 000多个资源点进行了现状调查与分析。

(2)风景名胜资源评价 风景名胜区资源评价主要包括风景名胜资源的筛选、分级评价、筛选评价指标与制定标准、综合价值的评价鉴定、评价结果讨论等内容。

风景名胜资源评价必须从实际出发,实事求是,采取等级评价和综合价值评价、定性评价与定量评价相结合的方法。风景资源评价标准分为五级:特级、一级、二级、三级、四级,主要从景源价值、环境水平、利用条件和规模范围四个大方面进行评价。例如,通过对《国家重点风景名胜区审查评分标准》《风景名胜区规划规范》[现已废止,由《风景名胜区总体规划标准》(GB/T 50298—2018)代替]资源评价指标的分析,综合考虑广东省层面空间政策,广东确定"资源独特性、属地生态战略功能、生态环境质量、旅游配套条件、规模范围"五个方面作为资源点筛选的因子。

(3)范围、性质与功能分区 为便于风景名胜区的总体规划布局、保护及维护管理,每个风景区必须有明确的规划范围和特定的外围保护地带,主要依据以下原则确定:全面呈现资源特色及其环境特点;维持历史文化与社会发展的连续性;确保地域单元的相对独立;保护、利用、管理的必要性与可行性。

风景区的性质,应依据风景区的典型景观特征和生态价值、游憩观赏特点、资源类型、区位因素,以及发展对策与功能定位来确定。

功能分区规划应包括:明确具体对象与功能特征,划定功能区范围,确定管理原则和措施。功能分区应划分为特别保存区、风景游览区、风景恢复区、发展控制区、旅游服务区等。

(4)容量与人口 风景区容量是指一段时间及一定规划范围内允许集聚的最大游人数量,应根据该地区的生态允许标准、功能技术标准、游览心理等因素而确定。游憩用地根据其用地类型的不同有不同的生态容量标准,具体规定详见《风景名胜区总体规划标准》(GB/T 50298—2018)。游人容量的计算方法宜分别采用线路法、卡口法、面积法、综合平衡法。风景区总人口容量应包括外来游人、服务人口、当地居民三类人口容量。

2)风景名胜区总体规划

包括保护培育规划、游赏规划、设施规划、居民社会调控与经济发展引导规划、土地利用协调规划、分期发展规划等方面。

(1)保护培育规划 保护培育规划包括查清保育资源、明确保育的具体对象、划定分级保育范围、确定保育原则和措施、明确分类保护要求、说明规划的环境影响等内容。风景区主要依据景观资源的价值分为一级保护区、二级保护区和三级保护区,实行分级保护。

一级保护区属于严格禁止建设范围,风景区内景观、文化、自然、科学价值最高的区域划为一级保护区,属于特别保护资源。

二级保护区属于严格限制建设范围,是有效维护一级保护区的缓冲地带。风景名胜资源较少、景观价值一般、自然生态价值较高的区域应划为二级保护区,主要发挥生态恢复作用。

三级保护区属于控制建设范围,风景名胜资源少、景观价值一般、生态价值一般的区域应划为三级保护区,主要维持原有生态基底,可合理建设相关服务设施。

(2)游赏规划 游赏规划包括风景游赏规划、典型景观规划和游览解说系统规划。

风景游赏规划应全面展示风景区的游赏主题,呈现资源价值。同时,合理组织观赏线,合理安排景点的分布,展现更好的游览效果。

典型景观规划包括分析典型景观的特征与功能,规划原则与目标,规划内容、项目、设施与组织,典型景观与整个风景区之间的关系等内容。典型景观规划必须保护风景区内的特色景观资源及生态环境,促进风景区良性发展并维持典型景观的可持续利用,妥善处理典型景观与其他景观的关系。

游览解说系统规划应针对游客的类型和景区特点,明确解说主题和信息,确定解说场所和解说方式,布设解说标牌等设施,提出解说管理要求。

(3)设施规划 设施规划包括旅游服务设施规划、

道路交通规划、综合防灾避险规划、基础工程规划。

旅游服务设施规划应分析游人的数量与类型、游玩喜好，配备相应旅游服务设施。

道路交通规划分为对外交通规划和内部交通规划。应满足快速便捷、安全可靠的需求。

综合防灾避险规划应统筹防灾发展和防御目标，整合防灾资源，根据风景区灾害特点编制。

基础工程规划包括邮电通信、给水排水、供电、环境卫生等内容。根据实际需要，还可包括供热、燃气等内容。

（4）居民社会调控与经济发展引导规划 对于含有居民点的风景区，应编制居民点调控规划；凡含有一个乡或镇以上的风景名胜区，应编制居民社会调控规划。居民社会调控规划应符合风景名胜区的特点，以保护景观资源为重点，以优化居民社会为目标，科学合理地编制。

对于经济发展引导规划，应综合考虑风景名胜区的现状发展情况、经济发展潜力、产业结构与发展方向等，保障风景区合理发展。

（5）土地利用协调规划 土地利用协调规划应包含三部分内容，即土地资源分析评估，土地利用现状调查与分析，土地利用规划。

（6）分期发展规划 风景区总体规划一般分为两期：第一期或近期规划期限为 1～5 年；第二期或远期规划期限为 6～20 年。近期发展规划应综合考虑景观游憩、旅游配套服务设施和居民社会的发展，提出具体发展措施。远期发展规划的目标应提出风景区总体规划可以实现的最终状态和目标。同时，近远期规划相结合，保持风景区可持续发展。

3. 详细规划

风景名胜区详细规划是风景区总体规划的下位规划，为风景区的建设管理、设施布局和游赏利用提供依据和指导。

风景名胜区详细规划应包括：总体规划要求分析；现状综合分析；功能布局；土地利用规划；景观保护与利用规划；旅游服务设施规划；游览交通规划；基础工程设施规划；建筑布局规划。此外，根据详细规划区特点，可增加景源评价、保护培育、居民点建设、建设分期与投资估算等规划内容。

1）现状综合分析与总体规划要求分析

现状综合分析应根据实际需要收集风景区的基础资料，包括地形地貌特征、气候条件、景观资源、区位信息、自然状况、交通组织等内容。

详细规划是对总体规划中的内容进行具体的安排，规划内容应与总体规划相一致，对不一致的内容应予以说明和论证。总体规划要求详细规划区对景观资源进行保护和展示，合理划分功能分区和安排配套设施，调控居民点的规模与容量等各方面。

2）功能布局

功能布局应结构清晰、合理划分空间，各分区之间相互关联，各分区独具特色。在材料和体量上，建设合理的配套游赏服务设施。

3）景观保护与利用规划

景观保护与利用规划应保护风景区内的资源与环境、深入调查景观资源、突出景观特色、提升环境、合理布置景源位置、保持植物的多样性、提升游人游览体验。

4）旅游服务设施规划

旅游服务设施应按照风景区的规模合理布置，同时满足无障碍设计要求和不同人群游览需要。根据风景区的类型、大小建设游客服务中心、标识牌、餐饮住宿设施、娱乐设施、科普文化设施、医疗安全设施等。

5）游览交通规划

游览交通规划主要包括步行和自行车骑行的游览线路组织与服务设施的配备。应结合地理特征、景点位置、视线焦点和游人量控制规定，预测游客聚集点，布置合理的交通网络与人员集散场地。

6）基础工程设施规划

基础工程设施规划主要包括给水工程、排水工程、电力工程、电信工程、环境卫生、综合防灾等内容。此外，可根据详细规划区的特别需要，编制供热工程、燃气工程等规划。

7）居民点建设规划

居民点建设规划应符合土地利用总体规划和居民点调控规划，详细规划区内的城市、村镇等居民点建设。规划应保护风景资源，突出居民点特色，控制居民人口符合环境承载力要求，应优先发展旅游产业及与之相关的农副产业，带动居民社会经济发展。

8）用地协调规划

用地协调规划主要包括用地规划和建设用地控制两项主要内容。

用地规划包括现状用地分析、用地区划、用地布局、用地分类、用地适建性与兼容性等内容。用地规划应优先保护景源地、水源地等，优先扩展甲类用地。

建设用地控制应尊重土地原有自然条件，维持原有场地特色，保持生态本底，保护风景资源，控制土地的使用。

9）建筑布局规划

风景区的出入口、旅游服务设施集中区、文化设施与文化娱乐项目集中区和重要交通换乘区应进行城市设计和建筑布局规划。

建筑布局应协调与周边风景及空间环境的关系，建筑物不能遮挡重要风景资源，留出开阔的视域空间，尽可能多地展现风景资源的观赏面，同时建筑风格要与风景区资源相协调。

建筑布局应结合场地条件，最低限度地干预场地基底，合理利用富有价值的地形条件和景观资源，因地制宜地营造具有特色的建（构）筑物，在满足基本使用功能的基础上提升场地的美观性。

第8章
风景园林工程与管理

现代风景园林工程建设规模越来越大，投资越来越多，少则投资几万元，多则成百上千亿元，工程耗费的人力、财力和物力越来越多，而技术要求越来越复杂，同时对生态环境和社会影响也越来越大。这使得工程建设面临巨大的风险，就需要对工程项目进行高效组织管理，科学施工，提高投资效益，降低各种风险。从事风景园林工作，不仅要认识什么是风景园林，还要做风景园林规划设计，更要了解风景园林有关的工程技术与管理知识。

风景园林规划设计内容要实现，需要经过一系列工程组织管理和工程施工来完成。施工之前，规划设计方案需要通过工程技术设计、施工图设计、工程招投标、场地准备、施工组织设计，然后工程才能有序施工。

8.1 风景园林工程技术

不管是城市公园、风景名胜区，还是居住小区、屋顶花园，综合运用数学、物理、化学、生物学、美学等学科知识，对地形、园路、植物、山石、建筑材料、照明等要素进行合理设计，科学施工才能实现。这就需要掌握风景园林土方工程、管线工程、水景工程、园路工程、种植工程、假山工程、供电与照明工程和生态修复工程等一系列工程技术知识，才能做好风景园林工程设计与施工工作。

8.1.1 土方工程

风景园林建设，必先整理场地，以满足场地功能、生态和美学等要求。不管是植物、建筑、小品、园路、山石、水景和管线等都要依托地形。因此，施工场地是园林建设施工的基础。无论是挖湖堆山、微地形塑造、平整场地，还是修路栽树、管线埋设，都需要动土。调整场地地形，需要先进行场地竖向设计，再进行土方工程量的计算，根据计算结果和竖向设计图纸组织人力、机械和财力，进行土方施工实现场地地形，为后续工程做好基础。

1）竖向设计

现状地形通常不能满足风景园林设计的要求，需要对原地形进行整理与改造。而整理与改造，首先需要进行竖向设计，即从平面和立面角度统筹安排这些工作。一是场地地形的形态大小与空间布局；二是进行场地内各种构筑物、水体、园路、管线、植物等的高程协调；三是场地的排水、坡向坡度确定。竖向设计要根据造景、功能布局与场地排水要求，因地制宜，顺应自然，尽量充分利用原地形，减少对原地形的干扰与破坏，将工程设施与自然风景融合，降低工程造价，尽量土方平衡。

进行竖向设计，首先需要把原地形、地物、地貌测绘在图纸上，这种图纸就是地形图。竖向设计之初，设计人员先收集资料，包括地形图、场地规划设计方案及说明书、设计规范、场地水文地质、植物、构筑物、土壤污染等。再组织人员进行现场踏勘，补充完善资料，通过现场踏勘、访谈、拍摄、记录等形式，核实地形图与现状地形是否一致，记载有价值的地形、水体、植物、建筑、文物古迹等。踏勘之后，组织设计人员进行场地分析，掌握场地的特征和需要解决的问题，明确规划设计方案对场地的要求，然后提出调整或改造的思路，在图纸上做出初步方案并进行初步方案评价。初步方案通过之后，开始技术设计与施工图设计。

竖向设计常分为初步设计和施工图设计，不管在哪个阶段,在绘图时都要考虑采用哪种设计方法和在图纸上要表达的内容(图 8-1)。风景园林竖向设计时,常用方法有高程箭头法、等高线法、断面法、模型法。其中,高程箭头法绘图快,易于修改,表达较直观,但比较粗略。等高线法能将原有地形、设计地形和方案设计的各种景物、构筑物与工程设施等在一张图纸上表达出来。该法表达比较准确,能反映出地形的起伏变化和地形的陡缓。在不复杂的地形中,设计等高线应

用较多,可进行陡坡变缓和缓坡变陡、平填沟谷、场地平整与园路设计。对需要掌握原有地形和设计地形状况,以及土方量计算,人们常采用断面法。断面法在场地上做纵向和横向的垂直断面来反映地形状况,比较直观,但不能反映场地地形整体变化情况。模型法可用沙、泥或板状材料等制作地形模型,现在也可用计算机通过软件制作地形模型,这种方法表达直观具体,但制作费工费时,投资较大。

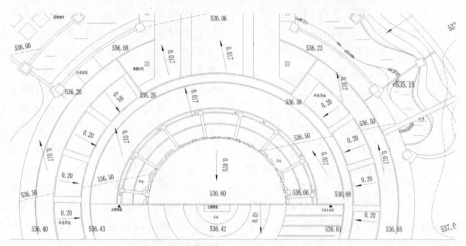

图 8-1　竖向设计平面图(刘维东 绘)

绘制竖向设计图纸时,要根据图纸比例选用等高距,确定山体、水体、建筑物、铺装场地等的高程,用等高线反映地形形态,确定排水方向。

2)土方工程量计算

施工之前,需要完成一系列内业工作,其中涉及土方工程量的计算。对建设单位来说,可以控制标底,明确自己在工程中承担的义务。对设计单位来说,根据土方工程量的计算结果,可修改设计中的不合理之处或方案评价。对施工单位而言,根据计算结果和施工条件,有效组织人力、机械与工程资金,做好施工方案,便于工程施工管理。

土方工程量计算是把计算的复杂地形分成各种几何形体,然后用各个几何形体体积公式计算出体积,再把各个体积合计计算出复杂地形的土方工程量。风景园林土方量计算根据使用范围和要求不同,主要有求体积公式法、断面法和网格法。求体积公式法是把计算地形看成近似的几何形体,然后用几何形体体积公式计算出土方量,这种方法简单,但精度不高,一般用于估算。断面法适用于带状地形,方法是把地形沿水

平方向或垂直方向切割地形分成多段,每段再用几何形体公式计算体积,后将每段体积加起来得到土方量。网格法适用于场地平整,把场地分成多个正方形网格,然后用公式分别计算每个网格的挖填土方量。

3)土方施工

土方施工往往是风景园林建设最先完成的工程,它直接影响后续工程(建筑、水景、管线、种植工程等)的施工,并且土方工程量大,劳工繁重,需要精心组织,才能使项目顺利完成。

施工单位在承担施工任务之后,组织技术人员察看施工图,明确施工内容和技术要求,然后查勘施工现场,分析施工条件,制定施工方法与措施,选择施工机具,编制施工方案,准备施工。土壤成因不同,土壤性质各异,加上场地的景物设施差异较大,对土壤要求也就不同。山体或微地形要求地形稳定,而种植地一般要求土壤透水透气性好、土壤肥沃,而工程构筑物要求土壤承载力高,以保持稳定。因此,土方施工首先要了解土壤的种类、密度、自然倾斜角、含水量、相对密实度、可松性、压缩性等。

在风景园林建设过程中,土方工程是一项比较艰巨的工作,需要做大量的准备和辅助工作。在施工范围内,对有碍工程开展的地面物和影响工程稳定的地下物都应清理,如伐除树木,拆除或清理掉不用的建筑或构筑物,但也要保护好有价值的建筑、构筑物、文物古迹或名木大树等。做好排水与降水措施,地面积水不仅影响施工,还要影响施工质量。在施工前,应采取设置排水沟、截水沟、集水井、水泵等措施,把施工场地范围内的积水或过高的地下水排走。在场地清理之后,应根据施工图纸要求,用测量仪器、测量辅助工具(如桩木、长竹竿、边坡样板、龙门板等)在施工现场进行定点放线工作。

8.1.2 管线工程

风景园林绿地下敷设有大量的管线,这些管线为提供舒适的游憩活动、维护风景园林景观和保障游览安全发挥着重要的作用。风景园林绿地的地下管线数量较多,主要有给水管、雨水管、污水管、电缆、通信电缆、煤气管、光线、宽带等。这些管线工程为游人的各种游憩活动开展以及动植物的生活生存提供了基本保障,它是风景园林绿地实现其功能和效益的重要基础设施,维护了风景园林景观和环境安全。管线工程大多属于隐蔽工程,常集中敷设,需要协调处理各管线之间的关系,以便施工和维修。此外,这些管线工程的地面设施在满足功能的前提下,需要景观化处理,以便景观协调。管线工程实施需要运用力学、电学、材料学、数学、光学等知识,了解工程材料,掌握工程设计、施工与验收规范,才能做好管线工程。

1)风景园林给水工程

城市绿地是人们休息游览的场地,也是动植物集中的场所,也是水景较多的环境。人们游览时需要饮水解渴,花木需要养护,水景水需要更换,这些水都需要管道输送,因此需要在绿地建设给水设施。给水工程是风景园林的基础设施工程,对维护景观、服务人们发挥着重要作用。

风景园林给水工程主要是解决绿地用水问题,保障用水经济、安全。绿地具有用水分散、高程变化大、水质要求不一等特点,这就需要进行给水设计。给水工程设计要解决水源选择、管网布置、水力计算、管道材料与设施的选择、管道埋设等问题。绿地水源有地表水、地下水,还有城市中水、自来水,需要根据用水要

求选择水源。管网布置根据用水设施分布、水量等情况,采取多点供水、分压供水或分质供水,管网布置避开塌方等危险地段,常布置在路边,方便管理。水力计算主要进行管道流量、水头损失等计算,并根据水力计算结果确定管径。管道材料有钢管、PE(聚乙烯)管、PVC(聚氯乙烯)管等各种管材,管道设施有阀门、水表、压力计等,用水设施喷头、水龙头、花洒等。管道埋设要解决埋深、管线交叉等问题。

喷灌系统也是风景园林给水工程的重要任务之一。绿地规模越来越大,人工浇水既不现实又浪费水资源。喷灌节水省工,不仅在风景园林绿地应用,还在农业蔬菜大棚、大田果园广泛使用。喷灌系统主要由喷头、管网、控制设备、水泵、动力设备和水源组成。喷灌系统设计与给水工程一样,需解决管网布置、水力计算、材料设施确定、管道埋设等问题。由于喷灌对象要求不同,喷灌系统又分喷灌、小管出流、滴灌、渗灌等多种形式。

2)风景园林排水工程

人们在绿地游憩活动中,餐厅、厕所等园林设施会产生大量的生活污水,为保护风景园林景观,避免环境污染,绿地应设置污水管网,将其引导至城镇污水管网中或引导至园内的污水处理池。此外,夏季降雨产生的场地积水,影响人们的游憩活动,地表径流则会导致水土流失,严重时产生滑坡或塌方等。这就需要对雨水加以利用与规范,应设置管渠引导雨水到园内水体或园外去。城市绿地的雨水和污水的收集、输送及附属设施构成了风景园林排水系统。风景园林排水工程除雨水排水工程外,还包括雨水利用、再生水利用和暗沟排水等。

绿地排水以地面排水为主,管道和沟渠排水为辅。风景园林绿地排水工程通过雨水口、沟渠收集地表径流,选择较远的雨水口作为干线,其他雨水口就近与干管通过检查井连接,采取就近和分散的原则布置管网。管网布置以后,计算汇水区域面积,查取当地降雨强度公式,确定暴雨周期,计算地表径流量,最后根据地表径流量确定管径。排水管渠是风景园林的基础设施之一,而雨水口、检查井、跌水井和出水口、明沟等排水设施要与环境协调,在满足排水的前提下,要注意这些设施的景观化处理。

3)供电照明工程

风景园林绿地照明不仅照亮空间,延长人们游憩活动时间,保障游憩活动安全,还可丰富城市夜景,对

绿地景观进行重塑。风景园林中不仅有照明,还有喷泉、瀑布、电动游乐设施、监控等设施设备,都需要解决风景园林供电与照明。

　　风景园林景观照明根据对象可分为植物景观照明、建筑及小品照明、园路照明、水景照明等。风景园林照明根据景观和功能等确定照明方式;根据环境要求选择光色、照度、照明灯具,布置中还要考虑眩光、节能与控制方式,使风景园林绿地呈现独特的夜景观。

　　风景园林用电分为照明用电和动力用电。风景园林供电照明设计工作主要包括计算用电量,选择电源,确定配电方式、用电电压和控制方式,选择照明灯具、用电设施、变压器、电缆、保护电器,布置电力线路,计算线路电流选择电缆等。

8.1.3　水景工程

　　水不仅给予人类生命活动,还给人美的享受和启迪。水既可开朗豁达、温存亲切,又可恢宏壮观、气势惊人。古今中外,水都是景观的主要构成要素。水是中国园林的灵魂,可以说"无水不园"。水依托山草花木、古树亭榭,可借以形成多种格局的园林景观。用水造景,可以做到虚实相映,声色相称,动静相补,产生独特的艺术魅力。自然风景中的江河湖泊、瀑布溪流等都是人们造园模仿的对象(图8-2)。

图8-2　园林水景(刘维东 摄)

　　水景工程是因水而形成的景观工程。随着科学技术的进步,水景工程日益丰富。水景工程众多,主要有驳岸、护坡、水池、喷泉、瀑布、溪流、跌水、种植池等。此外,水有动静之分,静水有湖、水池、沼、潭、水生植物种植池等(图8-3);动水有溪流、水渠、瀑布、叠水、跌水、喷泉、涌泉等(图8-4)。

　　风景园林水景工程主要包括水景设计、水景构造与施工。水景能够降低温度、增加空气湿度、净化空气、降低噪音,还可以划船、垂钓、游泳、戏水、冲浪等,给人无穷的乐趣。水景设计需要掌握水的特点,了解水位、流速、流量等水工知识,因地制宜确定水源、出水

口,构思水池与喷水形态,布置管网,控制水位,控制喷泉的电、光、声、水。要注意水池的稳定,防止漏水与渗水,解决水池构造做法。流动水体要注意水位、流速和流量,解决岸壁平面和断面形态,以及驳岸材料的应用。根据场地功能和造景要求,考虑水景形态与周边环境的协调。

图8-3　园林静水(刘维东 摄)

图8-4　瀑布与溪流等园林动水(刘维东 摄)

8.1.4　园路工程

　　在游览中,园路始终伴随着游人,影响着游客的游憩体验。园路是风景园林景观的重要组成部分,与其他道路相比,园路应具有引导游览、组织空间等功能,与周边环境协调而构成景观。与城市道路相比,园路结构简单,综合造价低,但路面形式丰富,具有较高的艺术表现力(图8-5)。从性质上分,园路分主路、次路和小径。从路面材料上看,有整体路面,如沥青混凝土路面;有块料路面,如花岗石路面;有碎料路面,如卵石路。

图8-5　园路与竹径(刘维东 摄)

1）园路设计

园路工程建设内容广泛，主要有车道、步行道路、绿道、停车场、铺装场地、台阶、蹬道、出入口、汀步与步石，还有无障碍设计（图8-6）。为保障游人游览的通达性、安全性、舒适性，解决园路与周围景观的协调性，实现工程的经济与合理，需对园路进行专项设计。

图8-6　碎石铺地与卵石小径（刘维东 摄）

园路设计之前，要收集资料，主要包括地形图、总平面图、道路规范以及地质水文资料，然后踏勘现场，分析园路设计任务与拟解决的问题，提出园路设计方案。园路设计方案确定之后，就要对园路进行平面线形设计、园路的纵断面设计、园路的结构设计与铺装设计。园路的平面线性设计要解决直线、圆曲线、缓和曲线以及平面线形的组合与衔接问题，要确定平曲线的转弯半径和道路宽度等。园路的纵断面设计需要解决园路的纵坡坡度、竖曲线半径、陡坡坡度与坡长等问题。园路的结构由下往上有土基、基层和面层，有些细分还有垫层、结合层。园路的结构设计要遵循"薄面、强基、稳基土"原则，要就地取材，设计时需要根据地质水文和交通情况，确定园路结构每层材料种类和厚度。

园路铺装设计根据环境景观要求，对路面进行美化与装饰，需要确定路面的图案、纹样、色彩、尺度、形式和质感，路面材料要耐磨、防滑，同时不能反光、刺眼，还得少尘、生态环保。随着生态、环保、节能等理念的提出，现代新技术和新材料在园路中大量运用，传统材料和新材料的结合，极大地丰富了现代风景园林的道路景观。停车场主要由停放车位、出入口、通道和其他附属设施组成，停车场设计需要根据场地大小、形态确定停车数量与停车方式。无障碍设计是对园路中的平路、坡道、梯道、进出口做引导、提示和辅助设计，以方便行动不便者、乘轮椅者、挂盲杖者以及使用助行器者安全使用，主要有缘石坡道、坡道、盲道、休息平台等设计内容。

2）园路施工

跟其他工程一样，施工前需要做好施工组织设计，准备好园路施工所需的材料、机械、人员，做好技术交底和现场清理工作。园路施工工作有施工放线、路槽开挖、基层施工和面层施工。

园路施工放线根据施工图纸把高程和坐标引测到施工现场，然后按照"先整体后局部，先控制后碎部"的工作程序和步步校核的工作方法把道路中线上的起点、交点、终点、转折点、里程桩等测设点测到施工现场，然后各测设点间用灰线放出园路中线，最后根据道路宽度放出道路边线。放线后，组织机械和人工开挖路槽，路槽开挖深度根据设计标高、原地形标高和园路各结构层厚度综合计算得出。路槽准备好后，开始铺筑基层。基层结构材料众多，施工方法也不同，大多材料主要工作有摊铺材料、稳压和养护等工作。基层完工后，铺砌面层，安装道牙、边条等。

8.1.5　种植工程

花草树木是风景园林景观最重要的构成部分，它对构成景观，改善生态环境发挥着重要的作用。植物具有生命，通过萌芽、展叶、开花、结果等具有景观的季相变化。有效进行风景园林种植工程，应充分认识风景园林植物的生态和生理习性，了解生长发育规律，以提高其成活率。

许多场地在硬质景观工程完成后，需要栽植乔木、灌木、竹类、花卉、藤本等各种植物来丰富景观。提高植物成活率是种植工程需要解决的关键问题。植物成活受到水、温度、湿光、土壤和移植时间这些因素影响，栽植时需要对植物的起挖、运输、栽植时间进行合理安排，组织好施工人员、机械，采取科学技术措施。因种植对象和实施环境的不同，种植工程包括乔灌木的栽植、大树移植、反季节栽植、草坪建植、边坡绿化和屋顶绿化等主要工作内容。

1）乔灌木栽植

乔灌木栽植包括准备、实施和收尾工作。准备工作主要有人员、物资、技术、苗木和场地准备等。人员有绿化工、辅助工、机械操作人员与工程管理人员；物资包括苗木、机具、测绘仪器、水等；技术包括起苗、运输、整形修剪、栽植、养护管理等。苗木准备包括选苗、号苗、起挖、包扎、吊运等。场地准备有去除杂物，做微地形、翻地、客土、杀菌消毒等工作。栽植实施阶段工作有定点、挖坑、修剪、栽植、筑水圈浇水、立支架等工作内容。定点是用测绘工具进行定点放线,确定栽植位置。挖坑是按照苗木规格挖种植穴,并处理种植穴环境;栽植是将苗木落坑并扶正,然后填土夯实。修剪是去除枯病枝、徒长枝、过密枝、劈裂根、病虫根,剪口要平滑。筑水圈在种植穴周边筑 15 cm 的土堰,浇定根水。立支架是防树木被风吹倒和人为伤害,用树辊支撑树干或用绳索、铁丝固定树干。

2)大树移植和反季节栽植

为尽快达到绿化效果,从场地以外移植大树或非适宜季节栽植树木。大树和反季节栽植与乔灌木栽植方法和流程差不多,但大树生长时间长,成长不易,需要采取更多措施保障成活。大树移植前做的准备工作包括预先断根、根部环状剥皮、大树修剪、安排运输路线、软材包装、大树吊运、大树定植。栽植后养护措施有树体保湿、树干缠绳、遮阴棚遮阴、喷洒蒸腾抑制剂、土壤放置透气设施、施用药剂防腐促根、滴注营养液、防治病虫害等。

3)草坪建植

草坪在风景园林中可美化场地,减少水土流失,还可作为活动草坪,也可作为足球场、高尔夫球场等运动场地,在城市绿化中广泛应用。建植好草坪需要注意三点,即地坪处理、选择草种和养护管理。地坪处理包括地形处理、土壤翻耕、清除杂物、施肥、换土、碎土、平整和做好排灌系统,使土壤肥沃、疏松透气。草种很多,习性不同,草种选择首先看当地的气候条件,其次是草坪用途,最后要考虑养护管理条件。草坪分冷季型和暖季型,草种可单播也可混合使用。草坪种植方法很多,有播种、栽植、铺草、喷薄等方法。精细的草坪养护管理对建设高质量草坪具有重要的作用,草坪养护管理工作包括浇水、施肥、修剪、除杂草、打孔等。

4)边坡绿化

修筑道路、平整场地时,大量的挖填方形成各种条件边坡。裸露边坡既不美观,又容易水土流失,产生滑坡塌方,需要采取各种措施加以防护。植物通过根茎稳固土壤,减少水土流失,还能美化边坡。因此,边坡绿化就是重要的防护措施之一。边坡绿化主要考虑施工工艺和边坡绿化材料。边坡绿化可采用草种等地被植物,也可采用藤蔓植物、灌木等,植物材料的选择依自然条件而定。草坡施工工艺主要有人工播种、铺草皮、湿法喷播、三维植被网铺草、客土喷播、植生带、刚性骨架植

草、土工格室植草等,施工工艺选择根据边坡条件确定。

5)屋顶绿化

屋顶绿化可美化城市,改善城市生态环境(图 8-7)。随着建筑技术的进步,许多城市已开展了屋顶绿化工作。为保障屋顶安全,屋顶绿化设计应考虑屋顶荷载、排水方式和方向、屋顶梁柱分布、屋顶绿化要求等,设计屋顶绿化内容和植物材料及小品设施等。在进行施工时,防止漏水和根系破坏,保证排水畅通。屋顶绿化施工先要清扫屋顶,然后进行蓄水,进行防水检测并及时补漏,必要时进行二次防水,再依次做好分离滑动层、隔根层、蓄(排)水层、隔离过滤层、基质层和植被层。

图 8-7 立体绿化与屋顶绿化(刘维东 摄)

8.1.6 假山工程

我国幅员辽阔,地质变化多端,山石分布极广,种类繁多。在汉代,我国就已经开始置石掇山,用石造园。园林用石,使用广泛,既可堆叠假山,构筑驳岸、花台,又可作为室外家居和器设;既可划分和组织园林空间,又可以山石为材料做独立性和附属性造景布置。在风景园林中,把用自然山石或采用其他材料仿石造景的工程叫作假山工程,也叫石景工程(图 8-8)。

假山工程离不开材料,我国常用假山石材料有太湖石、房山石、黄石、青石、英石、灵璧石、宣石、砂积石、木化石等。这些材料有的可从土中掘出,有的水下而得,有的取自山岩,有的源自沟谷山涧,出处不同,取法各异。由于石材众多,形态各异、石性有别、纹理不同,用法也有很大区别。有的适于掇山,有的宜于置石,但都应因地制宜,充分利用当地石材,既省人工物力,又可降低工程费用,形成地方特色。由于石材是不可再

生资源,目前常采用混凝土、GRC(玻璃纤维增强混凝土,图8-9)等现代材料进行塑石与塑山。这些材料可塑性更强,施工更为简便,其应用越来越广泛。

图8-8 假山(刘维东 摄)

图8-9 GRC塑山(引自毛培琳《中国园林假山》)

园林用石造景主要有置石和假山两类。置石是单置或多块山石组合,主要表现山石的个体美或局部的组合,而不具备完整的山形。置石根据用石多少和处理手法有特置、对置、散置、群置和山石器设之分。特置和对置用石较少,但对山石形态要求较高(图8-10)。散置与群置讲究石间组合与搭配(图8-11)。山石除独立成景外,还可与建筑和花台结合,也可用于护坡驳岸。用少量山石在建筑适宜部位进行装饰,可以减少人工气氛,增强自然气息(图8-12)。山石与建筑的结合位置分为山石踏跺、蹲配、抱角和镶隅、粉壁理石、"尺幅窗"和"无心画"、云梯等。用山石做花台,形体可因势而变,小可占角,大可成山,变化丰富,可划分空

间,可因石成景。置石可用自然山石,也可采用混凝土等材料人工塑石。

图8-10 特置山石(刘维东 摄)

图8-11 石桌(刘维东 摄)

图8-12 群置山石(刘维东 摄)

假山是以土、石等为材料，以自然山水为蓝本并加以艺术的提炼和夸张，用人工再造的山水景物。假山根据用材和施工方法不同，分为掇山和塑山。人工用自然山石堆叠假山过程叫掇山。塑山是用雕塑艺术的手法，以天然山岩为蓝本，用混凝土等为材料人工塑造的假山。建造假山要"有真为假，作假成真""外师造化，内发心源"。假山源于自然而又高于自然，不管掇山还是塑山，都要合乎自然山水地貌景观形成和演变的科学规律。

假山构思取自自然山水，是对自然山水中的峰、峦、崖、壑、坡、阜、洞、穴、涧等地形单元，根据创作意图，结合立地条件而进行的重构。自然中的山是化整为零的演化过程，而掇山相反是积零为整的工艺过程（图8-13）。假山较置石复杂得多，需要考虑的因素要多一些，必须在外观上注意整体性，结构方面要注意稳定性，并将科学性、艺术性和技术性统筹考虑。假山可说有法无式，形态变化万千。掇山虽是集零为整，但自有章法，结构有基础、拉底、中层和收顶之分，每层做法各有要求，山石结体亦有形式，不经多次实践，恐难以掌握。塑山材料很多，有水泥砂浆、玻璃纤维强化水泥、玻璃纤维强化塑胶石等。塑山造型不受石材限制，施工快捷，大可成山，小可塑石，拓宽了假山使用空间，为风景园林设计提供了更多可能，需要认真学习和掌握。

图8-13　塑石景观（刘维东 摄）

8.1.7　生态修复工程

随着人口的增加和工业化的快速发展，人们为获取资源，肆意开采矿山，砍伐林地，拦截流水，任意排放污水、废气，倾倒垃圾，致使空气、土壤、水体遭到污染，农田、草场、森林、河流遭到破坏，产生一系列的生态环境问题，危及人类健康与发展，需要生态修复。生态修复是在生态学原理指导下，通过一定的生物、生态以及工程的技术和方法，人为地改变和消除生态系统受损的主导因子或过程，调整、配置和优化系统内部及其外界的物质、能量和信息的流动过程及其时空秩序，使生态系统的结构、功能得以恢复或提高，从而修复污染环境。生态修复对象主要有：重金属污染的耕地，被水污染的河流、湖泊，矿山开采留下的采矿场，城市产业结构调整留下的工业废弃地，还有占地面积较大的城市垃圾填埋场，放牧过度的牧场，过度砍伐的林地、沙漠化和石漠化地区，地质灾害地等。在风景园林建设中，常常涉及这类污染场地，需要采取措施对这些场地进行生态修复。

1）土壤生态修复

土壤由于污染水体的排灌，含有大量的锌、铜、铬、锰、铅、汞等重金属、化合物等。而重金属具有潜在危险，且在土壤中相对稳定和难以降解，因而难以治理。

重金属污染土壤的处理主要通过工程手段和生物技术降低土壤的重金属含量，实现土壤修复。工程上可根据场地情况采取换土、土壤施肥、土壤改良等手段修复建设场地土壤。土壤的生物技术修复有两种方法：一是利用微生物对重金属的生物吸附和生物转化；二是利用植物对重金属吸收、沉淀、富集或转化能力，从而削减土壤中的重金属含量或降低重金属毒性而修复土壤。

盐碱土壤的生态修复主要可通过接种耐盐菌根菌和种植耐盐植物等方式，如国槐（*Sophora japonica*）、杨树（*Populus L.*）、臭椿（*Ailanthus altissima*）、栾树（*Koelreuteria paniculata*）、紫叶李（*Prunus cerasifera*）等。在风景园林工程中，常采用堆山抬高土位、盲沟排水等措施排盐排水，采取客土、施用盐碱土改良介质来减少土壤中的盐碱。

2）水体生态修复

由于污水、废水的过度排放，加上农业施肥等导致城市水体污染、水质恶化、水生动植物减少。因此，受污染河流、湖泊也是重要的生态修复对象。目前，污染水体可以采用生物、生态和工程方法进行修复。在风景园林建设中，很少采用单一的方法，往往根据水体状况，从技术和经济方面综合选择。

生物技术是利用植物、微生物等的代谢活动，对水体中污染物进行富集、转化、吸收及降解而使水体净化。通过水体增氧,微生物吸收氧气,把污染物分解成二氧化碳和水,达到净化水体的目的。水体增氧有三种方式:人工曝气、风力作用或植物的光合作用。水生植物通过根茎吸附、阻截等作用净化水体。

污染水体的生态修复技术主要是恢复退化水生态系统结构中缺失的组分,达到重建水生态系统的良好结构,实现其功能的恢复,同时改善水质。水体生态修复依不同的水生条件可采用改变生态群落结构的生物操控法、设置生态浮岛(图8-14)、建设人工湿地和生物稳定塘净化水体。

图8-14 生态浮岛

工程技术是通过人为的工程技术手段进行修复,主要方法有构建自然型河流、新建生态驳岸、疏浚底泥、引水稀释和冲刷、机械除藻等。

3)矿区废弃地修复

矿区浅层开采,会移开表层土壤和植被;矿区深层开采,大角度开挖与填埋易产生沉陷、垮塌、滑坡等地质灾害,此外,废弃的矿石堆埋使得土壤与植被深埋,这些开采都导致矿区整个生态系统破坏。矿区开采地的生态修复面临着地质灾害、极端的土壤条件及重金属的毒性影响,必须采取措施减轻或消除这些影响,才能保证整个恢复过程的有效进行。这些措施主要有工程安全措施和生态修复措施。工程安全措施主要有建设挡土墙、护坡、拦沙坝、维护栏网、设置截水沟、引水槽等。生态修复措施主要有毒性处理与污染治理、客土覆盖、植被修复。

4)垃圾填埋场的生态修复

城市人口增多,产生的生活、建筑、工业等各种垃圾处理非常困难,垃圾填埋是很多城市采用的处理方式之一。垃圾填埋不仅占用大量土地资源,还对周边生态环境产生较大负面影响,甚至影响人们的生产生活。对许多已到库容的垃圾填埋场进行生态恢复和景观建设,不仅能降低污染、节约土地,还能为居民提供全新优美的景观和游憩空间。

要保障垃圾填埋场不污染环境和安全使用,在客土前要进行填埋场封场处理,设置地下水导排系统、场区雨水排除系统、渗滤液收集系统、填埋气体导排系统及防渗处理,再在填埋场上客土覆盖形成基质层,然后在基质层上种植植物或景观建设进行生态修复。

5)城市工业废弃地的生态修复

由于城市改造或产业结构调整,原处于城区的工厂被搬迁或停产,导致城区出现大量的工业废弃地。这些废弃地大多留下老旧的厂房、各种破损的工业设备、管线和污染的土地,这既浪费土地资源,又影响城市的形象,阻碍城市的发展。对工业废弃地进行生态修复、景观改造,可使工业地焕发生机。

工业废弃地的生态修复主要是对土壤、水体修复及场地上设施设备处理。土壤修复有两种方法:一是污染严重、处理困难的土壤采取换土回填;二是一般的土壤通过覆盖或种植富集植物修复。移除工业废液,场地废水可采取种植水生植物或微生物进行处理。建设雨水花园或湿地,加强对土壤和水体的处理。对废弃地上的厂房、设备、管线等分类处理,保留有价值的,拆除严重破损的,有些设备设施进行重构形成新的作品,结合总体布局,特色植物的应用,形成特色工业景观。

8.2 风景园林工程项目建设程序

建设工程项目投资额较大,建设周期长,社会影响大,涉及范围广,参与人员众多,需要严格控制与管理。为保障投资安全,降低风险,建设工程项目需要按一定的建设程序进行。项目建设程序是指一个项目从酝酿提出到项目建成或投入使用的全过程中各阶段建设活动的先后顺序和相互关系的法则。每个项目内容、规模可能都不同,但每个项目都会经历立项、勘察设计、施工准备、施工、竣工验收与后评估阶段。每一阶段的任务、实施内容、参与单位都不尽相同。

8.2.1 工程项目的立项报批

为促进社会经济发展,规范建设行为,国家规定工程项目需要立项报批,以保障工程投资,减少对社会、环境的影响。一些工程使用政府资金,还有些项目使用企业资金,有些项目关系国家安全或重大公共利益等,有些属于公共领域的非经营性项目,如公共基础设施、生态环境保护等。因使用资金不同,项目影响不同,政府对项目审批实行审批制、核准制和备案制三种管理方式。对使用政府预算资金进行的新建、扩建、改建等固定资产投资建设活动的项目实行审批制;企业投资,属于 2016 年 12 月 2 日国务院发布的《政府核准投资项目目录(2016 年本)》中的项目采用核准制;核准目录以外的固定资产投资项目采用备案制。

1)项目建议书

项目建议书是项目单位根据地区国民经济或社会发展规划,经过调查提出拟建项目的轮廓设想的一种建议文件,供项目投资主管部门做出初步决策。项目建议书是项目开始阶段的一项工作,篇幅不长,主要阐明项目立项的必要性,简要说明项目建设的可能性,内容涉及项目背景、资源情况、方案初步设想、资金来源、效益评价与进度设想等。它可以减少项目选择的盲目性,为下一步可行性研究打下基础。项目建议书建设方案设想好,提出时机恰当,项目才会批准,进入可行性研究阶段。

2)可行性研究

项目建议书一经批准,项目单位可着手开展可行性研究,撰写可行性研究报告。项目的可行性研究报告是在拟定开发项目之前,对其开发的可能性、有效性、技术方案、政策进行技术论证与经济评价,以求选择一个技术上合理、经济上合算的最优方案而写的书面报告。可行性研究报告是工程项目报批的重要材料,是工程立项的依据。

编制可行性研究报告需要大量调查、研究,甚至实验,是一项复杂的工作。若项目单位不能编制,可行性研究可委托高校、研究院所、咨询公司、工程承包单位等机构来完成。开展可行性研究需要对项目的内容、资金、技术、规模等,围绕项目的影响因素,收集资料,通过数据计算、案例分析或实验模拟进行全面、系统分析。报告需说明拟建项目是可行还是不可行,以供上级投资主管部门和有关部门决策。编制的可行性研究报告内容主要有项目建设的背景、选址与规模、项目性质、资源分析、建设内容、投资估算和资金筹措方式、进度安排、效益评估等。委托单位编制出可行性研究报

告后,有的需要通过专家评审。

3)工程项目的报批

要通过项目审批,项目单位要做好项目的前期工作。这些工作主要包括项目建议书、可行性研究报告、初步设计及依法附录的其他文件,文件深度要达到规定的要求,并对提供文件的真实性负责。

项目单位先在全国投资项目在线审批监管平台进行项目登记,获取投资项目代码后,在线申报并提交申请材料,完成项目的报建。项目需要经过相关部门受理、审查、决定、制证及送达过程,完成审批。项目报建后,相关办理部门得到申请后,开始受理申请,首先进行在线材料预审,预审过后,相关办理部门进行核准审查。审查时,需要评估的,委托有资格的工程咨询机构进行评估;涉及有关行业管理部门或者项目所在地地方人民政府职责的,商请有关行业管理部门或者地方人民政府出具书面审查意见;如果会对公众利益构成重大影响的,会采取适当方式征求公众意见;对于特别重大的项目,进行专家评议。审查通过后,对项目进行核准,出具项目核准文件。大型主题公园要报国家发改委审批,而小额和限额以下的风景园林工程项目应按隶属关系由投资主管部门或相关部门审批。

8.2.2　工程勘察设计阶段

项目审批之后,项目所在单位开始项目的实施,以尽早实现投资效益。项目实施的首要工作就是风景园林工程勘察设计。建设单位不能完成勘察设计工作,就要通过委托或招标将其交给勘察设计单位。

工程项目内容需要依据地形、地物和地质等资料,在空间上进行布局,完成施工图设计。这些资料需要地勘、测绘单位进行勘探和测绘获取。而设计单位根据勘测资料、项目可行性研究报告及上级部门的审批意见,按照合同要求,对景观内容进行空间布局,做出设计方案和设计概算。设计方案经过建设单位认可、专家评审或规划委员会通过以后,下一步工作就是扩初设计或技术设计,细化、完善设计方案和解决设计方案中的技术问题,以便施工图设计。对于工程项目较简单,不需要技术设计,完成方案设计后,可直接进行施工图设计。风景园林工程设计内容涉及植物、建筑、道路、给排水、供电照明等不同专业知识,需要不同专业人员分工协作,共同完成。

8.2.3 工程建设准备与实施阶段

设计完成后,工程项目进入实施阶段,主要有建设准备和施工工作。建设单位进行的准备工作,主要有征地拆迁、场地整理、材料与设备的采购、招投标、签订合同等工作。施工之前,建设单位组织工程招投标工作,选择施工单位或材料设备的供应商,签订施工合同。施工单位签订合同后,成立施工管理机构,编制施工组织设计,办好施工许可证,做好工程项目的分包工作,订购设备和材料,搭建工地生产和生活设施。

工程施工之后,施工单位按照施工部署和计划进行施工,向各施工队落实施工任务,做好人员、资金、物材料、机械的协调,加强工程现场组织管理,做好质量、进度、安全、成本、信息、文明、劳务等管理,保障工程项目按时、按质、按量完工。同时,做好已完工程的养护和保护工作。此外,建设单位、监理单位加强工程监管、协调与验收工作,保障项目顺利实施。

8.2.4 工程竣工验收阶段

工程施工完成之后,及时进行竣工验收交付工程,促进项目尽快产生效益,提高投资效率。竣工验收是园林建设工程的最后环节,是考核设计成果、检验设计和工程质量的重要环节。验收时,需要确定竣工验收对象与范围,施工单位、监理单位、建设单位做好竣工验收的文件、图纸、技术等准备工作。为保障验收成功,一般工程需要经过自验、预验收和正式验收。施工单位首先组织人员,做好竣工资料,项目管理人员、技术人员和施工队长根据图纸、设计要求、合同和工程验收规范等进行分段分项检查。自验没问题后,向监理单位或建设单位提请项目预验收,验收时监理单位组织相关监理工程师对工程核实资料,逐项检查。预验收完成后,建设单位邀请上级主管单位和工程项目的相关单位进行正式验收。正式验收通过后,施工单位办好工程交接手续与资料,拆除工程临时设施,确定对外开放时期。

8.2.5 工程项目后评估阶段

建设项目的后评估是工程项目竣工并使用一段时间后,对项目立项决策、设计施工、竣工等一系列工作进行系统评价,评估内容涉及资金使用、管理工作等等。项目单位进行自我评估,可以总结经验、研究问题、肯定成绩、吸取教训、提出建议、改进工作,不断提高项目决策水平。投资部门、计划部门和行业人员进行项目评估,可以分析投资趋势、行业发展情况等。施工单位进行自我总结,判断收益,总结经验教训。

8.3 风景园林工程管理

不管是建造花园、公园,还是湿地、景区,都要花钱购买材料,安排工人施工,组织机械进场,还要有人指挥、协调工作安排、机械进场,以保障施工安全,避免窝工,浪费材料,按时完工,这就需要有人对工程进行管理。风景园林工程建设涉及资金、材料、人员、机械、进度、安全、质量等因素,这些因素相互影响,构成一体,是一个系统工程。工程管理根据工程项目的内在规律和工程特点,开展计划、组织、协调、控制等一系列活动,以确保建设工程项目快速、高效、安全完成,实现投资效益,确保工程质量,以促进社会健康和持续发展。

工程管理包括工程概预算、工程招投标、施工组设计、施工合同管理、施工现场管理、施工监理等。

8.3.1 风景园林工程概预算

风景园林工程设计之后,需要施工完成,这就涉及工程造价。由于不同时期工程造价计算依据和发挥的作用不同,分为设计概算和施工图预算。比如,某业主找了一家风景园林设计公司设计了一个 180 m^2 的屋顶花园。设计师跟业主沟通后,通过现场考察拿出了一个屋顶花园的初步设计方案。业主对方案很满意,然后就会关心要投入多少钱,是否超过自己的承受能力。业主要求设计师根据方案内容,估算屋顶花园的建造费用。设计师根据设计方案计算的这个造价就是设计概算。设计师根据方案计算出屋顶花园要花13.5万元。业主觉得自己能承担,要求设计师尽快拿出施工图,以便找人施工,尽快建成。几天后,设计师向业主提供了屋顶花园的施工图。看到施工图,业主问设计师,这个屋顶花园具体花多少钱?于是设计师拿着施工图找到造价员,要求根据施工图计算这个工程的造价。造价员向设计师问了工程一些情况、现场条件、技术要求等,根据施工图和预算定额,几天后计算出报价12.3568万元。造价员在这个时期根据施工图计算的工程造价就是施工图预算。

设计概算和施工图预算都是工程造价的工作,也是工程项目的要求。根据设计图纸,计算工程用量和造价,是造价人员的主要工作。造价员要看懂各种施工图纸,了解工程施工方法,熟悉概预算定额和取费标准,了解市场材料、人工价格,掌握工程量计算方法,会使用工程计价软件。

1)风景园林工程设计概算

风景园林工程初步设计完成之后,需要根据初步设计图纸内容计算工程造价,这个阶段造价工作就是设计概算。初步设计图纸包括总体规划、扩初设计等图纸。通常是根据设计图纸中的绿地、建筑、水体、铺地等计算面积,根据道路、管线、沟渠、墙体等计算长度,小品、构筑物等计算数量作为工程量,然后套用企业或国家的概算定额或概算指标,计算工程费。再根据工程费,按照相关文件规定的取费费率,计算出工程建设其他费用、预备费。最后将工程费、预备费与工程建设其他费用计算得出工程造价。

定额是完成单位合格产品所消耗的劳动、材料、机械、资金消耗的数量标准。我国定额是由国家造价管理部门通过调查、大量的数据统计和实验得出,编制后公开颁布,得到社会认可。

设计概算用于建设单位控制工程投资,修改调整设计方案,也可向上级单位申请资金,或向银行申请贷款。设计概算是设计文件的重要组成部分,也是设计任务之一。

2)风景园林工程施工图预算

设计单位完成施工图设计后,人们可以根据施工图计算出工程用量,根据定额和国家有关取费标准,结合市场价格,预先可以计算材料、人工、机械等用量和工程造价,即施工图预算。

编制施工图预算,造价人员首先要收集资料,这些资料包括计算范围的所有施工图纸、设计说明、拟采用的施工方案、预算定额、国家颁布的取费标准和有关文件、材料价格、合同和工具书等。计算工程造价时,首先确定工程造价计算范围,落实好造价分工任务,再将工程项目分解到分部分项工程,根据施工图纸计算出分部分项工程量,然后套用工程量清单计价定额计算出分部分项工程费。再计算措施项目费、其他项目费、规费和税金,最后汇总上述费用得出单位工程造价。再由单位工程造价依次计算出单项工程造价和工程项目的总造价,工程造价计算是一个组价过程。工程项目分解按照单项工程、单位工程、分部分项工程划分。

工程量计算不得重复、遗漏或计算错误。定额套用要正确,不得错套、高套或低套;费率选取按照国家文件规定的取费标准进行。总之,套价要有依据,计算要正确,计价内容涵盖工程全部。

建设单位根据施工图预算结果可以明确工程投资大小,可以组织招标和签订合同。施工单位根据施工图预算和合同,可以进行工程成本控制,预估利润。同时,工程概预算是工程建设投资和财政监督、审计和施工管理的重要依据。

设计概算不得超过计划任务书的投资额,施工图预算不得超过设计概算。

8.3.2　风景园林工程招投标

工程设计完成后,工程交给谁来完成,影响到工程投资、进度和工程质量。施工单位获得工程承包,通过施工可以取得利润,承包企业可进一步发展壮大。工程承发包有委托承包、招投标和指令承包等形式。而招投标是常见的工程承发包形式,也是最公平,竞争最为激烈,社会影响较大。我国专门颁布《中华人民共和招标投标法》及许多文件加以指导、规范招标投标行为。

招投标是由唯一的买主(卖主)设定标底,招请若干个卖主(买主)通过秘密报价进行竞争,从中选择优胜者与之达成交易协议,随后按协议实现标底的一种交易方式。工程投资大,影响范围广泛,为规范招投标行为,促进公平竞争,减少工程纠纷,招投标需要经过一系列程序才能完成,用时较长。首先,建设单位向上级主管部门提出招标申请,申请批准后,在国家指定网站或报刊发布招标公告,组织招标人员编制招标文件和标底。投标单位获取招标信息后,在规定时间到指定地点进行投标资格预审,交付投标保障金,购买标书。投标单位取得标书后,组织相关人员解读招标文件,调查投标环境,制订投标策略。造价人员根据工程量清单和施工图纸,收集市场价格信息,做出投标报价。工程技术人员和管理人员根据工程内容、施工条件与技术要求,结合自身技术实力,编制施工方案。投标报价、施工方案和招标文件规定的其他文件就构成了投标文件。投标单位在投标时间截止之前将投标文件投递给招标单位。收到投标文件后,招标单位组织技术、经济等方面的专家对投标文件进行评审。评标专家根据招标文件的评标办法对各投标

单位的投标文件进行评议或打分,推荐出中标单位。招标单位在网上公开评标结果,在规定时间内无异议后,招标单位向中标单位发出中标通知书。最后建设单位与中标单位签订合同,未中标单位退还标书和投标保障金。

8.3.3 风景园林工程施工组织设计

工程施工时,施工现场会有大量的材料、人员、机械,如果不组织协调,现场就会混乱,带来施工安全,影响施工。为保证项目开工后的施工活动现场井然有序,人人各司其职,机械设备高效运转,施工单位需要在施工前根据施工任务和合同要求,结合施工单位力量,针对工地环境条件,编制施工组织设计。施工组织设计是以工程项目为对象编制的,用以指导施工的技术、经济和管理的综合性文件。主要内容主要涉及总体部署、施工进度、施工方案、施工现场布置、人员、材料、机械安排、成本控制、安全与质量管理等。

风景园林施工合同签订后,为保障工程施工顺利、高效、安全生产,施工单位就要组织人员编制施工组织设计。编制施工组织设计,要求编制人员看懂施工图纸和技术要求,熟悉有关施工的国家法规和当地政策,了解施工队伍和施工单位情况,掌握不同施工方法与技术的特点,熟悉现场条件,掌握施工验收规范要求,能对不同施工方案进行技术与经济分析。

编制施工组织设计,涉及人力和物力、时间和空间、技术和经济、计划和组织、自然与社会环境等诸多因素,施工单位会组织有经验的管理人员和技术人员进行编制。管理和技术人员通过查看图纸和合同要求,明确工程任务和施工要求。然后踏勘现场,分析现场条件对施工的影响及可能采取的措施。再组织人员分析施工存在的主要问题,提出解决方案和措施,并制定施工总体部署、施工方案、施工进度、成本控制等要求,落实任务分包等。具体编制时,首先根据施工图纸计算出工程量;然后对施工方案和施工方法进行经济与技术比较,选择最佳方案。再根据工程量和劳动定额,结合单位力量与现场条件,编制出施工进度计划和材料、机械设备、劳动力等人、财、物的组织计划;最后绘出施工平面布置图和施工准备工作计划,拟订技术安全、质量保障和成本控制措施。

8.3.4 风景园林工程施工管理

施工组织设计完成获得审批,取得施工许可证,

施工单位就可以进场施工,开始施工管理。施工管理是从承接施工任务开始一直到工程竣工验收,对施工任务和施工现场所进行的全事务性内容的监控管理工作。施工单位为加强工程施工管理,通常会成立由计划、安全、质量、成本、技术、施工等管理部门组成的项目管理机构。这些施工管理部门在项目经理的指挥下,负责对工程施工现场中的安全、质量、技术等工作进行检查指导,确保制定的各种措施落到实处,同时针对施工中出现的安全、质量、技术等问题制定处理方案和措施。此外,施工中,根据工程施工情况,经常会通过周会、月会等例会和专题会议等形式通报工程进展、分析解决施工问题、协调各相关单位工作等。

1)施工现场管理

风景园林工程施工范围广,工种、工序多,工作面分散。现场管理工作很多,包括施工现场平面图、现场施工组织、验收、施工调度和材料、安全、质量、进度等检查。根据施工现场平面布置图,检查施工现场的材料、机械、物资、道路、工棚、库房、水电布设等是否按图实施,平面图布置是否需要调整。为了提高施工效率,充分发挥施工机械效能,在不影响关键工序的基础上,管理人员会对施工机械、人员进行现场调度。施工检查主要进行材料检查和中间作业检查。材料检查组织人员对施工所用的材料、设备等确认质量与数量是否满足工程需要。中间作业检查是针对施工作业中进行的定期或不定期的检查,有技术使用检查、安全检查、质量检查等,主要检查使用材料、构件是否正确,施工人员是否掌握技术要领,是否按照施工流程进行,操作是否规范,环境控制是否符合要求,人员、设备、材料状态是否安全,施工人员施工效率怎样。现场管理还有对管线、基础等隐蔽工程的验收。因为后续工程施工覆盖后,隐蔽工程问题难以发现。

2)施工基层管理

施工任务的实施通过施工队或施工班组等基层施工单位完成,而有关施工技术、施工质量和施工安全也需要基层施工单位人员来实施,加强基层管理是施工管理不可忽视的方面。工程施工任务根据施工进度计划进行,通过施工任务单向基层落实,而施工任务单是结合前期施工经验和定额制订。通过施工任务单,加上基层领导、技术、安全管理人员的组织讲解,基层施

工人员明确了施工任务、施工范围、工期、安全、质量、技术、节约等要求和措施。然后基层施工班组按照施工任务单的要求在指定施工区域按照施工图纸、施工任务单的要求开始施工。

加强生产技术的研发和推广使用,是技术管理的重要内容。施工中的生产技术主要针对施工中出现的各种问题组织技术人员进行分析研究,提出的解决方法。这些技术有的能提高新机械设备的研发使用或设备能力的提高;有些技术能降低成本,提高效率;有些技术是针对特别条件的解决方案。总之,搞好技术管理工作,有利于提高施工企业技术水平,提高劳动生产率,降低工程成本,增强企业的竞争力。

工程质量是企业的生命。加强工程质量管理,建设单位可以提高效益,施工单位降低工程成本,获取更多利润。质量是由设计图纸、施工合同与国家规范等综合确定的。施工之前,施工单位应强化质量意识,加强质量培训与教育,建立质量管理体系,落实好质量管理责任。施工中,加强施工中各个环节的检查,如施工中的人员、材料、施工工艺、施工机械设备的检查以及对环境因素的控制检查。建设与监理单位通过验收、通报、停工整顿、返工、工程款支付等措施加强对施工单位的管理,确保工程质量。

安全直接关系到很多人员的身体健康和财产损失,涉及很多家庭,社会影响大,各参与单位都注重安全管理。施工前,施工单位做好安全知识教育,强化职工安全意识;建立生产安全责任制,制定安全措施计划。施工中,加强施工现场安全检查,采用定期、专业性、经常性检查;并对机械设备、安全设施、教育培训、操作行为、劳保用品等安全检查,以避免施工中发生事故,杜绝劳动伤害。

8.3.5 风景园林工程施工监理

由于工程施工周期较长,施工技术复杂,加上各种环境因素影响,如果对施工不加以监管,施工结果就充满了很大不确定性。为降低投资风险,加强对工程施工的监管,建设单位常常委托监理单位对工程施工进行监管。监理单位代理业主对工程进行监管,一则可以确保工程按时完工和保障工程质量,二则可以减少工程纠纷,利于工程顺利开展,保护各当事人的利益。工程监理单位为建设项目提供管理服务,从建设单位获取费用。施工中,要求监理工程师按守法、诚信、公正和科学的原则开展监理活动,以公正、公平的态度对待委托方和被监理方。

监理单位可以协助建设单位和施工单位编写开工报告,指导、审查施工单位编制的施工组织设计和施工方案;检查施工单位采用的材料、设备及规格、质量是否符合设计和工程要求,督促施工单位严格执行工程承包合同和工程技术标准;调节建设单位与施工单位的争议;检查已确定的施工技术措施和安全防护措施是否实施;主持协商工程设计的变更,检查工程进度和施工质量,验收分项、分部工程,签署工程付款凭证等。

8.3.6 风景园林工程竣工验收

为促进建设项目尽快投入使用,当风景园林工程按设计要求完成全部施工任务并可供开放使用时,施工单位就要向建设单位办理工程的交接工作,即竣工验收。工程只有通过竣工验收合格才能交付使用。

为保障工程顺利竣工验收,施工单位在施工任务即将结束时,就要开始为竣工验收做准备工作。准备工作主要有工程资料的汇总整理、施工自验、设备的试运转、编制竣工图等。汇总整理资料主要包括施工以来的各种施工纪录、文件等,主要有图纸会审记录、施工记录、隐蔽工程验收文件、设计变更签证、工程所用的材料、构件、设备质量合格文件及验收报告单、苗木及种子检疫证明、施工会议纪要、技术核定单、设计图纸、技术说明书、工程量清单等。自验是施工单位组织项目经理和质量、技术等管理人员会同施工队长对各施工区域进行逐项检查,有问题的要求尽快整改并达到验收要求。编制竣工图是施工单位根据施工的实际情况绘制的图纸,并盖有"竣工图"章。施工单位对验收资料准备好后,自验工程达到验收条件,就要向监理部门或建设单位申请验收。

建设单位或监理工程师根据验收申请,认为工程达到验收条件,就会组织建设单位、施工单位、设计单位、质量监督管理部门对项目进行预验收。预验收主要有两方面工作,一是审查竣工资料,通过审阅、校正与验证等方法对施工单位的工程档案进行审查;二是监理工程师组织人员对工程实体进行验收。有问题的工程部位要求施工单位限期完成整改。

达到正式验收条件,建设单位邀请项目主管单位、

相关管理部门、工程质量管理部门参加正式竣工验收。正式验收时,首先由设计单位、施工单位、监理单位代表分别汇报工程设计、施工和监理的工作情况,然后验收人员对工程档案资料及工程实体进行验收。在听取意见、认真讨论的基础上,提出竣工验收的结论。工程验收结束后,施工单位尽快完成工程收尾工作,并将工程档案和工程实物交给建设单位以供使用,完成工程的移交工作。

新时代环境下,人类命运共同体、人与自然和谐共生、美丽中国梦、生态文明建设、乡村振兴、国家公园、风景园林康养、公园城市等,已成为风景园林行业乃至整个社会发展与探索的新命题。现代风景园林规划设计与传统园林设计在本质上是相同的,都是以场地和区域景观为特征开展的实践,其差别主要在于人们的认知范围在不断发生变化和扩展,以及对景观、空间、尺度等理解与认识在不断深入。因此,为大力发展风景园林,应遵循自然发展规律,注重传统与历史的传承,贯彻生态文明思想,探索风景园林发展新方向,这样才能够推进我国现代风景园林的可持续发展。

9.1 国家公园规划建设

建立国家公园体制是我国生态文明制度建设的重要内容,随着 2015 年 1 月国家发展和改革委员会同中央机构编制委员会办公室、财政部、国土资源部、住房和城乡建设部、水利部等 13 个部门联合印发了《建立国家公园体制试点方案》的发布,国家公园体制改革正式拉开序幕。2017 年 9 月,中央办公厅、国务院办公厅印发《建立国家公园体制总体方案》,包括三江源、东北虎豹、大熊猫和云南普达措等十大国家公园体制试点产生,国家公园建设进入实质性推进阶段。国家公园是保护地最主要的形式,国家公园的规划建设,对强化自然保护地建设管理、保护生物多样性、推动美丽中国建设具有重要的意义。

9.1.1 基本概念

国家公园作为自然保护地的一种重要类型,已走

过将近 150 年的历史,世界各国建立了自己的国家公园,其体系也随着各自国情而体现出不同的适应性特征。国家公园建设起源于美国,黄石国家公园(Yellowstone National Park)(图 9-1)是世界上第一个国家公园,而后国家公园被世界大部分国家和地区采用。目前,全球已有 150 多个国家建立了近万个国家公园,虽都有共同的名字——国家公园(National Park),但各国对国家公园的内涵界定不尽相同(表 9-1),其体系也因其自然与文化资源的差异而呈现出不同的特征。如美国国家公园以自然原野地为主,非洲国家公园以野生动物栖息地为主,欧洲国家公园则以人工半自然乡村景观为主。可以看出,国家公园因国情不同而体现出不同的适应性特征,但国家公园的概念始终坚持了两个核心:具有国家代表性以及对具有高价值的自然景观与人文景观的保护和利用。

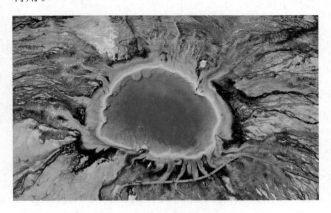

图 9-1 美国黄石国家公园景观

表 9-1   世界各国对国家公园的定义

国家	定义
美国国家公园	为了公众利益和享用的大众公园或休闲地
加拿大国家公园	以典型自然景观区域为主体,是加拿大人民世代获得享用、接受教育、进行娱乐和欣赏的区域
英国国家公园	为了国家利益设置,并通过适当的国家决策和行动保障的,一个开阔的风景秀美而带有相对原始乡村风貌的区域
法国国家公园	保护自然环境,尤其是动植物群落、土壤、空气、水质、景观和具有特别情趣的文化遗产的大陆和海洋区域
澳大利亚国家公园	是保护本地动植物和它们栖息地的区域,拥有自然美、历史遗产和土著文化遗产的场所
新西兰国家公园	从新西兰国家利益高度出发,把那些有突出质量的风景、生态系统或秀美、独特、有重要科学价值的自然特征作为国家公园加以永久保护
墨西哥国家公园	秀美风景,拥有火山群、考古遗址等值得关注的历史或美学要素的,具有潜在的休闲和生态价值的区域
南非国家公园	具有重要的国家或国际层面的生物多样性的,具有一个或多个生态系统。
柬埔寨国家公园	重要的自然风景地,具有科研、教育、休闲的价值
日本国立公园	全国范围内规模最大并且具有秀丽自然风光、完整生态系统、有命名价值的国家风景及著名的生态系统
韩国国立公园	代表韩国自然生态界或自然文化景观的地区

我国在《建立国家公园体制总体方案》中对国家公园做了明确定义:指以保护具有国家代表性的自然生态系统为主要目的,实现自然资源科学保护和合理利用的特定陆域或海域,是我国自然生态系统中最重要、自然景观最独特、自然遗产最精华、生物多样性最富集的部分,保护范围大,生态过程完整,具有全球价值、国家象征,国民认同度高。

如大熊猫国家公园,是由国家批准设立并主导管理,边界清晰,以保护大熊猫为主要目的,实现自然资源科学保护和合理利用的特定陆地区域。2017 年 4月,根据中共中央办公厅、国务院办公厅印发的《大熊猫国家公园体制试点方案》要求,四川省大熊猫国家公园体制试点工作推进领导小组印发了《大熊猫国家公园体制试点实施方案(2017—2020 年)》显示,大熊猫国家公园面积约为 27 134 km²,划分为四川省岷山片区、邛崃山—大小相岭片区、陕西省秦岭片区和甘肃省白水江四个片区(图 9-2)。2019 年 11 月 11 日,大熊猫国家公园陕西省管理局正式挂牌,并向大熊猫国家公园太白山、长青、佛坪、周至、宁太管理分局授牌,标志着陕西省大熊猫国家公园体制试点工作进入全新阶段。

目前,我国已经开展了三江源、东北虎豹、大熊猫、祁连山、湖北神农架、福建武夷山、浙江钱江源、湖南南

图 9-2   大熊猫国家公园概况
(引自大熊猫国家公园官方网站)

山、云南普达措和海南热带雨林 10 个国家公园试点,总面积 22.29 万 km²,涉及吉林、黑龙江、四川等 12 个省份。因此,建立大熊猫国家公园是中国生态文明制度建设的重要内容,对于推进自然资源科学的保护和合理利用,促进人与自然和谐共生,推进美丽中国建设,具有极其重要的意义。

9.1.2   目的和意义

在国家公园体制建立以前,风景名胜区被视为中国本土的国家公园,与自然保护区、森林公园、地质公园、湿地公园等都是我国保护地的不同类型,由于设置上的交叉重叠,缺乏统一的空间规划,存在保护空缺,产

权模糊、管理体制不顺的问题成为自然与文化资源有效保护的制约瓶颈。国家公园规划和建设的过程中涉及了国家及地方的生态、社会与经济发展，是对国家最精华的自然与文化资源保护与利用的统筹和协调，因此，国家公园规划的目的及意义可以总结为以下三点。

（1）建立国家公园规划体系，完善以国家公园为主体的自然保护地体系　制定国家公园设立标准，明确国家公园的准入条件，确保自然生态系统的国家代表性和典型性，保护其生态系统结构、过程和功能的完整性。基于此，对现有的各种自然保护地进行分类和重组，优化和完善我国的自然保护地体系。

（2）整合各类自然保护地，形成规范高效的自然保护地管理体制　国家公园是我国自然保护地体系中一个新的类型，设立国家公园不是完全取代原有的自然保护地类型，而是以此为契机，制定中国国家公园及其他类型自然保护地的标准，按照统一的标准和框架梳理我国现有各类自然保护地，对其进行科学的分类。在此基础上明确国家公园体系建设和治理模式，充分考虑地权、物权和事权等因素，系统设计、统筹协调、跨部门和多利益方参与，自上而下和自下而上相结合，探索规范高效的自然保护地管理体制。

（3）探索我国自然保护地规划协调机制　国家公园的首要目标是保护自然生物多样性及其所依赖的生态系统结构和生态过程，推动环境教育和游憩，提供包括当代和子孙后代的"全民福祉"，即国家公园的全民公益性。我国国家公园涉及了众多亟须探索的具体问题，如目前我国许多自然保护地集体土地占比高，如何妥善处理自然生态系统保护管理与当地社区居民的关系，都是立足于我国国情建立国家公园需要探索的具体问题。我国国家公园规划对于建立健全森林、草原、湿地、荒漠、海洋、水流、耕地等领域生态保护补偿机制，健全国家公园生态保护补偿政策，实现保护与发展和谐统一，为人民提供公平高质的绿色产品具有重大意义。

9.1.3　国家公园规划

1. 规划原则

（1）系统完整性　立足国家公园重要自然生态系统的原真性、完整性保护，统筹山水林田湖草系统治理，体现系统保护及修复的要求。

（2）科学合理性　尊重自然规律，根据国家公园资源特点、功能，合理界定范围和管控分区，科学规划项目，提出应采取的措施。

（3）统筹协调性　统筹考虑在一定时期内国家公园建设和管理各方面的需要，与国土空间、生态功能区、生态保护红线、国民经济和社会发展等相协调。

（4）切实可行性　将长远规划和近期规划相结合，突出规划重点、照顾一般，先急后缓、先易后难，充分利用已有的建设基础，确保资源保护行为有效，建设项目可行，各项措施能得到利益相关者的支持。

（5）多方参与性　规划过程应确保各利益相关者的参与，在不违背相关政策及技术规范的前提下，充分尊重各利益相关者的权益、意见和建议。

2. 规划目标

规划目标依据国家公园自身的优劣势、外部的机遇和挑战，根据国家相关政策，提出体现国家意志的国家公园战略定位。在充分考虑历史、当代、未来关系的情况下，根据国家公园功能定位和社会需求提出规划目标，各项目标应与国家公园发展的趋势及步调相适应。

规划目标可分为总体目标和阶段目标、定性和定量目标以及规划管理目标等几种类型。

（1）总体目标和阶段目标　总体目标应清晰明确，按规划期限，可将目标分解为近期、中远期阶段目标，制定规划建设目标体系。

（2）定性和定量目标　提出国家公园建设的定性和定量目标的范围及要求，制定目标指标表。

（3）规划管理目标　针对国家公园在保护修复、资源管理、科研监测、科普教育、游憩、社区发展、管理和运行等方面提出规划管理及具体发展目标。在保护修复目标中，应比照生物地理区的顶级群落和国家公园现状本地，提出生态系统原真性、完整性保护与恢复的最终目标和分阶段目标。

3. 规划内容

国家公园规划的主要内容包括：评价现状和建设条件；明确国家公园的战略定位、建设性质，保护、建设、管理要达到的目标；界定国家公园范围；确定重要自然生态系统等核心资源的种类、保护价值、分布范围等；区划管控区，进行建设和管理的总体布局；制定国家公园保护修复、科研监测、科普教育、游憩和社区发展等方面的规划；制定国家管理体制和运行机制规划；编制国家公园建设项目投资估算；提出规划实施的保障措施建议；开展国家公园建设的效益分析与评价。

4. 现状调查

现状调查以国家公园资源调查为基础,收集最新的相关资料,根据实际情况进行补充调查,全面阐述国家公园自然资源、人文资源、游憩资源等资源状况及空间分布,以及社会经济条件、建设条件等背景条件。

1) 确定核心资源

明确国家核心资源,掌握资源种类、分布及保护情况。核心资源依《国家公园调查与评价规范》确定。

2) 建设条件分析

(1) 资源价值分析　综合分析生态系统特征、资源条件和价值。国家公园自然生态系统应具备原真性、完整性,核心资源具有国家代表性、典型性。

(2) 适宜性分析　包括面积适宜性、科普教育适宜性、资源管理与合理利用的适宜性以及类型适宜性。面积适宜性:即具有足够的满足国家公园发挥其多种功能的区域范围;科普教育适宜性是在保护的前提下,应能区划出具有独特的观赏和体验价值的区域,用于开展公众教育、宣传展示、游憩体验等活动;资源管理与合理利用的适宜性;类型适宜性,将国家公园的自然生态系统与国家公园所在生物地理区内最具代表性生态系统类型进行匹配度分析。

(3) 可行性分析　包括资源管理、建设项目协调、管理体制制定等方面的可行性分析。如资源权属清晰,不存在权属纠纷,全民所有的自然资源资产占主体地位或者能够通过租赁、赎买等方式实现自然资源资产统一管理;与国家公园建设目标不一致的已有开发建设项目、工矿能源产业等退出的可行性;当地政府对建立国家公园的支持力度,与国家公园管理机构分职责的合理性、可行性。

(4) 综合评价　综合资源条件、适宜性和可行性分析,提出整体评价结论。

5. 管控分区

1) 国家公园范围

国家公园范围依据国家公园自然生态系统结构、过程、功能的完整性,地域单元的相对独立性和连通性,保护、利用、管理的必要性与可行性,统筹考虑自然生态系统的完整性和周边经济社会发展的需要,合理划定。

范围应有明显的地形标志物,明确的界线坐标,能在地形图上标出,并能在现场立桩标界。

2) 管控分区

根据管控需求,国家公园至少应包括核心保护区、一般控制区两种管控区类型,根据管理和功能发挥的需求,可在管控分区的基础上进一步划分功能区。制定管控区的管理措施,实行差别化管控。

(1) 核心保护区　是国家公园范围内自然生态系统保存最完整或核心资源集中分布,或者生态脆弱的地域。应实行最严格的生态保护和管理,除巡护管理、科研监测和经程序规定批准的人员外,原则上禁止外来人员进入核心保护区,禁止生产生活等人类活动。

(2) 一般控制区　是国家公园范围内核心保护区之外的区域。对于一般控制区内已遭到不同程度破坏而需要自然恢复和生态修复的区域应尊重自然规律采取近自然性的、适当的人工措施促进生态恢复。在确保自然生态系统健康、稳定、良性循环发展的前提下,允许适量开展非资源损伤或破坏的人类利用活动。

3) 确界定标

国家公园应有明确的边界和各个管控区的界线四至范围,并设置边界和管理区界标志,包括界碑、界桩、标识牌、电子围栏等。边界标志依据勘定并标绘到地图上的边界设置。管控区界线标志重点设置在核心保护区边界,以及一般控制区内需加强管控的功能区边界。

6. 项目布局

按照国家公园保护管理的原则和要求,提出国家公园保护修复、资源管护、科研监测、科普教育、游憩、社区发展、管理等规划项目在空间和时间上布局的总体设想和要求。项目布局应符合环境承载力要求和当地的经济发展状况,并能促进国家公园的有序发展,应有效调节控制点、线、面等空间结构要素的配置关系。

7. 项目规划

国家公园内的项目主要包括生态保护与修复、资源管理、科研监测、科普教育、游憩体验、社区发展、管理体制以及管理服务设施及配套工程等。

1) 生态保护与修复

生态保护与修复涉及生态保护与修复两方面。生态保护的内容主要包括生态系统保护、生物多样性保护、地质景观保护、人文资源保护。项目规划应确定保护对象,并提出针对保护对象的相应保护措施。

生态修复应以自然恢复为主,以近自然、必要的人工措施为辅,主要包括生态系统、种群的恢复与重建等内容。对正在退化或已受到破坏的生态系统提出恢复、修复或重建措施。

2)资源管理

按照自然资源统一确权登记办法,国家公园作为独立自然资源登记单元,依法对区域内水流、森林、山岭、草原、荒地、滩涂等所有自然生态空间统一进行确权登记,对山水林田湖草进行系统保护。

构建完善的管护体系,包括管理站(点)、哨卡的设置、布局等,明确各个管理点的管护范围、管护重点,配置必要的管护设施设备,站点的设立位置,制定相应工作和检查制度。

建立巡护体系,主要内容包括野外巡护线路的设置、巡护制度的制定、必要设施设备的配置。

防护体系的规划应针对国家公园资源,对危及重要自然生态系统保存、成长、繁衍的一切因素,提出封禁、监控、阻隔、检验检疫等预防与治理措施。

3)科研监测

国家公园内的研究规划应体现国家公园的特点,科研成果服务于保护管理,着重搭建科研平台,突出针对性和实用性;明确规划期内的常规性和专题性科学研究项目、专项研究机构和研究基地等内容。

监测规划应明确监测内容,包括自然资源监测、生物多样性监测、关键物种观测、生态环境监测等。可根据不同监测内容采用不同的监测方法,如定位监测、固定样地监测、追踪监测、遥感监测等。

为保证科研监测顺利地进行还应提出相应的管理措施、配置相关的科研监测设施设备。

4)科普教育

科普教育的展示内容应围绕国家公园各类资源的科学价值,国家公园的保护、科研与监测成果,国家公园的特色文化、社区文化,以及国家公园的管理历史等来制定。明确教育对象并制定科普教育展示方式,构建综合解说系统,完善设施配套。

5)游憩体验

国家公园游憩类型定位为生态游憩,在进行游憩定位时应本着重在自然、贵在和谐、精在特色的原则,综合考虑国家公园的核心资源,突出展现国家公园资源特色。在国家公园游憩主题定位的基础上,依据不同地域的自然、人文资源特点或功能,将生态游憩发展空间划分成具有不同特色的游憩展示区。根据各展示区的游憩资源类型与环境的分布特点,结合基础设施、交通区位等因素,规划游憩项目,包括项目区范围、游憩项目类型和特点、发展思路、主题功能、市场定位、建设内容和规模等。规划游憩产品及游憩线路,建立访客体验和资源保护管理框架,进行环境容量分析,保证游憩资源质量、生态环境不退化以及良好的游憩体验。

6)社区发展

建立社区发展机制,在国家公园内或周边社区,建立国家公园与社区共同保护和合理利用资源的模式、资源合理利用利益分配机制等。社区建设与国家公园目标相协调。制定社区调控规划,合理实施生态移民搬迁计划,引导调整产业结构,引导劳动力合理流转。

7)管理体制

管理体制规划主要包括建立统一的管理机构、构建管理体系、测算人员编制以及管理人员能力建设等内容。

8)运行机制

运行机制包括利益协调机制、社会参与机制、特许经营机制、访客管理机制、监管机制等内容。

9)管理服务设施及配套工程

管理服务设施包括管理机构业务用房建设以及道路系统、给排水、供电、能源、信息化、环保和安全设施以及采暖、卫生等配套工程。

8. 投资估算

主要包括估算依据、主要技术经济指标以及估算结果等内容。

9. 保障措施

主要包括法律保障、制度保障、组织保障、资金保障、技术保障等内容。在国家法律的框架下,结合国家公园实际,制定符合该国家公园实际的管理条例。提出符合国家公园建设实际的政策保障措施、相关经营管理办法,建立国家公园制度体系。明确国家公园管理机构和运行机制,定岗定责。实行以财政投入为主的多元化资金保障机制,明确资金使用规定,实行收支两条线,建立财务公开制度。建立国家公园科技支撑体系,鼓励多方参与,发挥科研院所和学校的作用,开展横向协作。

10. 影响评价

主要包括环境影响评价、社会影响评价、效益评估。分析评价国家公园建设对生态系统、生态环境及

野生动植物,对社会、社区及所在区域的有利影响和不利影响并提出对策。效益评估包括生态效益、社会效益、经济效益三方面。主要分析国家公园规划实施产生的生态系统服务功能价值、效益增量,对社会带来的积极贡献和影响力,以及产生的直接经济收入和间接拉动的经济效益。

9.2 美丽乡村规划设计

2008 年,浙江安吉县正式提出"中国美丽乡村"计划,出台《建设"中国美丽乡村"行动纲要》,提出用 10 年左右的时间把安吉县打造成为中国最美丽乡村的目标。"十二五"期间,受安吉县"中国美丽乡村"(图 9-3)建设的影响,浙江省制定了《浙江省美丽乡村建设行动计划》,广东省增城、花都、从化等市县从 2011 年开始也启动美丽乡村建设,加快推进全省农村危房改造建设和新农村建设的步伐。"美丽乡村"建设已成为中国社会主义新农村建设的代名词,全国各地正在掀起美丽乡村建设的新热潮。

图 9-3 浙江安吉乡村景观

9.2.1 乡村问题与乡村规划

乡村的发展具有阶段性。在国家发展过程中,政治制度、社会和经济发展阶段的差异使得各阶段中乡村在国家所处地位不同,导致城市与乡村的发展关系不同,乡村的发展模式有区别。新中国成立后,国家政策倾向于城市建设和工业发展,乡村处于被"索取"地位,形成了农村支援城市发展的阶段,由于国家发展重工业,因此乡村的角色从"生产者"转向"供血者",设立人民公社,以生产队的方式将政府权力延伸至社会最基层,乡村剩余劳动力为城市工业服务,其中农业是作为城市汲取乡村的最重要资源。同时,重工业发展扶

持农村,提升农村机械化水平。1978 年农村经济改革,实行土地承包制,一方面调动了农民的生产积极性,同时由于农民收入的提高而促进乡村建设,其中就出现农村住房建设需求与耕地保护的矛盾;另一方面,由于人民公社的解体,国家权力在乡村开始退缩,其所应承担的公共服务和公共管理职能基本丧失,乡村再次回到自由放任的发展状态。

20 世纪 80 年代到 90 年代,随着国家城镇化的发展,乡村不断地为城市发展输入土地资源和劳动力,为城市发展提供了持续动力。在这种历史发展的背景下,农村对于国家而言最核心的功能是保证农产品的供给,为此国家制定了最严格的耕地保护制度,建立国家机构执行最严格的耕地保护政策。然而,土地承包权力的保障已经无法保障农民的利益,甚至成为农民的负担,由于土地负担的逐渐加重就出现我国特有的"三农"问题。这种情况一直持续到 2000 年后,中央连续 11 年颁布文件关注"三农"问题,城乡关系得到重新审视,城市开始反哺乡村,反思对待乡村的态度,并逐年加大支农力度,加强对乡村的行政服务能力,对乡村地区的管控加强。随着城市发展,大都市区域的乡村休闲价值显现出来,旅游、休闲和文化等城市资本进入乡村,开始改变乡村的风貌。

1. 乡村规划要解决粮食生产安全问题

我国的人口基数大,是世界上最大的粮食消费国,粮食的平稳增产和供求平衡的问题对我们这样一个泱泱大国而言是永恒的话题,粮食安全状况不仅决定着我国的前途和命运,对世界政治经济格局具有重要影响。近年来,我国的粮食生产呈现稳步发展的态势,但由于国际粮价大幅波动,我国粮食需求和供给形式在快速工业化与城镇化的过程中正在发生重要变化。虽然我国粮食总量需求可基本满足,但建立我国具有主导权的粮食市场机制仍然是非常必要的。

2. 乡村规划要解决区域生态保护问题

乡村坐落于广大的自然区域,有人类与自然相互作用的半人工特征区域,如农田、水塘、山林等;也有纯自然生态特征的区域,如山川、水域、海洋、沼泽等。乡村具有完整的生态系统,具有生态调节功能。同时,提供人类所需的一切资源和环境条件,除了给人类提供实物型的生态产品外,还以巨大的生物多样性提供非实物型的生态服务,包括废弃物的分解和去毒、生物多样性的维持、气候的稳定、极端温度的调节和抑制等。

随着可持续发展的推进,人们开始关注对生态环境的保护和生态系统的可持续发展问题。乡村最主要的农业生产活动也具有调节生态的功能。农业耕种被称为一种具有自然再生特征的人工产业,可调节生态平衡,包括调节气候、保护土壤和水源、维护生物多样性等功能,对生态环境保育具有重要价值。以农业生产的方式利用土地必须保持一定时间的植被覆盖,可为自然净化空气、提供氧气,可见农田和与之相关的农业活动对生态具有很好的调节作用。乡村生态环境对区域城市发展起到不可磨灭的影响。

农村人口虽然逐渐向城市迁徙,但是城市与乡村的生态联系却永远不能被割断。与城市区域相比,乡村区域与生态关系更加密切,被视为人与自然、村庄与生态系统和谐共处的典范。岸根卓郎在《迈向二十一世纪的国土规划》一书中指出:农村通过保全整体生态系统来维持我们这个自然环境、社会环境、文化环境和生产环境的永久存在。可见,区域生态问题的空间载体主要是乡村,乡村问题中非常重要的一个是区域生态的问题。

3.乡村规划要解决历史文化保护问题

1)历史文化空间载体大多在乡村

我国历史上长期是一个农业大国,在长期的农村形态、农业耕作下形成了我国独特的农耕文明,礼俗制度、文化制度乃至国家制度都是建立在适应我国农业生产生活需要之上的。农耕文明通过儒家文化及各类宗教文化为载体,通过国家管理理念、礼教约束以及民俗、民歌、戏曲、方言和祭祀活动等为手段,逐渐形成了自己独特文化内容和特征,深刻地影响着中国的内涵。中国很多传统文化哲学都发源于乡村,如"应时、取宜、守则、和谐",着重天人合一,避免过度掠夺和开发自然等思想,是劳动人民在劳动中发掘并传承下来的最主要精神。薪火相传的农耕文明,塑造了中华民族的行为规范与价值取向。

由于我国民族众多、地域广阔,各民族创造了自己的农耕文化,如北方的游牧文化、南方的桑蚕文化等,仅广东省不同区域间就有客家、潮汕、广府等不同农业生产方式和相应的生产与生活习俗,且在不断地民族交流与融合之中,各民族的历史与文化不断互相借鉴、融合与传承。由于乡村的发展缓慢,代际结构稳定,因此与城市相比,人们迁移频率低,民俗文化和民间技艺在乡村中得到较为完好的保存,如祈年求雨习俗、祭拜山神和土地习俗、丰收庆典习俗、唱民间小戏、编制竹筐、制作陶具等;乡村文化根植于乡土,与农民和土地紧密相连,较少受到王朝交替以及外来文化的影响,具有很强的生命力和传承延续性,见证了人类文明的发展和演变,是我国不可多得的瑰宝。因此,在农耕乡土文化历史悠久的传统农业大国,中国所有的传统文化都发源于乡村,乡村是历史和文化的良好空间载体。

2)乡土文化丧失情况严重

在目前社会经济快速发展与推进城镇化时期,大量传统村落正在消失,大量的农业文化遗产和农耕文化在逐渐地消亡,乡土文化的丧失成为乡村发展中很重要的问题。城市文化正在逐渐侵蚀乡土文化,乡村文化的多元性正在消逝,乡村传统文化和乡村文明正在慢慢被蚕食。现代中国的价值观中,城市代表着繁华和富裕,乡村是落后和贫穷的代名词,人们纷纷涌向城市,农村人和农村户口给人一种厌弃和避之不及的感觉;这种特殊的情况相当值得引人深思。因此,为保护和传承我国文化遗产,保护文化的源头,乡村不应被城市化裹挟而抛弃传统文化,乡村规划应重视乡村的历史文化的保护和传承问题,包括保护民俗文化、地方特色、历史民居、地域文化等,维系生产、生态、生活的和谐发展。

9.2.2　乡村规划基本特征

乡村规划的核心问题包括:粮食生产安全、区域生态、乡村景观和历史文化问题。保障乡村生态应在区域尺度上进行,保护乡村景观、历史文脉可以在村庄尺度,也可以在区域尺度中进行。换言之,乡村规划问题的空间尺度具有区域性;乡村在地理、生态等学科中也有"区域"概念。因此,乡村规划具有区域规划的特征。

乡村问题变化深刻影响到乡村规划关注的范围和空间尺度,我国一些地方的乡村区域规划还有所欠缺,乡村规划实质是村庄规划,只能解决村庄尺度范围的乡村问题;规划工具自身的局限性使其难以解决区域乡村问题,无法考虑乡村区域发展目标;在村庄尺度中乡村规划割裂村庄建设用地区域和农田、山林等自然区域,仅考虑建设用地空间布局。乡村作为一个完整区域,一部分区域被各种独立分散的规划覆盖,另一部分处于无规划的自由发展状态;矛盾的根源是规划工具的尺度不适宜的问题。因此,应根据乡村问题的空

间尺度和相关利益的范围,选择适宜的乡村规划空间尺度,形成合适的空间体系。

9.2.3 乡村规划体系构建

乡村规划应该形成一个空间体系。先层层分解乡村的问题,设立不同层次的乡村发展目标,依据发展目标确定空间尺度,指定各级编制主体的职责,指定其规划编制内容和使用的规划成果形式。使不同层面的乡村问题由不同层级的规划和责任主体负责,形成"国家—区域—村庄"一套完整的乡村规划体系(表9-2)。

1.国家层次

1)发展目标

乡村规划需要考虑粮食生产安全问题,而承担我国粮食生产安全的空间边界是国家尺度。因此,乡村规划的宏观空间尺度应该是国家尺度,面临在城镇化的大政策背景下如何保护乡村耕地、自然资源等问题。在我国特殊国情背景下,国家尺度还要负担保障农民、农村的义务,要改革现有城乡二元社会制度,促进农民与农村的转型,改善乡村地区总体经济、改善农民生活条件等迫切需求。

2)空间尺度

乡村制度是国家政治体系的一部分,在现有政治制度下,乡村发展目标是国家的责任和权力,保护粮食生产安全问题需要在国家尺度进行。乡村问题的核心就是农业问题,我国乡村的空间差异大,农业资源不均匀,需要依靠区域之间的补贴与财政转移等手段协调和平衡,这也属于国家政策问题。

3)规划内容

城镇化背景下的乡村粮食生产安全问题以及破除城乡二元结构,通过政策、法律来解决农民、农业和农村"三农"问题,以规划作为途径促进农民、农村、农业的转型。

4)规划成果

我国空间尺度巨大,各地区间发展差异大、发展阶段不一致,无法给出统一的空间规划。在国家尺度下的规划工具,主要表现为以政策、愿景为导向的规划,是一种宏观和抽象的目标和愿景的表达。

2.区域层次

区域层次的乡村规划体系较复杂。区域层次的乡村问题复杂、乡村利益主体多元、乡村规划类型多样。中国地区之间的空间差异大,发展阶段不一致,需要结合具体区域实际情况和问题来进行具体建构。

1)发展目标

在区域尺度,乡村的发展目标是多元化的,有落实国家粮食生产责任的目标、有在区域层面协调城市与乡村之间关系的目标、有保护乡村自然生态环境和历史文化环境的目标,也有振兴乡村经济、管理乡村社会和实现乡村地区可持续发展的目标。不同问题的空间不同,问题关联度不同、受益群体不同,需要根据问题制定不同的发展目标。

2)空间尺度

区域问题多、空间层次多、利益主体多,规划尺度选择是一个复杂问题,核心是乡村问题与行政辖区的尺度是否协调。

表 9-2 乡村规划体系框架表

乡村发展目标	空间尺度	编制主体	编制内容	规划形式
城镇化背景下的乡村粮食生产安全破除城乡二元结构,保障农民、农业和农村	国家尺度	中央政府	制定乡村的各项法律法规和规划政策 指导、监督地方政府	愿景政策法规
落实国家粮食生产的责任在区域层面协调城市与乡村之间的关系 保护乡村自然生态环境和历史文化环境 振兴乡村经济、管理乡村社会和实现乡村地区可持续发展	区域尺度	次区域机构	城镇化空间战略/区域城乡统筹空间战略 乡村地区功能区规划 各类区域专项规划(风景名胜区规划,国土规划,自然保护区规划…) 县域乡村发展规划 ……	战略(空间规划)愿景 政策指引条例
促进自治 社区发展 改善人居环境	村庄尺度	村集体	乡村社区规划、行动规划、开发与整治规划等	设计

首先,乡村问题的空间边界与乡村现有行政辖区可能存在不完全对应的情况。例如,粮食生产和生态景观的功能区域是依据自然地理条件而划定的,而乡村区域的行政边界是基于行政管理而划定的,自然地理条件划定出来的功能区域与行政边界可能会出现不完全对应的情况。

其次,乡村问题的影响范围远大于空间载体。例如,环境问题的空间可能在某个市县范围内,但是造成环境问题的责任主体和因为环境问题影响到的利益主体可能跨越了市县范围,影响区域范围远大于实际在空间中表现的范围。

再次,解决乡村问题需要考虑乡村问题的空间完整性,并且涵盖所涉及的利益群体的空间范畴,在一个完整的功能区域之中进行规划。因此,选择区域空间尺度的总体原则是通过问题的尺度和涉及的利益主体来选择区域尺度。

一般来说,由于乡村主要还是以功能为主,建议以乡村特定的生产关系和地理特征划定的功能区为主,以行政区为辅,针对当地具体情况选择合适的乡村规划编制区域。

3) 规划内容

针对协调城乡关系的目标,涉及的是农业与非农业发展的不平衡,城市化区域与非城市化区域发展的不平衡,涉及城市区域与乡村区域统筹与协调发展的区域问题,建议编制"区域城镇化空间战略"或"区域城乡统筹空间战略"等相关规划。明确城市化区域和乡村区域的政策边界,制定相关的城乡区域政策和补贴政策,使以发展为目标的城市区域和以保护为目标的乡村区域能够达到经济、社会等方面的平衡。落实国家粮食生产责任的目标、保护乡村自然生态环境和历史文化环境的目标涉及的是乡村的功能区域的保护问题,而目前对于功能区域缺乏规划制定。因此,建议应当在乡村地区内编制"区域乡村功能区规划"等相关规划,将乡村或依据其特征,或依据在区域内承担的作用等划定不同的功能区,指定保护机构,可参照英国的"乡村公园"划定。

加强对乡村区域的各类专项规划的整合和协调,目前区域乡村专项规划包括生态规划、农业规划、自然区规划等,但存在目标分散、规划不协调的问题,建议加强规划之间的协作,将现有的乡村区域规划,如风景名胜区、国土规划、自然保护区规划等作为区域专项规划来补充"区域乡村功能区规划"。

振兴乡村经济、管理乡村社会和实现乡村地区可持续发展的目标分解到不同区域中,在划分的城市区域与乡村区域的空间格局下,城市化地区的乡村发展由市政府负责,通过制定"市域城乡统筹发展规划"来统一管理,不纳入乡村规划体系。乡村区域由于自身缺乏发展动力,应由省政府统一协调,通过补贴机制和项目投资促进其活力;并由县政府承接省政府的责任,编制"县域乡村发展规划"。县域乡村发展规划是乡村地区具体建设发展的指导,应具体明确指定县域范围内村庄的发展目标、区域职能与角色定位,依据村庄的特征和发展阶段明确分类指导的原则和方法,明确指出村庄的所属类别、应该转移的方向和采用的乡村政策。

4) 规划成果

区域层次的乡村规划涉及自然、景观等功能区,涉及多样化的利益主体,其发展处于不可完全预见的情况之中,因此区域层次的乡村规划是一种综合协调规划,建议使用空间规划的方式。乡村目标的多元化使得区域乡村规划的形式是多样化的,多种类型的乡村区域应该结合自身情况和需求编制规划,探索有效的规划形式,确保规划的有效,通过战略、政策、指引等规划形式灵活地对乡村区域进行干预。

3. 村庄层次

1) 发展目标

在村庄层次乡村表现为村庄,是从事农业生产的劳动者的聚居地,在这个层次乡村的发展目标总体来说可归纳为三点,一是促进自治,二是社区发展,三是改善村庄人居环境。

2) 空间尺度

促进自治、社区发展和改善人居环境的目标涉及的利益群体是村庄内的村民,涉及的是村庄内部的发展事务,有明确的空间边界和空间尺度。依据其自身所在的区域目标,对应地采用规划工具,编制相应规划。

3) 规划内容

目前,针对村庄规划的理论探索研究和实践案例非常多,继续完善此类规划的研究。有以下四点建议。

(1) 编制"乡村社区规划",由政府引导开展或由具有规划背景的社会团体扶助,甚至可以由村庄社区委托自行编制。乡村社区规划可作为与政府沟通和争取权益的手段。乡村社区规划作为一种基于自下而上的理念、综合考虑社区各个方面发展需求的综合发展规划,主要关注乡村问题的社会本质,强调沟通与协调,能够有效地表达公众意愿和基层组织的诉求。

(2)村庄规划的编制方法和理念上应体现问题导向和行动导向,回归到日常生活问题的解决;编制内容和重点上应注重利益协调和协商一致,由静态规划向过程规划和行动规划转变,关注农民急需解决的生产生活问题,引导农村社会的全面发展。

(3)在乡村社区的规划方面,需要对各规划要素提出刚性控制要求,但村庄规划的内容也应保持一定的柔性,具体情况具体分析,强调过程的控制,不能通过一套刚性的数据来对乡村规划进行一成不变的指导。建议编制"整治与开发规划"来对基础设施和人居环境尚未完善的村庄进行规划,结合村庄具体特征和现状,对乡村人居环境的建设与整治的内容、标准等提出要求和具体措施方案,对项目建设的时间、责任主体、资金投入量等要求进行明确。

(4)除了要对农村建设、整治进行技术规范以外,更重要的是提高村民自主意识,引导建设农村基础设施和公共服务设施。

4)规划成果

村庄规划的目标和对象都是确定的,村庄层次的规划包括两个方向,一个是针对村庄物质环境的整治和更新,可以使用具体规划图纸、建设项目的列表等多样化的形式;另一个是对乡村社区的利益群体进行协调和沟通,可以使用社区规划的形式。例如,中国十大最美乡村之一——青杠树村位于四川成都郫都区三道堰镇东部,在徐堰河和柏条河两河之间。全村共有 11 个社,2 300 余人。面积 2.4 km²,耕地 1 888 亩(125 多公顷),具有典型的川西平原景观风貌。2012 年,青杠树村按照"小规模、组团式、生态化、微田园"的规划理念,通过农地重划与整治,创造乡村土地利用的增值空间;通过"田成块,水相连,路相通,村聚盘",形成以"秀美水乡、乐活田园"为特色的乡村景观特色(图 9-4)。

9.3　乡村振兴战略下的风景园林

9.3.1　乡村振兴战略的解读

乡村是具有自然、社会、经济特征的综合体,同时

图 9-4　中国十大最美乡村——青杠树村(李荣伟 摄)

具有生产、生活、生态、文化等多种功能。目前,我国人民日益增长的美好生活需要,与不平衡、不充分发展间的矛盾,主要体现在广大的农村地区。同时,我国仍处于并将长期处于社会主义初级阶段的基本特征,很大程度上也由农村决定。因此,全面建成小康社会和社会主义现代化强国,农村就是最根本的问题。2017 年10 月,习近平总书记在党的十九大报告中提出乡村振兴战略。2018 年 9 月,中共中央、国务院印发了《乡村振兴战略规划(2018—2022 年)》,并发出通知,要求各地区各部门结合实际认真贯彻落实。

党的十九大报告把乡村振兴战略作为我国全面建成小康社会的"七大战略"之一,与科教兴国战略、人才强国战略、创新驱动发展战略、区域协调发展战略、军民融合发展战略、可持续发展战略等共同作为党和国家的施政方针,足见对其的高度重视。乡村振兴作为国家战略,在国家总布局上具有全局性、长远性、前瞻性,关系到国家的发展与进步。目前,农村普遍存在城乡差别、乡村发展不平衡、不充分的问题,要从根本上解决这些问题就要全面实施乡村振兴战略。

实施乡村振兴战略,旨在坚持农业农村优先发展,按照产业兴旺、生态宜居、乡风文明、治理有效、生活富裕的总要求,建立健全城乡融合发展体制机制和政策体系,统筹推进农村经济建设、政治建设、文化建设、社会建设、生态文明建设和党的建设,加快推进乡村治理体系和治理能力现代化,加快推进农业农村现代化,走中国特色社会主义乡村振兴道路,让农业成为有奔头的产业,让农民成为有吸引力的职业,让农村成为安居乐业的美丽家园。

9.3.2　乡村振兴与风景园林

党的十九大报告明确指出，要严格"产业兴旺、生态宜居、乡风文明、治理有效、生活富裕"二十字总要求，坚持农业农村优先发展、人与自然和谐共生等七大原则实施乡村振兴战略，解决我国当前突出"三农"问题。由此可知，乡村振兴是全面综合的概念，涵盖政治、经济、文化、生态等方面，其主体是农民，以可持续发展和文化认同两大目的为宏观体系，主要体现在乡村产业、生态环境、乡村文化、乡村治理等方面的振兴。从乡村振兴的主体结构分析可以看出，乡村振兴与风景园林学科存在一定的耦合关系，风景园林学科作为人居环境的主体学科仍具有一定的助推力。

1. 风景园林师职责与价值

风景园林师作为从事园林设计行业且具备一定基本技能的专业人员，要时刻认识到，土地对风景园林至关重要，但要协调好农民与土地的关系，就要亲身体验乡村生活和欣赏乡村风景。

风景园林师要充分考虑乡村的自然资源，要意识到

乡村的主体是农民，并非政府和城市居民，村民才是服务的基本点。不同的乡村居民有着不同的风俗、习惯和需求，充分尊重当地农民才能使乡村风貌美丽化，村民才能更加配合乡村振兴战略。通常情况下，风景园林师以乡村文化为基础，保留乡村本地原生态的"形"与"魂"，以乡村旅游吸引游客；然而吸引游客后村庄该如何发展生存，却是一直困扰设计师的问题。答案是乡村产业（图9-5）。同时，风景园林师的设计只是一时的，而动力来源核心却是产业。乡村产业主要包括以下内容：

（1）本土产业　是基于乡村本土发展较好的农业产业和本土文化产业；

（2）移植产业　是基于对乡村的深入分析，引入合理且具有显著经济效益的产业；

（3）旅游产业　以旅游度假为宗旨，以村庄野外为空间，以乡村自然和人文客体为旅游吸引物，依托优美景观、自然环境、建筑和文化等资源，在传统农村休闲游和农业体验游的基础上，拓展开发会务度假、休闲娱乐等项目。

因此，风景园林师在乡村规划设计上应注重产业指导空间布局。

图 9-5　西藏林芝波密县乡村振兴产业规划图（2018—2022）（陈其兵 等绘）

2. 乡村景观设计营造策略

1)呈现多维度的景观空间

(1)统筹聚落配套设施建设　随着我国现代化建设的逐渐深入,乡村也加入了快速建设之中,新型的生产工具与旧的生活方式产生了矛盾冲突,这并未提高生活水平却使生态系统遭到了极大破坏。因此,要重塑乡村自然景观,就要在提升基础设施的基础上营造可游可赏的聚落生活景观。其中,道路设施、水利设施、环卫设施等都是村落营造的重点。具体而言,道路系统建设可从道路的照明系统、铺装材料和交通节点三方面入手。水利工程需明确统一供水方案,明确乡村水资源的保护方法和建设措施。排水方面,充分利用当地的沟壑地势;污水处理也要考虑雨水排流问题。环卫系统建设,对垃圾站、公共厕所等的设置需结合村庄区位特点,让环卫设施融入景观元素中。

(2)激发景观空间结构整合　优化乡村景观,将生产、生活、生态作为重点整治和营造方向,从而实现景观元素的互通融合。总的来说,在乡村发展的背景下,将乡村产业链接,形成完整的"商业闭环",深度发掘农业生产价值。例如,大力发展乡村旅游产业,丰富乡村生活文化,将农村产业景观融入民俗文化,促进一产与二、三产的有机融合,增强其体验性、观赏性和参与性。

2)延续节律性的景观秩序

(1)规范小型经营场所　乡愁是现代人必需的情愫,留住乡愁,就要回归乡村体验乡村生活、感受乡村。当今,以新型乡村聚落景观为主要元素的乡村旅游已经成为乡村经济快速发展的新增长点。村民利用自己住房进行农家乐等活动,由于没有整体的布局,且随意拆建使村落整体缺乏景观美。因此,对这些小型经营场所进行统筹布局,才能更好地发展聚落景观,使得村庄风貌与建筑肌理更加和谐。

(2)修缮传统民居建筑　传统民居保留了村落的文化特征,在房屋修缮时应充分尊重当地文化,注意使用当地材料和工艺;对整体建筑修缮时,要注意建造技艺和方式,保持整体的风貌一致。同时,现代化多产业模式也应进入乡村,对产业较单一的乡村可以产、住的混合模式经营,充分利用民用建筑格局,改造厕所、卫浴设施,提高居住环境。

3)鼓励生活化的景观实践

(1)引导乡村精神教化　文化传承是乡村发展的基石。建设乡村景观,也要做好村落文化的保护。保护文化的同时发展文化,将乡村文化提炼的精髓融入乡村景观,使更多的居民和游客欣赏形成认同感。同时,处理好民俗文化与现代景观之间的相互协调,如划龙舟、赏月、闹元宵等公开性活动,要规划合理的游览路线和表演空间。另外,注重文化传播途径,可规划设计更容易让村民接受的与其生产、生活相关的景观,真正做到"自我教化"的作用。

(2)开展景观创造活动　现代乡村景观的传承,就是文化的继承。同时,还需要对乡村文化景观不断创新,将当地民俗文化融入景观供游客欣赏参观。文化创新首先要借助各式各样的地域文化,深究其组成成分、构成元素。另外,还需通过多种方法结合现代思维,使新陈文化相互交融。在景观创造的同时各村落间进行互融互通,加深村落间文化交流,丰富聚落景观,与生产景观和自然景观产生共鸣,交融形成新型乡村景观体。

9.4　风景园林康养景观研究

9.4.1　概念

城市居民有着富裕、便捷、卫生的生活条件,健全的基础设施建设,但同时有着较严重的精神层面健康问题。例如,情绪焦虑和精神分裂症等。此外,空气污染可能会导致呼吸系统疾病,重金属污染可能造成神经毒性,而全球气候变化很可能引起一些传染病。

据《2009年中国城市白领健康状况白皮书》,当前我国城市人口亚健康现象突出,尤其是白领群体,亚健康所占的比例高达76%,许多人都处于过度疲劳之中,真正的健康群体不足3%。由于城市环境带来的负面影响,自然环境给人类健康带来的福祉得到了高度关注。对于绝大多数人而言,生存和自然环境是密不可分的。大量的研究表明,长时间接触自然,可以给身体带来很多可量化的好处。大自然对人很重要。郁郁葱葱的大树,"闪闪发光"的水,叽叽喳喳的小鸟,萌芽的灌木丛,五颜六色的花朵,这些都是美好生活的重要组成部分。

16世纪,瑞士医生、炼金术士、占星师帕拉塞尔苏斯(Philippus Aureolus Theophrastus Bombastus von Hohenheim,1493—1541)宣称:"治愈是一门艺术,它来自自然,而不是医师。"自然疗法是促进人类健康的途径之一,人类通过暴露于自然环境中,包括森林、城市绿地、植物或者自然的木质材料等,而获得身心健康,并达到预防医疗的效果,其中关于森林疗法的研究是最多的。"森林康养(Forestry Therapy)"或"森林浴(Forestry Bathing)"及近年来基于前者发展起来的"风景园林康养(Landscape Therapy)"因身临其境的体验活动而受到广泛关注,这种方法可以让人身心愉悦和放松。长时间暴露于森林环境中,对人体的生理、心理以及免疫系统等多方面机能有较好的调节作用。

9.4.2　理论基础

关于风景园林康养的方法论包括以下理论基础:

1)亲生命性假说(The Biophilia Hypothesis)

爱德华·威尔逊(Edward O. Wilson)认为,人类与生俱来就与动物和植物有着亲密情感连接,这种关注生命或其他生命形式的倾向被称为"亲生命性(Biophilia)",这是人类在漫长的进化过程中展现出的一种根植于基因的,渴望与其他动植物相伴的需求。亲生命性假说是自然环境促进人类健康的重要基础理论之一,人类从与自然环境亲密接触的过程中获得自然环境带来的身心健康效益。

2)注意力恢复理论(Attention Restoration Theory)

该理论认为,人们长期处于现代城市环境中容易产生精神疲劳,导致注意力难以集中以及情绪容易激动。人类对自然环境的欣赏不需要付出主动性的注意力,且欣赏自然环境还可以引发人类无意识、自发的注意力,因此对人们精神的恢复具有明显的效果。自然环境通过两种方式使人放松:①自然环境使人们得以远离城市生活的复杂事物,②自然环境是一种"恢复性环境",人类在自然环境中体验不需要付出脑力劳动。

3)压力减轻理论(Stress Reduction Theory)

该理论认为,压力是指人们在心理上、生理上和行为上对挑战性或恐惧性环境所做出的响应过程。自然环境中的环境、山水、植物等元素都会对人类的情感和行为方式以及注意力方式产生积极的促进作用并能够有效地帮助人类减缓压力。压力减轻理论是自然环境健康效益的一个重要组成部分。即便是短暂地与自然环境接触,也会产生积极的放松效果。自然环境能够使人减缓压力主要是因为自然环境有助于人们参加体育运动,运动可以减轻环境压力以及消极情绪;自然环境可以提升人们的交际能力,获得情感上的支持;自然环境远离城市烦恼,有效地分散对不愉快事物的注意

力;与自然接触能够使人们很好地获得自我控制能力,减少消极情绪的产生。

4)森林医学理论(Forest Medicine Theory)

该理论起源于日本,森林的治疗功效是指森林环境中的健康治疗,现已成为一个新学科和公众关注的焦点。森林医学属于替代医学,环境医学和预防医学的范畴,是研究森林环境对人类健康影响的科学。森林医学以人群为重点研究对象,分析研究不同环境因素对人群健康的影响,探讨改善和利用环境因素,改变不良行为生活方式,减少危险因素,合理利用卫生资源的策略与措施,以达到预防疾病、促进健康的目的。其优势在于短期地体验森林环境也可以达到恢复性功能,因此森林体验是一种恢复性体验,它可以使人们暂时从疲惫及压力中解脱。

5)心理物理学理论(Psychophysical Theory)

其源于德国心理学家 Gustav T. Fechner(1801—1887)的实验心理学。心理物理学将人与环境的关系理解为刺激与反应的关系,并通过数学手段揭示其间的定量关系。在森林风景研究中应用心理物理学方法,可以探求森林的环境特征与人对环境评价之间的数量关系,从而为定量地分析森林环境因素与人的审美评判间的关系,这对森林风景研究和风景资源管理工作都具有一定的现实意义。

9.4.3　研究内容

关于风景园林康养的内容研究方面,目前大多研究认为森林行走是风景园林康养的重要组成部分,其他治疗活动主要通过五种感官感受森林(看、听、触、嗅觉、品尝)、观赏、冥想、气功、瑜伽、芳香疗法、凉茶疗法和使用天然材料工艺等实现。因此,风景园林康养的内容被划分为 3 个层次。

1)观看自然景观

在日本,森林覆盖率达到 68.2%,森林散步被认为是通过呼吸运动与森林树木进行物质交换促进身体健康的一种娱乐活动。在森林中散步,可以显著改善个人夜间睡眠质量。研究还发现,一些日常活动,如观看自然景观、秋季行走在城市公园、观看湖泊、观看大自然的照片等行为都可以让人类达到心理和生理放松的效果。身体活动的好处主要包括降低全因死亡率(即所有死因的死亡率)、冠心病发生率、心脏病、高血压、中风、Ⅱ型糖尿病、代谢综合征和抑郁症等。其中,

散步是一种普通、方便、自由的身体活动形式之一,对健康具有各种好处,并且受伤风险低。

2)长期靠近自然景观

为了优化健康条件,拥有自然的环境,在欧洲的一些国家和日本的一些地区都有针对健康度假计划的传统习俗。长期处在高质量的自然环境中,甚至有可能让人重新思考人生,包括事业、生活方式、目标、家庭等,这很可能帮助一个人找到生活中新的方向,促使人健康发展。研究已经表明,长期进行短途旅行等,对患有哮喘和特应性皮炎的儿童具有治疗的效果。

3)积极参与自然活动

研究显示,老年学专家莫琳·凯伦·泰勒(Maureen Kellen Taylor)邀请治疗师将他的工作带入大自然中时,说到"为了和世界的灵魂共舞,我们可以将艺术搬出工作室,搬到大自然中"。在自然环境中从事艺术活动,也是自然疗法新的发展方向。风景园林康养对一些生理疾病,如心血管疾病、高血压、肺病和癌症等患者的影响也成了一个重要研究方向。风景园林康养是缓解慢性广泛疼痛患者疼痛和相关心理和生理症状的有效干预措施。

9.4.4 风景园林康养效益

1)心理效益

自然环境能帮助人类提高快乐、幸福、满意等正向情绪,减少悲伤、焦虑、沮丧等负向情绪。在户外的绿色环境中休闲,可以减轻城市居民的压力。绿色空间似乎具有其他公共区域缺乏的特殊能力,与绿色空间的接触可以减轻压力和精神疲劳。普遍来讲,与观赏缺乏自然元素的人造环境相比,观看充满自然元素的环境让人表现出更多积极情绪,生活在缺乏绿色空间的地区的人们应对生活压力的能力比居住在丰富绿地地区的人弱,因为他们缺乏自然应对策略的机会。与建筑环境相比,自然环境能让人们产生更积极的情感、认知和生理反应,而且这些积极反应在不同的环境中也被观察到,包括偏远的荒野地区、居住区附近的绿地公园等,甚至人们足不出户,只要看看窗外绿色景观也可达到同样的效果。在拥有自然窗景或绿色植物的办公环境中的职员心情更加愉悦,在有绿色植物的环境中学生也表现出更多的愉悦感,注意力也更加集中。

风景园林康养通过减少人们的压力、抑郁、焦虑和愤怒程度来改善心理健康。公园或森林较高的可达性伴随着更高的幸福、更好的情绪及更少的压力、愤怒和抑郁。城市森林能对人的心理健康产生积极的影响,并且这种影响不受居民的年龄、性别、身份等因素的限制。人们居住地距离附近开放绿地的远近、人们去附近绿地的次数、是否拥有私家花园等对其心理健康有着明显的影响。去开发绿地的次数越多、绿地离家越近或拥有私家花园的人们的压力明显要小。和城市区域相比,在森林里面散步可以显著提高人们的积极情绪,降低人们的消极情绪。在校园景观中行走,可以通过增加副交感神经活动来减少抑郁症。青年人在遭受压力困扰时,在自然环境下行走 50 min,结果显示,压力和愤怒值减少,积极情绪增加。

2)生理效益

人们感受到的各种精神情绪都会反映到内分泌应激系统,内分泌应激系统包括交感-肾上腺髓质轴和下丘脑-垂体-肾上腺轴两个组成部分。交感-肾上腺髓质轴直接参与交感神经活化,准备处理个人的紧张刺激,导致心率增加和血压上升。皮质醇是下丘脑-垂体-肾上腺轴应对压力释放的激素,当受试者观赏周围森林景观或步行时,他们的脉搏率、血压、皮质醇浓度下降。代表中枢神经系统活性的标志物参数为心率变异性、唾液皮质醇水平、免疫球蛋白 A 和一些特异性指标。风景园林环境可减少人类的交感神经系统,激活副交感神经系统,从而起到放松生理的作用。与城市环境相比,风景园林康养可显著降低受试者血压、心率和唾液皮质醇浓度。

已有研究表明,在森林区域受试者的唾液皮质醇明显降低(观景后下降 12.4%;行走后下降 15.8%),平均脉率在森林区域明显降低(观景后减少 5.8%;行走后下降 3.9%),平均收缩压在森林区域明显降低(观景后下降 1.4%;行走后下降 1.9%),血氧饱和度平均升高 0.81%,手指温度升高 0.82℃,血氧含量升高可以使人精神振奋,更有活力,手指温度升高,表明手指血流量增大,手指平滑肌松弛,人体情绪渐趋平稳和放松。风景园林康养或者自然疗法对人体特定的生理疾病有一定的影响,包括高血压、冠状动脉疾病、慢性阻塞性肺疾病和Ⅱ型糖尿病。此外,植物杀菌素对人体生理放松也有一定的影响,如梅花香等不仅可以改善情绪状态、促进记忆,且可促进身体健康;薰衣草精油通过增强脑波活动中的 β 区域,增加受试者的睡意和副交感神经系统,从而使得受试者达到生理放松的效果。

3）免疫效益

人体的健康是由免疫系统保障。免疫系统由免疫器官、免疫组织、免疫细胞和免疫分子组成，分为特异性免疫和非特异性免疫。其中，非特异性免疫与生俱来，所以也叫天然免疫，如皮肤、黏膜、细胞等；特异性免疫是出生后机体与外来微生物的接触后获得的，所以也叫后天免疫或获得性免疫，如人工预防接种等。免疫细胞可分为三大类型：T 淋巴细胞、B 淋巴细胞及大颗粒淋巴细胞，其中大颗粒淋巴细胞的代表为自然杀伤细胞（natural killer，NK）。NK 细胞主要分布于外周血和脾脏，主要参与细胞免疫，在肿瘤免疫、抗病毒感染、免疫调节中起重要作用。此外，NK 细胞亦参与移植排斥反应、自身免疫病和超敏反应的发生。NK 细胞被触发的第一个反应是迅速分泌大量的细胞因子，NK 细胞在机体受病毒或肿瘤攻击后反应十分迅速，可在数小时或一天内达到高峰，且每次免疫反应中可调动大部分 NK 细胞参与，这种免疫反应的速度和幅度均远大于 T 细胞。

风景园林环境对人体 NK 细胞数量和活性均有提高效果。在风景园林中，散步可以显著增加人体自然杀伤细胞的活性和免疫球蛋白的水平。风景园林康养针对有生理疾病或者压力的受试者的免疫系统有增强的效果。在森林浴中，NK 细胞活性的增加可能与森林浴引起的应激激素反应减少（肾上腺素和皮质醇）有关，而交感神经兴奋性增高，可能通过释放肾上腺素产生免疫抑制作用，公园一日游可显著降低血浆中皮质醇浓度，在生物体外和体内进行的实验已证明，皮质醇抑制 NK 细胞活性。

4）效益机制

风景园林环境给受试者提供适宜的温度、光照、悦耳的虫鸣鸟叫、小溪流水。同时，景观从视觉上也给人一定的刺激。因此，景观从生理和心理两个方面对人体产生刺激反应。

当受试者受到风景园林环境刺激后，位于脑干的中枢神经系统通过肽能神经纤维激活副交感神经系统，副交感神经系统处理受试者的安静和自然等心理状态，使受试者处于安静、健康状态。同时，副交感神经系统通过神经递质于垂体，垂腺体分泌促激素作用于分泌细胞，导致受试者的肾上腺素、去甲肾上腺素和糖皮质激素皮质酮分泌较少，伴随着心跳加快，血压升高。

中枢神经系统可以通过去肾上腺素的释放来抑制 NK 细胞数量和活性。NK 细胞数量和活性的增强，影响细胞内因子抗癌蛋白的表达水平。另外，植物释放的单萜（如 d-柠檬烯和 α-蒎烯等）不仅可以处理体外肿瘤细胞，对 NK 细胞活性产生积极的影响，而且还可以增加细胞内抗肿瘤蛋白如穿孔素、颗粒溶素、颗粒酶 A 和颗粒酶 B 的水平。根据神经-内分泌-免疫系统的关系，结合实验推断出人体响应森林环境刺激的心理、生理、免疫系统的作用机制，如图 9-6 所示。

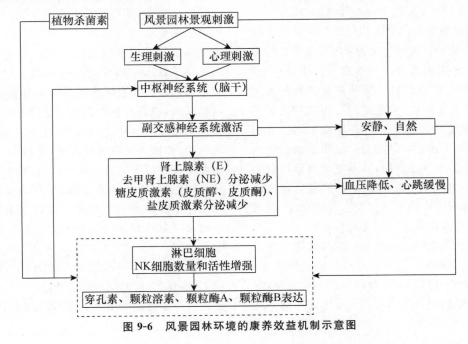

图 9-6　风景园林环境的康养效益机制示意图

9.5 "公园城市"理念下的风景园林

2018年2月，习近平总书记在四川成都视察时指出，天府新区是"一带一路"建设和长江经济带发展的重要节点，一定要规划好、建设好，特别是要突出公园城市特点，把生态价值考虑进去，努力打造新的增长极，建设内陆开放经济高地。同时，习总书记在2018年2月参加首都义务植树活动时，再次强调绿化祖国要坚持以人民为中心的发展思想，并提出观点："一个城市的预期就是整个城市就是一个大公园，老百姓走出来就像在自己家里的花园一样。"近年来，我国多个城市如贵阳市、扬州市等也曾提出过类似建设"公园城市"的理念，并进行了规划建设。2015年，贵阳市启动"千园之城"建设工程。之前，该市只有365家公园，"千园之城"建设启动3年后全市公园总数超过1000个。贵阳市成为首个"国家森林城市"。此次，习总书记提出的"公园城市"理念受到了行业内外以及全国范围内的广泛热议。

9.5.1 背景

"公园城市"理念的提出，不仅体现了"生态文明"和"以人民为中心"的发展理念。同时，也体现了我国推进城市化发展模式和路径转变的理论创新及实践探索。

1)"生态文明"和"以人民为中心"的发展理念

党的十九大报告指出："中国特色社会主义进入新时代，我国社会主要矛盾已经转化为人民日益增长的美好生活需要和不平衡不充分的发展之间的矛盾⋯⋯""⋯⋯既要创造更多物质财富和精神财富以满足人民日益增长的美好生活需要，也要提供更多优质生态产品以满足人民日益增长的优美生态环境需要。"2015年12月，中央城市工作会议就提出："城市工作要把创造优良人居环境作为中心目标，努力把城市建设成为人与人、人与自然和谐共处的美丽家园。"可见，"公园城市"无疑充分体现了中央对城市生态文明建设，以及对美好生活和幸福家园的建设高度重视。

2)我国城市化发展模式和路径转变的迫切需要

近几十年来，我国城市化发展取得了巨大的成就。同时，在快速发展中也积累了大量的生态环境问题，成为人民群众反映强烈的突出问题。主要体现在以下几方面：

(1)城市生态环境退化严重 由于城乡建设用地的快速增长和城市空间的迅速扩张，生态空间受到侵占、生态服务功能退化的现象日益严重。

(2)城市生态产品供给不足 目前的城市绿地总量，生态服务产品供给的类型、品质、数量、特色都无法满足人民日益增长的美好生活需要。

(3)城市建设缺少自然文化和风貌特色 目前的城市建设中破坏自然山水格局和历史城区风貌的问题无法避免，千城一面的现象十分严重。

(4)城乡二元结构仍然明显 城市无法反哺带动乡村，大多数地区乡村人口流失，发展动力不足，缺少劳动力，导致各类设施建设滞后，传统文化正在逐步消亡。

由此可见，我国对于城市化发展模式升级转型具有迫切的需要，要从以规模扩张、经济增长为主，向以人为本、科学发展、城乡协调和优化提升为主进行转变，同时要致力于推进"治病健体"和"转型升级"两大任务。

9.5.2 内涵

"公园城市"是将城市绿地系统和公园体系、公园化的城乡生态格局和风貌作为城乡发展建设的基础性、前置性配置要素，同时把"市民—公园—城市"三者关系优化作为创造美好生活的重要内容的前提下，通过优化生态服务产品供给的类型、品质、数量、特色，提供更多优质的生态产品来使人民日益增长的优美生态环境需求得到满足的新型城乡人居环境建设理念和理想城市建构模式。这一理念和模式致力于对城市绿地系统和公园体系进行扩容提质、布局优化和内涵升级，提高其作为公共服务产品供给的服务品质和均等化水平。同时，通过建设全面公园化的城市景观风貌，使城乡关系得到增进、使城市格局得到完善、使城市风貌得到改善、使城市的品位和竞争力得到提升，有利于城市的发展转型，并且能够满足市民群众对美好生活的需要。相比于城市生态环境建设的相关理念，"公园城市"理念承接于"园"、着眼于"城"、核心是"公"。

20世纪90年代，我国开始开展"园林城市"的创建工作，自21世纪以来逐步推进的"生态园林城市"创建则进一步提高了城市园林绿化建设的水平。与"园林城市"和"生态园林城市"相比,"公园城市"更致力于我国城市化的美丽、健康和可持续发展(图 9-7)。"公园城市"理念的提出是我国城市建设理念的历史性飞跃,其在"园林城市""生态园林城市"等理念的基础上完善和提高了绿色发展和生态文明建设的意义及目标。同时,与"田园城市"和"森林城市"理念相比,"公园城市"理念主要体现在以下四方面:

(1)更加强调公共性和开放性,强调以人民为中心的普惠公平;

(2)更加符合城市生态文明建设的需要,更加适应我国人口多、密度大、规模大的城市化特征;

(3)更加突出城市绿地系统和公园体系与城市空间结构的耦合协调;

(4)更加强调绿色生态空间的复合功能,能"提供更多优质生态产品",融合更丰富的创新功能,从而带动城市转型发展。

图 9-7　四川成都天府新区兴隆湖景观(郝飞 摄)

9.5.3　特征

虽然公园城市不等于"公园＋城市",但"公园"所蕴含的绿色、生态绝对是公园城市不可或缺的"底色"。"公园城市"以生态文明为引领,推动城市实现"两山"实践重要探索,同时考虑生态价值与人文价值,构建人与自然和谐发展新格局,是美丽中国目标的城市发展至高境界。因此,"公园城市"探索,也给未来新型城市形态提供了一种可能的发展模式。总体而言,"公园城市"理念特征体现在以下方面:

(1)以人为本,共享式发展建设　公园提供的服务与功能纳入城市基本公共服务,创造公平的、有活力的

生活生态空间。

(2)以绿色生态为基础,可持续发展。

(3)城乡建设共同推进　加强城乡区域景观建设,构建新型城乡互生关系。

(4)建设城市美丽风貌　强调对城市景观美景的打造,建造公园化的城市风貌,引领城市转型发展。

(5)多元、开放化发展　开放的城市绿地系统用以公开文化宣传,营造和谐共荣的城市生活空间。

9.5.4　公园和城市演变及趋势

1."由私而公"是"园林-公园"发展演变的基本方向

从"公园"和"城市"间的历史脉络与发展演变规律,可追溯"公园城市"理论的中外渊源。17 世纪以前,园林主要集中在西方皇贵阶层的私家庄园。英国最在于 17 世纪初开放贵族私园为公园。18 世纪之后,欧洲其他国家在也将私家庄园进行开放。近代以来,西方各国进行工业革命,大力发展产业,随之而生的社会问题和城市问题促使了西方现代城市公园的产生。同时,民主主义思想崛起、社会制度更迭和顺应时代的城市发展理念革新,迫使西方园林建设转向公共大众服务。

纵观历史发展变迁,我国传统园林以皇家园林和私家园林为主要代表,服务对象多为特权阶层社会群体。随着经济开放、社会变迁和制度改革,民权意识觉醒,城市绿地空间逐渐成为大众公共活动空间。我国唐宋时期,就已有公共园林出现,多在山水池沼附近,或与宗教祠堂、寺观景观相成。而其规模和影响却十分有限。

近代以来,随着西方文化和造园思想的流入以及租界公园的产生,公众也有了游览皇家园林的机会,城市公园概念由此出现。改革开放后,城市建设进程加快,进入 21 世纪,城市公园的建设达到空前高速发展时期。我国城市建设乃至城市公园建设都经历较多阶段,完成了"私家园林-开放公园"的演变。

时至今日,城市居民对城市绿地及其公共空间的功能需求日益增高,使得城市公园在内涵、特色与功能上不断扩展,逐渐承担着"宜居宜乐"城市空间的责任。新时代提出的现代城市公园(即"公园城市")建设,与"以生态先、以绿色先"的可持续发展理念不谋而合。

2."融合共生"是"公园-城市"发展演变的必然趋势

我国改革开放后,通过内省外纳、多文化交流,推进了我国城市规划建设与发展,这也使公园与公园系统的发展理念与我国城市的规划建设理念相契合。"公园—城市"的关系可从以下阶段具体分析:

1)古代城市建设时期——"有园林,无公园"

由于受政治统治和军事防御的要求,古代城市建设具有特定结构。同时,古代城市具有贸易枢纽的功能,规划建设理念融合政治统治理念。在礼制和等级观念的影响下,古代城市建设并不重视市民休闲游憩功能。在园林建设与发展阶段中,我国不乏以皇家、私家为主的园林景观,但园林景观空间的服务对象仅限特权阶级。只有部分借由"城邑近郊山水形胜之处,建置亭桥台榭"而发展形成的公共公众空间,没有普通民众实际可休憩游乐的"公园"。

2)现代城市建设早期——"有公园,无系统"

19世纪末至20世纪初,为我国现代城市建设的早期,代表城市有上海、南京、大连等。此时的城市规划建设多移植自西方理论,强调土地分区、道路市政等基础设施建设,城市园林绿化继承了古典主义中对城市形象特色的重视,而不重视城市居民公共性休闲和游憩需要,也未形成公园规划系统。因此,早期现代城市园林建设称之为"有公园、无系统",此时的城市公园主要包括:①收归公有并开放的皇家园林,如北海公园(图9-8)等。②为特殊社群和特殊区域服务的租界公园,如黄浦公园等。③早期现代城市公园,这些公园绿地多为点块状空间分布在城市中,不成系统。

图9-8 北京北海公园

3)计划经济主导时期——"有系统,非驱动"

新中国成立到20世纪80年代,该时期为计划经济主导阶段,为生产建设服务是城市规划建设的重点。受工业化大规模建设的影响,以及受国际城市规划理论和方法的纲领性文件《雅典宪章》(Athens Charter或《城市规划大纲》)等的影响,城市规划建设主要围绕工业生产的城市功能展开,故称之为"有系统、非驱动"时期。此时期,工作、居住、游憩和交通都被认为是都市基本活动,公园绿地作为满足游乐、休憩的空间承载体,被视作城市建设和居住建设的配套用地,从而逐渐变为城市规划的专门系统之一。但在计划经济主导下,公园系统并不施展驱动城市空间拓展的作用。

4)市场经济带动阶段——"有驱动,非融合"

20世纪90年代到21世纪早期,为我国市场经济带动时期,此时为国家、地区和城市经济社会发展服务是城市规划建设的重点内容。此阶段,受经济社会发展需求的带动,对土地财政产生了深远影响,城市规划建设更注重城市物质空间建设。此时期为"有驱动、非融合",园林建设多基于城市经营理念,将公园建设作为基础设施建设的一项工作。由于公园绿地建设可带动周边地块升值,而成为推动城市新区成长的重要举措,但是"城园融合"还未被城市和公园的规划建设真正意义上实现。

5)当前及未来"公园即城市,城市即公园"

目前,我国社会主义建设步入新时代,从党的十九大报告和中央城市工作会议精神可知,满足人民日益增长的美好生活需要已成为城市发展的根本目标,城市规划建设要全面落实"以人民为中心"的发展思想。城市绿地和公园系统作为城乡发展的基础,是城市公共服务系统的重要部分(图9-9),更是理想人居环境的关键组成部分。完整而优秀的城市绿地和公园系统,必将成为城市人居环境的"最公平的公共产品和最普惠的民生福祉",是满足人民日益增长的美好生活需要,实现"以人民为中心"的发展思想的核心要素。"公园城市"理念正展现出"公园即城市,城市即公园"的愿景,公园与都市将促成多层次、维度的融合发展,是目前及将来新时代"公园—城市"关系的必然发展演变路径。

综上所述,将公园和城市关系的发展演变梳理可知,"公园城市"理念的诞生是新时代"公园—城市"关系发展演化的方向,不仅是全面建成小康社会目标下建设城乡人居环境理念的重要创新,同时也是都市生态文明建设理念形象生动的总括。

3. 新时代城市规划转型建设呼唤"公园城市"的建设

目前,我国社会主义建设步入新时代,城市规划建设将以全面落实"公园即城市,城市即公园"(图 9-10)

的发展理念。同时,"公园城市"作为新时代城乡人居环境建设和理想城市建构模式的理念创新,是指导新时代城乡规划建设的生态文明观和城市治理观。同

图 9-9　四川成都市域绿道体系(天府绿道)已建部分(引自成都天府绿道建设投资有限公司)

图 9-10　四川成都白鹭湾湿地绿道系统(引自成都天府绿道建设投资有限公司)

时,"公园城市"理念在指标体系、规划和建设体系方面仍须不断探索和总结经验。其中,构建科学合理的指标体系是引导"公园城市"理念推广实践的重要手段。因此,"公园城市"的建设理念应包含经济发展、生态环境保护、生态文化发展以及满足人民对美好生活需求的多重目标。城市的功能是人口、发展、创新、宜居等要素的承载,"公园城市"则赋予更多的内涵:如生态带较完整、蓝绿比例较多、生态价值较优、发展创新较快、高端人才集聚、幸福指数较高等要素。这对"公园城市"的建设提出了更新、更高的要求。

9.6 可持续发展风景园林

风景园林是改善城市生态环境的主要载体。改革开放以来,我国城市风景园林建设水平有了较大提高,生态环境质量不断改善,人居环境不断优化,城市面貌明显改观,为促进城市生态文明建设做出了积极贡献。但随着社会经济和城市建设的快速发展,城市土地、水资源和生态环境等面临着巨大压力,矛盾日益突出。一些地方违背生态发展和建设的科学规律,急功近利,使城市所依托的自然环境和生态资源遭到了破坏,也偏离了我国城市风景园林事业可持续发展的方向。因此,探索可持续发展的风景园林规划、设计和建设是我国城市风景园林绿化的重要课题。

可持续发展风景园林主要包括低碳型风景园林(Low-carbon Landscape)和节约型风景园林(Economical Landscape)。两者既有共同之处,又有差异。低碳风景园林包括在节约型风景园林中,但由于节约型风景园林已覆盖节能的概念,低碳核心就是节约能源。

9.6.1 低碳型风景园林

低碳(low carbon)是指较低或更低的以二氧化碳为主的温室气体排放。低碳理念是以低耗能、低污染、低排放为基础的理论模式,是人类社会继工农业文明后的又一次进步。20世纪百年间,地球人口增加了4倍,能源消耗增加了25倍,形成了巨大的能源消费型社会。进入21世纪,全球气候日趋变化,化石燃料即将枯竭,自然灾害频繁发生,这都已严重影响到了人类生存与发展。

20世纪80年代以来,我国工业化发展和城市化进程加快,高耗能行业迅猛发展,能源需求出现了前所未有的高增长态势。同时,城市人口众多,温室气体排放量增大,为减少温室气体排放,改善区域小气候,低碳理念下的风景园林建设应运而生。在低碳理念的时代命题与科技发展大潮之下,探寻风景园林规划设计发展趋势,研究低碳理念对现代风景园林的影响具有重要的时代意义。

1. 设计原则

1)低碳设计理念

风景园林规划设计应走低碳化之路。低碳型风景园林建设,不仅需要考虑碳排放量的问题,还应考虑如何提高能源利用率,如何减少能源消耗带来的经济损失,以及是否能够维持生态平衡等问题。例如,在进行地形设计时,应避免对山地进行大规模处理,可将其融入设计中(图9-11);对平地的处理应采用硬质和软质地面相结合的方式,防止水土流失和草坪的践踏损坏。

图9-11 因山就势设计的上海深坑酒店景观

2)选择低碳材料

材料作为低碳型园林建设的基石,已经成为减少能源损失的关键性因素之一。随着科学技术的快速发展,高污染、高能耗材料逐渐被低污染、低排放、可循环利用且经久耐磨的现代材料所取代。例如,2010年上海世博会的万科馆材料应用,该建筑的核心建筑材料为天然麦秸秆经过一系列压制工序最终形成的麦秸板,在一定程度上实现废弃物的循环利用,唤醒人们对自然的尊重,保证低碳理念能够深入人心(图9-12)。园林材料选择期间,应充分利用能够重复利用的资源,比如园林废弃材料等,不仅能够将其用到景观地形塑造工作中,还能够循环利用。

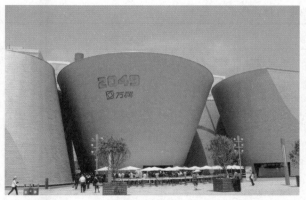

图 9-12　上海世博会万科馆的天然麦秸秆应用

3）提高场地使用率

建设低碳型园林，需保证其运用期限。换言之，建设低碳型风景园林应充分协调环境与人文的融合。在尊重自然的同时，维持生态平衡的发展机制，降低能源的总消耗程度。这就要求设计中切实关注生态循环，使低碳型风景园林建设符合生态环境的自然法则，保证其能够长期有效使用。

2. 设计对策

总体而言，低碳型风景园林应按照资源节约型、环境友好型社会的要求，因地制宜、合理投入、生态优先、科学建绿，将节约理念贯穿于规划、建设、管理的全过程，引导和实现风景园林发展模式的转变，促进城市风景园林的可持续发展。

1）植物景观低碳设计

（1）应合理配置固碳释氧能力较强的植物　例如，常用园林植物垂柳（*Salix babylonica*）、荷花（*Nelumbo*）及刺槐（*Robinia pseudoacacia*）等具有较强固碳能力。

（2）植物配置还应科学选择节约型植物、低养护植物、高能效植物　风景园林建设应大力推广易养护、耐旱、耐贫瘠、耐重金属等多功能性的植物，在一定程度上提高风景园林固碳能力。

（3）实现高低龄树之间的合理配置　研究表明，高龄树种在固碳能力上比低龄树种低。就树木碳贮存量角度出发，古树碳贮存量常高于常见树。因此，风景园林设计师应就高低龄树种实施科学配置，这不仅能够促进园林绿化固碳能力提升，而且还有助于保护自然资源。

2）水体景观低碳设计

风景园林水景主要包括喷泉水景、静态水景、流动水景、垂落水景四种类型。首先，应依据不同的季节和地域特色进行水体景观的设计。如北方城市因严重缺水，水景设计可以选择浅表水面，在丰水季节可以观赏水面景致，枯水季节观赏水底卵石等景观。其次，应充分考虑地形和水源等因素，确定合理的水体规模和表现形式，最好是就近利用水源，避免没有必要的浪费，逐步完成"耗水型"向"节水型"的转变。最后，把污水处理、净化和再利用融合在水景设计中，节约和保护城市水资源，也说落实节能减排的重要途径之一。

3）硬质景观低碳设计

风景园林硬质景观主要包括实用型、装饰型和功能型三个类型。首先，硬质景观低碳设计应充分体现场地地貌、人文和环境特点，既有好的功能效果，又节约资源、降低能耗和利于长久维护。其次，尽可能利用新型能源技术。如设计中采用节能灯代替以往高耗电的普通灯具有显著的节能效果；喷水池及景区周边的景观灯、旗杆灯等可以采用太阳能电池供电等。

3. 评价体系

判断某一风景园林绿地是否符合低碳型的标准，对促进低碳风景园林建设具有重要意义。低碳型风景园林评价指标体系是对城市绿地低碳建设和管护情况进行综合评价的体系，涵盖从设计、施工、现状到管理维护等方面，如仅仅采用一个或几个指标，很难全面、客观、科学地评价。

目前，我国尚未出台低碳风景园林绿地的评价标准。基于 2010 年国家住房与城乡建设部颁布的《城市园林绿化评价标准》（GB/T 50563—2010）等，风景园林评价指标体系初步构建由规划设计、施工组织与管理、现状及管理与维护 4 个一级指标及 25 个二级指标共同构成，见表 9-3 和表 9-4。

9.6.2　节约型风景园林

作为建设节约型社会的重要组成部分，节约型园林是当前风景园林行业全面贯彻习近平生态文明思想和创建资源节约型、环境友好型社会的关键载体。换言之，节约型园林是指按照资源合理与循环利用的原则，在规划、设计、施工、养护等各个环节中，最大限度节约资源，提高资源的利用率，减少能源消耗；是以最少的用地、最少的用水、最少的建设资金、选择对生态环境最少干扰的新时期绿化模式，其能够以最少的人力、资源和能源投入，获取最大的生态、环境和社会效益。

1. 设计原则

1）经济性原则

建设节约型风景园林的核心内涵就是经济性原则，

表 9-3　低碳园林绿地评价指标体系

一级指标(X)	二级指标(Y)
规划设计类(X1)	规划设计方案完整性(Y1)
	竣工图与规划设计图的一致性(Y2)
施工组织与管理类(X2)	施工组织设计合理性(Y3)
	施工进度与施工进度计划的一致性(Y4)
	工程施工规范性(Y5)
	施工安全文明及环保情况(Y6)
现状类(X3)	本地植物指数(Y7)
	植物多样性指数(Y8)
	乔灌木覆盖度(Y9)
	低碳材料使用率(Y10)
	当地和就近材料使用率(Y11)
	透水性铺装材料利用率(Y12)
	大树移植率(Y13)
	绿地率(Y14)
	立体绿化车(Y15)
	水体岸线自然化事(Y16)
	节水技术利用率(Y17)
	再生水利用奉(Y18)
	可再生能源利用率(Y19)
管理与维护类(X4)	植物成活率(Y20)
	植物生长状况(Y21)
	设施良好率(Y22)
	绿色废弃物利用率(Y23)
	生物防治推广率(Y24)
	管理制度建设(Y25)

表 9-4　低碳园林绿地评价标准

项目	规划设计指标(X1)			
	优(4)	良(3)	中(2)	差(1)
规划设计方案完整性(Y1)	划设计方案合理,严格按照设计图施工	划设计方案基本科学合理,基本能做到按图施工	有规划设计方案,施工时能有图纸施工	无规划设计方案
竣工图与规划设计图一致性(Y2)	规划设计图与施工图完全一致,施工过程中无变更	规划设计图与施工图基本一致,有少量变更	规划设计图与施工图存在重大变更	规划设计图与施工图完全不一致
施工组织设计合理性(Y3)	施工组织规划科学、合理、规范	施工组织规划基本科学、合理、规范	施工组织规划存在很多缺陷,但尚能指导工程的施工	施工组织设计不能指导工程的施工
施工进度与施工进度计划的一致性(Y4)	施工进度同施工进度表完全一致	施工进度同施工进度表基本一致	施工进度同施工进度表相差较大	施工进度同施工进度表明显不一致
工程施工规范性(Y5)	施工完全遵照园林工程施工规范	施工基本与园林工程施工规范要求相一致	施工不太符合园林工程施工规范的要求	施工不符合园林工程施工规范的要求
施工安全文明及环保情况(Y6)	有科学的安全文明及环保管理制度,并严格执行	安全文明及环保管理制度基本合理且能基本遵守	安全文明及环保管理制度不健全且未能全部遵守	无安全文明管理及环保制度,施工时不遵守相关制度
本地植物指数(Y7)	≥0.90	≥0.70	≥0.50	<0.50
植物多样性指数(Y8)	≥0.70	≥0.60	≥0.50	<0.50
乔灌木覆盖率(Y9)	≥0.75	≥0.65	≥0.55	<0.55
低碳材料使用率(Y10)	≥0.60	≥0.50	≥0.30	<0.30
当地和就近材料使用率(Y11)	≥0.0	≥0.90	≥0.30	<0.30
透水性铺装材料使用率(Y12)	≥0.60	≥0.40	≥0.30	<0.30
大树移植率(Y13)	≥0.10	≥0.50	≥0.25	<0.25
绿地率(Y14)	≥0.70	≥0.15	≥0.50	<0.50
立体绿化率(Y15)	≥0.80	≥0.60	≥0.20	<0.20
水体岸线自然化率(Y16)	≥0.80	≥0.40	≥0.60	<0.60
节水技术利用率(Y17)	≥0.70	≥0.70	≥0.50	<0.50
再生水利用率(Y18)	≥0.70	≥0.60	≥0.50	<0.50
可再生能源利用率(Y19)	≥0.25	≥0.20	≥0.15	<0.15
植物成活率(Y20)	≥0.95	≥0.85	≥0.75	<0.75
植物生长状况(Y21)	生长健壮,病虫危害程度控制在5%以下	生长基本健壮,病虫危害程度控制	长势不好,病虫危害程度在10%以上	长势不好,病虫危害程度在15%以上
设施完好率(Y22)	≥0.85	≥0.75	≥0.65	<0.65
绿色废弃物利用率(Y23)	≥0.80	≥0.70	≥0.60	<0.60
生物防治推广率(Y24)	≥0.50	≥0.40	≥0.30	<0.30
管理制度建设(Y24)	绿地维护管理制度合理完善,并严格执行	绿地维护管理制度基本完善,并基本能执行	绿地维护管理制度不健全,部分未能执行	没有绿地维护管理制度,城市绿地的维护管理无章可循

也是节约设计里的首要原则。近年来,我国风景园林发展大多是粗犷型,一些"靓丽"风景园林建成,就意味着一个良好的生态系统被破坏。人类活动已造成无形的经济资源损失,如"大树进城"等。因此,建设节约型风景园林要把经济性原则作为第一准则,采用节约方式进行风景园林规划、设计与建设。

2)生态性原则

园林是一项综合性的工程,包含生态、文化、景观等功能;而不是一项门面工程,一味求大求洋,用高造价追求奢华,大搞礼花灯、灯光树、硬质铺装和构筑物造景。风景园林建设最本质的任务,就是营造良好的生态环境。只有在生态作用下,才能体现景观和文化功能,才能体现以人为本的服务功能。

3)功能性原则

随着人们对生活质量要求的日益增高,风景园林规划设计的功能性需求也在不断增强。将风景园林景观与文化、历史、科技、美学等相融合,实现城市风景园林的生态、游憩、景观、科教等多功能协调发展,从而使风景园林可以更好地服务城市。

4)个性化原则

在风景园林建设中,需避免忽略传统文化,导致个性丢失、"千城一面"的现象出现。人文景观是场所的特性和灵魂所在,设计中应注重对景观特质的发掘和保护,最大限度尊重场地历史文化及乡土人文,塑造个性化城市特色景观,为人们创造更美好的生存环境。

5)美观性原则

节约型风景园林不是粗制滥造、粗枝大叶,而是对景观质量有较高要求。只有美的景观,才能得到使用者认同。人们通过视觉、听觉、嗅觉等方式感受风景园林景观,实际是在判定景观是否美观。其中,视觉占据着主导地位,其主要是因为景物的形式特征如色彩、形状、质感、布局等具有鲜明的特质。因此,必须注重形式美,主要体现在景观要素间的相互关系,如整齐与均衡、比例与尺度、节奏与韵律、对比与调和、多样与统一等。

6)高效性原则

节约型风景园林建设并非是一味地强调少用钱、少用物,而是应充分发挥各种资源作用,使资源利用效率达到最大化。以提高土地使用效率为基本原则,改善风景园林植物种植模式,提高单位绿地生物量,从而提高土地使用效率和产出效益。在提高资金使用效率的原则下,采用科学规划、合理设计、积极投入、精心管理等方法,降低建设成本、养护成本,将生态环保材料的应用进一步推广。

2. 设计对策

总体而言,节约型风景园林就是要坚持节约优先、保护优先、自然恢复为主的方针,在风景园林规划、设计、建设、养护中树立生态节地、节土、节水、节能、节材、节力的节约型风景园林理念,因地制宜、科学合理、量力而行开展风景园林建设工作,坚决纠正和制止风景园林"变形走样"问题,推动城市绿色发展。

1)节地型风景园林

节地型风景园林能够缓解人地矛盾,改善局部小气候,节约资源与能源。因此,应大力提倡屋顶花园(图9-13)、墙面绿化(图9-14)、垂直绿化(图9-15)等风景园林形式,提高城市土地资源利用率,最大程度发挥风景园林的生态功能。

图9-13　新加坡海军总社区屋顶绿化

图9-14　新加坡某艺术高中墙面垂直绿化

2）节土型风景园林

一方面应尽量保持规划设计场地的原有地貌，在少客土的情况下做到土石方就地平衡；另一方面避免进行大规模的地形改造工程，充分利用场地原有表土作种植土进行回填（图9-16）。

3）节水型风景园林

节水型风景园林建设，应遵循"开源节流"理念，优先采用透气透水的地面铺装等，注重雨水回收再利用，采用微喷、滴灌等节水设施。一方面通过雨水回收、中

图9-15 新加坡皮克林宾乐雅酒店垂直绿化

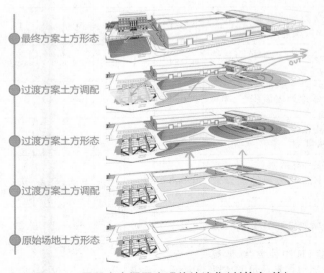

图9-16 园区土方调配实现就地消化（刘柿良 绘）

水利用等措施增加可利用的水源总量；另一方面利用地膜、土工布等覆盖减少水分蒸发和水分渗透，从而减少水资源的消耗。

4）节能型风景园林

充分利用自然能源，实现安全清洁的风景园林建设。例如，利用太阳能、风能、水力等解决郊野公园或高速公路绿化的照明和灌溉问题，从而节约管网建设投资。此外，利用反光和荧光材料制作的园林小品、指示牌等，既有利于营造节能型园林绿化，还能够产生独特有趣的园林景观。在风景园林灯光设计中，秉持"节约、适用、美观"原则，选择高效节能的照明设备（图9-17），加强夜景照明的控制管理，有效地降低电能消耗。

图9-17 太阳能路灯在道路绿化中的应用

5）节材型风景园林

建设节约型园林应以"合理利用、循环利用"为基本原则。首先，应充分利用环境友好型材料和地方材料，降低工程造价和改善生态环境。其次，应将园林建设过程中产生的各种废弃物，如植物的死干、枯枝、落叶、树皮等，搅拌机剩余的混凝土，铺路剩余的石块、砾石等进行回收再利用。

3. 评价体系

根据2007年的《关于建设节约型城市园林绿化的意见》（建城〔2007〕215号），在风景园林规划、设计、建设与管理过程，坚持因地制宜、合理投入、生态优先、科学建绿。同时，遵循提高土地使用效率、提高资金使用效率、政府主导与社会参与、生态优先与功能协调等四个基本原则，通过收集资料、专家咨询等途径选取指标，构建节约型园林评价指标体系（表9-5）。构建的指标体系分目标层（A）、准则层（B）、因子层（C）和指标层（D）4个层次。总体目标为节约型园林建设水平；准则

层包括规划水平、功能水平与节约水平；因子层有选址、布局、生态功能、社会功能、节地、节水、节材、节能、节力；因子层之下选取 32 个指标构成指标层。

在进行节约型风景园林评价时，会受到多种因素影响，各因素对目标的影响程度不同，必须考虑各因素在某种意义下的重要性程度，即需要确定其权重。确定指标权重的主要方法有层次分析法、主观赋权法、客观赋权法等。

根据节约型风景园林的基本内涵、建设要求和区域实际情况，在参考现行标准规范的基础上，对无法定量化的指标采用专家咨询法对其进行分析、比较、评分；从而分析系统中的薄弱环节及其产生的原因，为节约型风景园林建设措施的调整提供依据，从而提高节约型风景园林建设的综合水平。

表 9-5　节约型园林评价指标体系

A	B	C	D	指标值意义及计算方法	综合权重	分级				
						I	II	III	IV	V
节约型园林建设水平(A)	B1 规划水平(0.4)	C1 选址(0.6)	D1 营造条件(0.28)	从原场地状况对园林格局形成、功能设计的影响程度加以评价,专家咨询法	0.067 2	1.0	0.8	0.6	0.4	0.2
			D2 施工难易程度(0.22)	从原场地条件对后序施工的影响程度加以评价,专家咨询法	0.052 8	1.0	0.8	0.6	0.4	0.2
			D3 群落稳定性(0.28)	植物累积种类倒数与累计相对频度的比值	0.067 2	0.25	0.4	0.5	0.6	0.7
			D4 可达性指数/%(0.22)	园林的服务面积/研究总面积	0.052 8	100	80	60	40	20
		C2 布局(0.4)	D5 整体和谐度(0.4)	从绿地与周围环境之间的和谐程度加以评价,专家咨询法	0.064 0	1.0	0.8	0.6	0.4	0.2
			D6 空间结构合理度/%(0.3)	开敞空间面积/绿地总面积	0.048 0	50	40	30	20	10
			D7 绿地连接度(0.3)	运用绿道与城市的其他绿地进行连接,用具体绿道数量衡量	0.048 0	4	3	2	1	0
	B2 功能水平(0.3)	C3 生态功能(0.6)	D8 净化空气指标/%(0.21)	(有害气体初始浓度－有害气体终止浓度)/(有害气体初始浓度)	0.037 8	50	40	30	20	10
			D9 小气候改善指标/%(0.21)	0.38×遮光率＋0.32×降温率＋0.18×相对湿度＋0.12×风速降低率	0.037 8	50	40	30	20	10
			D10 物种丰富度指数(0.19)	(S 为物种数目,N 为绿地中植物总株数)	0.034 2	1.0	0.8	0.6	0.4	0.2
			D11 群落郁闭度(0.19)	林冠覆盖面积/绿地地表面积	0.034 2	100	80	60	40	20
			D12 吸声降噪率/dB(0.20)	绿地的噪声衰减量－同距离的空地上噪声自然衰减量	0.036 0	15	12	10	8	6
		C4 社会功能(0.6)	D13 美化环境(0.4)	从活动空间、道路、自然水体、人工水量、植物、园林小品的美观性加以评价,专家咨询法	0.048 0	1.0	0.8	0.6	0.4	0.2
			D14 游憩吸引度/%(0.35)	绿地年游人量/绿地可容纳年游人量	0.042 0	100	80	60	40	20
			D15 防灾避难(0.25)	从环境的安全性、植物种类、绿地规模、应急避难系统的设置等角度加以评价,专家咨询法	0.030 0	1.0	0.8	0.6	0.4	0.2

续表9-5

A	B	C	D	指标值意义及计算方法	综合权重	分级				
						I	II	III	IV	V
节约型园林建设水平（A）	B3 节约水平（0.3）	C5 节地（0.2）	D16 非草坪绿地占有率/%（0.4）	非草坪绿地面积/绿地总面积	0.024 0	100	80	60	40	20
			D17 立体绿化率/%（0.3）	建筑物表面已绿化面积/建筑物表面积	0.018 0	40	30	20	10	0
			D18 复层绿化率/%（0.3）	复层绿化面积/绿地总面积	0.018	50	40	30	20	10
		C6 节水（0.2）	D19 非硬质地面铺率/%（0.2）	非硬质地面面积/地面总面积	0.012 0	100	80	60	40	20
			D20 透水透气性路面铺装率/%（0.22）	道水透气性路面面积/路面总面积	0.013 2	50	40	30	20	10
			D21 耐水耐旱植物应用率/%（0.18）	耐水耐旱植物量/植物总量	0.010 8	100	80	60	40	20
			D22 节水技术/%（0.22）	微喷、滴灌、渗灌和其他节水技术的灌溉面积/总灌溉面积	0.013 2	100	80	60	40	20
			D23 浇灌用水来源/%（0.18）	浇灌用水非传统水源量/浇灌用水总量	0.010 8	50	40	30	20	10
		C7 节材（0.2）	D24 乡土植物应用率/%（0.4）	乡土树种数量/绿化树种数量	0.024 0	100	80	60	40	20
			D25 材料循环利用率/%（0.2）	废弃物利用量/废弃物总量	0.012 0	40	30	20	10	0
			D26 原地形利用率/%（0.2）	原地貌特征保持面积/原地形面积	0.012 0	50	40	30	20	10
			D27 原表土利用率/%（0.2）	场地原表土作种植土的回填量/原表土土方量	0.012 0	50	40	30	20	10
		C8 节能（0.2）	D28 可再生能利用率/%（0.5）	可再生能源消耗量/能源消耗总量	0.030 0	20	15	10	5	0
			D29 节能装置与技术利用率/%（0.5）	节能产品使用数量占总数量的比率	0.030 0	100	80	60	40	20
		C9 节力（0.2）	D30 修剪植物应用控制率/%（0.3）	（植物总量—修剪植物量）/植物总量	0.018 0	40	30	20	10	0
			D31 易培育植物应用率/%（0.3）	易培育植物量/植物总量	0.018 0	50	40	30	20	10
			D32 管理措施（0.4）	从绿地养护标准和养护水平加以评价,专家咨询法	0.024 0	1.0	0.8	0.6	0.4	0.2

注:B、C、D层括号中数据为各指标权重。[引自丁少刚《风景园林概论》(第2版)]

9.7 大数据背景下的城乡景观

随着工农业时代逐渐衰落,人类正在向信息时代过渡,以体能和机械能为主的社会逐步被智能社会所取代。微博、微信等新型信息发布方式的出现,以及"物联网""云计算""移动互联网"的迅猛发展,为数据积累提供了前所未有的平台。大数据的广泛应用,极大提高了现代生活以及相关领域决策效率,并为现代城乡园林规划提供了新思路。

9.7.1 大数据景观内涵

大数据从提出至今已得到广泛的关注,但并无统一定义。维基百科显示,大数据是指利用常用软件工具捕获、管理和处理数据所耗时间超过可容忍时间限制的数据集。全球著名的管理咨询公司 McKinsey(麦肯锡)则将数据规模超出传统数据库管理软件的获取、存储、管理以及分析能力的数据集称为大数据;研究机构 Gartner(高德纳)将大数据归纳为需要新处理模式才能增强决策力、洞察发现力和流程优化能力的海量、高增长率和多样化的信息资产。究其本质,大数据是一种数据集,不在于对庞大信息集的掌握,而是通过对数据的加工,实现数据的增值。

大数据景观是大数据技术与风景园林结合的产物,即利用大数据系统来辅助景观规划设计,使规划设计的成果分析都可量化。在传统设计中,风景园林规划设计对数据的掌握和应用十分有限;随着数据的扩大,数据的处理和分析逐渐汇聚成知识点,推动设计过程中的决策,设计成果的量化促进了作品的理性更新。城乡景观规划设计是在尊重自然及社会规律的前提下,围绕满足人的生产、生活、休闲、游憩、娱乐的需求所展开,大数据为城乡风景园林规划设计的决策提供了巨量和形式多样化的素材,使其能够站在高精度、多维度、真视角、广视野的角度,揭示问题背后错综复杂的潜在规律从而得到更加科学、人性化的规划设计方案。因此,大数据景观也并非只是单纯的技术集成,其要求景观规划师基于海量的素材进行理性的判断和价值取舍。

9.7.2 大数据景观特征

大数据具有规模大、变化快、多样性和价值高四个基本特征。对应地,在大数据时代下,风景园林规划设计主要体现在大数据景观的科学性、开放性和人本性。

1)大数据景观的科学性

传统的定性分析已经逐渐被定量分析所取代,大数据的应用使景观在规划过程中更科学、更精确。在大数据时代,将设施、自然因素、人文因素等关键因素量化,既能相对客观地对其进行判断,又能更加精细地掌握各元素的变化及发展趋势,增加了景观规划科学

性和合理性(图 9-18)。

图 9-18 借助历史遗迹大数据形成的巴塞罗那动态地图(引自景观大数据)

2)大数据景观的开放性

大数据景观的开放性主要体现在数据的双向性和在大数据影响下景观的可读性上。随着互联网的快速发展,数据得以大量地存储和访问,并实时产生,人们可以将个人的喜好、情绪、行为活动转化为数据,规划设计师通过产生的数据做出决策的判断(图 9-19)。而在大数据的支持下,设计软件可以实现可视化,使设计师和利益相关者可提前预测决策的可行性。因而,大数据景观具有开放性,使更多的人参与景观规划设计之中。

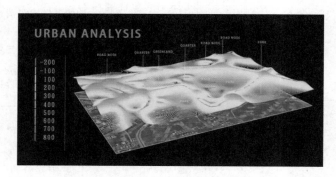

图 9-19 借助大数据形成的城市空间分析图(引自景观大数据)

3)大数据景观具有人本性

不管是传统方式的景观规划设计还是大数据时代的景观规划设计,其出发点都是"人",满足人的使用要求和习惯,实现人与自然的和谐共处。通过对数据的

挖掘,了解人的行为模式,实现景观与人的良好互动。

9.7.3 大数据风景园林规划设计研究进展

随着大数据等多元性信息在风景园林规划设计中的作用日益明显,传统的基于经验和直觉做出决策的方式显然不能满足当代实际需求,决策将日益基于数据和分析而做出,更多的规划设计分析图通过数据的支持变得更加具有说服力,也能从更具针对性的维度中探索更多解决问题的可能性。近年来,大数据在景观规划设计领域的研究成果取得了突破性的进展,主要体现在基于地理信息规划数据的研究、公众参与的大数据研究以及基于数值模拟等方面的研究。

1)基于地理信息规划数据的研究

基于地理与信息规划数据的研究主要依托地理信息系统(geographic information system,GIS)软件平台,处理相关数据进行土地、土壤、地形、城市及绿地规划等(图9-20)。麦克哈格提出"地图叠加法",被引入土地适宜性分析,从而创建了基于 GIS 土地适宜性评价模型。随后,出现的风险分析、土地脆弱性分析、生态敏感性分析等,都对景观元素的选址及设置起着关键性的作用。大数据的动态性,也扩展了对土地利用、景观格局变化等内容的纵深性,扩展了对事物分析和认识的维度。

图 9-20　借助 ArcGIS 的地理空间分析图(引自景观中国网)

2)基于公众参与的大数据研究

大数据扩展了公众参与的途径,公众可通过社交网络、移动通信以及定位导航产生的数据参与风景园林规划设计中。例如,以公众的"定点签到",定位确认用户的位置信息确定该景观节点的受欢迎程度。近年来,基于 Flickr 用户上传的带有位置和时间信息的照片,构建的 POI(point of interest,兴趣点)图能够确定游客的兴趣点和滞留地,以及游客观赏景点的视觉和

角度,在路径规划时链接该数据为出行者推荐最合适该用户的路径。例如,东南大学教授冉斌(2015)对手机定位数据分析了客流的早高峰和晚高峰时间,工作日与周末早高峰差异体现通勤客流叠加效果为城市公交及轨交运力、班次调度优化、城市道路规划、城市道路景观设计提供数据支撑。北京林业大学邵隽等(2018)以华山为研究对象,利用网上游记大数据分析了景区内游客的偏好和移动模式,为景区目的地规划设计提供支持。黄蔚欣等(2018)基于 WiFi 定位技术和环境行为学理论,在黄山风景名胜区主要景点布设 WiFi 定位设备获取手机位置数据,经过脱敏和清洗压缩处理之后形成游客时空轨迹的数据,用于分析游客游览行为的时空分布,为景区的智慧规划、精明管理与精准服务提供客观和量化的决策依据。

3)基于数值模拟研究

数值模拟大数据是风景园林规划设计的重要手段之一。景观现象是一种动态变化的过程,基于对设计要素特性及其环境效益认识,可设定不同的设计方案进行数值模拟,进一步结合三维模拟仿真及其模拟结果进行定量评价。例如,墨尔本大学 Ian D. Bishop(伊恩·毕晓普)(2003)等利用 POV-Ray(persistence of vision raytracer)渲染模拟不同采伐方案下森林再生长情形。卢薪升等(2018)以北京石景山北辛安地区的景观规划与环境更新为研究对象,通过对规划前期北辛安地区小气候情况的模拟,运用小气候模拟软件 EN-VI-met 作为直观地展示小气候水平的辅助手段,基于模拟情况建立慢行系统,再将后期模拟与前期模拟进行对比,研究具有可行性的设计策略。杨冬冬等(2019)借助计算机模拟技术建立了与其内在生态特征水景观物理形态的动态关系,并通过"设计—分析—评价—再设计"的循环设计路径,对水生态景观设计方案进行了比选,为水生态景观规划设计提供了新思路。

大数据在风景园林设计中广泛应用,研究范围从中小尺度的城市绿地系统规划设计到大尺度的风景区及城市园林规划设计。虽然,大数据已应用于风景园林规划设计的方方面面,但风景园林规划设计对大数据的研究仍处于探索阶段。大数据虽有成千上万条记录,但设计师并不能直接使用,其数据处理与分析需要专门的平台将其加工成可用的小数据。而大数据的获取存在部门壁垒,并不如想象中能够随手可得。因此,要实现真正的智慧景观还需要大量相关的技术积累和

基础研究的支持。

9.7.4 大数据风景园林建设

风景园林设计是将科学和艺术重构的过程,既需要对地理、生态、气候、地形、水文、植物、交通、构筑物等要素进行综合解析,也需要不同的艺术形式表达和重构其承载的人文价值。未来的时代是数字和信息的时代。计算机运算能力与数字技术的飞速发展,使人类处理复杂环境中的复杂问题具备了前所未有的能力。大数据下的风景园林规划设计,即是从传统调研、方案生成转变为数据获取、分析到数据加工,最后生成新数据的过程。同时,新数据的应用为使用者提供了交互的平台,并最终实现景观的自我更新。

1.大数据景观设计

大数据背景下的风景园林设计,实质就是利用数据重组实现增值的过程。数据挖掘是通过聚类、关联、回归等规则,对数据进行分析,进而获得新的认知和规律。

城乡规划领域下的大数据,特别关注大数据的空间分析,因此其常用的大数据主要涉及通信定位数据、实时感知监测数据、业务运营数据、社交网络数据、开放的地图信息数据等几种类型。

(1)通信定位数据 通信定位数据是一种基于移动通信设备的用户动态定位数据,其可以动态记录大量用户在一定时间内的运动轨迹,如移动手机信令数据、通信软件定位数据、社交软件签到数据等。此类数据基于用户,因此具有用户量大、时效性强、覆盖面广、精度高的特点,能够充分反映人们的生活习性。

(2)实时感知监测数据 此类数据是由交通、气象等诸多部门的智能监测、传感设备采集、取样及汇总所得的监测数据,如城市交通运行状况实时监测数据、空气质量实时监测数据等,具有实时性和动态性。

(3)业务运营数据 主要是金融、商业服务、公共交通、医疗卫生等设施在运行过程中产生的用户使用数据,如公共交通刷卡数据、银行业务办理数据、就医数据、公共出行运行轨迹数据等。此类数据往往覆盖量大,具有一定的复杂性和规律性。

(4)社交网络数据 主要指基于互联网的社交网络数据,如微博、论坛数据等。此类数据具有一定的实时性和簇群性。

(5)开放的地图信息数据 主要指对公众开放的

基于地图信息的城市道路交通、公共设施、商业服务设施等的布局数据,如POI数据、城市交通网络数据等。

以上仅是目前城乡景观领域常用的数据类型,人类每一个动作都可产生一系列数据,因此数据类型还在不断地扩充之中。不同数据类型的不同特点,从不同视角为景观设计提供依据。如社交网络数据的实时性和簇群性可为设计者提供不同人群的价值观念和兴趣爱好,精准对接不同人群的景观需求;开放的地图信息数据可为设计者提供某一区域设施和网点的布局状况,为该地区的景观布局优化提供技术支撑。

因此,大数据为我们提供了丰富的素材库,但如何运用这些素材分析出潜在的规律,精准地与风景园林设计需求对接,才是大数据背景下风景园林规划设计的关键。

2.智慧公园建设

"互联网+"的思维和物联网、大数据云计算、移动互联网、信息智能终端等新一代信息技术,不仅在景观的设计过程中发挥了重要作用,还为景观的服务、管理与养护的智能化实现提供了可能。

在智慧城市的发展下,智慧公园也成为当前各类新建公园的必然趋势。智慧公园是指在公园中运用"互联网+"的思维和物联网、大数据云计算、移动互联网、信息智能终端等新一代信息技术,对服务、管理、养护过程进行数字化表达、智能化控制和管理,实现与游人互感、互知、互动的公园。

智慧公园建设的重点在于公园信息化系统的建设,应本着两个原则:一是为公众提供便捷、智能的服务;二是为公园管理中心、各公园及公园各部门业务工作的正常开展提供应用服务,同时在多个业务系统之间实现关联与协同。

从建设内容来看,智慧公园建设主要包括基础设施建设、智慧服务、智慧保护、智慧管理及智慧养护五大方面。

1)基础设施建设

智慧公园的基础设施建设包括信息基础设施、数据基础设施的建设内容。信息基础设施建设包括:网络传输与通信网络、电子信息屏、多媒体触摸屏终端机、视频监控、智能广播、求助设施、感测设施等。信息基础设施建设主要在于能够实时跟进游客行踪,监测游憩环境,为游客和公园服务与管理之间搭建桥梁。数据基础设施的建设主要在于完善的公园基础矢量、影像数据,包括资源分布的空间数据、属性数据、照片及文字介绍等,建立公园的基础数据库,保障在安全的基础上,可实现数据的远程访问和调用。

2)智慧服务建设

(1)网络服务平台 建设以服务游客为核心内容的公园门户网站平台。网站的内容应让游客对公园有全面的了解,并提供游客出游需要的相关信息。因此应包括公园简介、游园须知、乘车路线、电子地图、活动预告、游客量信息、出行提示、公园服务电话、虚拟导览等服务。通过手机 App 或微信公众号等移动客户端的建设,与门户网站资源共享,为手机用户提供公园信息服务,并做到内容的实时更新。

(2)入园基础服务 建设设施信息化,实现设施的智能化管理。如大规模停车场的智能化管理,实现对停车位的实时监测、智能查询停车场位置及车位信息、空位智能导航等;智能厕所的建设,实现智能查询厕所位置及使用状态、厕所内部智能维护,如气味、温度、湿度的自动调节,设备故障自动检测等;照明系统的智能化建设,实现不同区域照明的智能控制等。

(3)游园导览 智慧公园的建设应满足通过手机、多媒体触摸屏设备等智能终端提供公园信息查询,如电子地图、游览路线规划等。提供相关解说服务,如植物科普、景点讲解等,并考虑到不同语言使用者的需求。

(4)信息发布 通过网络服务平台、电子信息屏等渠道实时推送公园信息,除公园的基本信息介绍外,还可发布如温度、湿度、各种文化活动预告、游人量及空间分布、设施使用、突发事件信息处理等信息,使游客能按照自己的需求制定游览计划,提供良好、安全的游憩体验。

(5)虚拟体验建设 在一些特殊的游园,如历史名园,可通过建设多媒体体验中心,借助地理信息系统、虚拟现实和多媒体等技术,展示公园历史景观风貌、区域原始自然风貌、历史变迁等内容,提升游园体验(图9-21)。借助三维全景实景增强显示技术、三维建模仿真技术、360°/720°实景照片或视频技术建成虚拟公园,实现虚拟游园。数字虚拟游园应能在门户网站、多媒体触摸屏系统、智能手机等终端设备上应用。

图 9-21 敦煌莫高窟数字展示中心环幕影院(谢震霖 摄)

3)智慧保护

可针对公园内需要保护的对象进行智慧保护建设。如公园绿地边界及内部主要植物、设施等的保护,古树名木,文物等的保护。通过借助射频识别、三维场景建立、传感等技术对保护对象进行数字化记录、检测与监控。

4)智慧管理

智慧管理即将相关管理业务进行信息化处理,通过相关技术的使用获得实时数据,使之能够高效、精准地对公园的管理事务进行决策。如内部办公管理,建设办公自动化,实现无纸办公。园林业务管理,通过视频监控、射频识别、红外感应、激光扫描等感测技术,实时跟进公园的绿色资源、基础设施、游客流量的变化情况,对公园的相关情况进行实时掌控,辅助管理者决策。如安全管理,通过公园信息化平台的建设,能够精准定位紧急情况位置,实时数据及长期的监测数据使潜在危机得以预见,从而允许管理者提前制定应对策略。

5)智慧养护

利用相关技术对植物的状态进行检测及监控,帮助相关技术人员发现植物损害的区域,从而及时采取措施,如植物病虫害、冻害等。运用感测设施监测植物的生理状况,如土壤水分、肥力、周边小气候等指标,通过智能终端实现远程控制,如水肥的自动灌溉,对相关数据进行分析处理,做出养护决策。

参 考 文 献

巴里·W·斯塔克,约翰·O·西蒙兹. 景观设计学:场地规划与设计手册[M]. 5版. 朱强,俞孔坚,郭兰,等译. 北京:中国建筑工业出版社,2014.

芭芭拉·柯瑞斯普. 人性空间[M]. 孙硕,译. 北京:中国轻工业出版社,2000.

彼得·沃克. 美国风景园林发展历史及现状[J]. 风景园林,2009(05):22-25.

蔡云楠,方正兴,李洪斌,等. 绿道规划:理念·标准·实践[M]. 北京:科学出版社,2013.

查尔斯·E·利特尔. 风景道规划与管理丛书:美国绿道[M]. 余青,莫雯静,陈海沐,译. 北京:中国建筑工业出版社,2013.

常俊丽,娄娟. 园林规划设计[M]. 上海:上海交通大学出版社,2012.

陈科东,李宝昌. 园林工程项目施工管理[M]. 北京:科学出版社,2012.

陈明泉. 园林规划设计[M]. 北京:中国农业出版社,2014.

陈志华. 外国造园艺术[M]. 郑州:河南科学技术出版社,2001.

成玉宁. 现代景观设计理论与方法[M]. 南京:东南大学出版社,2010.

丁绍刚. 风景园林概论[M]. 2版. 北京:中国建筑工业出版社,2018.

丁圆. 景观设计概论[M]. 北京:高等教育出版社,2008.

董靓,陈睿智,赵群. 风景名胜区规划[M]. 重庆:重庆大学出版社,2014.

董三孝. 园林工程概预算与施工组织管理[M]. 北京:中国林业出版社,2003.

董三孝. 园林工程施工与管理[M]. 北京:中国林业出版社,2004.

董雅文. 城市景观生态[M]. 北京:商务印书馆,1993.

段晓梅. 城乡绿地系统规划[M]. 北京:中国农业大学出版社,2017.

樊国盛,段晓梅,魏开云. 园林理论与实践[M]. 北京:中国电力出版社,2007.

冯信群. 公共环境设施设计[M]. 上海:东华大学出版社,2006.

冯意刚,喻定权,张鸿辉,等. 城市规划中的大数据应用与实践[M]. 北京:中国建筑工业出版社,2017.

傅伯杰,陈利顶,马克明,等. 景观生态学原理及应用[M]. 北京:科学出版社,2001.

高祥斌. 园林草坪建植与养护[M]. 重庆:重庆大学出版社,2014.

格兰特·W·里德. 园林景观设计:从概念到形式[M]. 郑淮兵,译. 北京:中国建筑工业出版社,2010.

顾韩. 风景园林概论[M]. 北京:化学工业出版社,2014.

郭风平,方建斌. 中外园林史[M]. 北京:中国建材工业出版社,2006.

郭向东. 园林景观设计论述(下册)[M]. 北京:中国民艺出版社,2006.

过元炯. 园林艺术[M]. 北京:中国农业出版社,1996.

韩玉林. 园林工程[M]. 重庆:重庆大学出版社,2006.

郝峻弘,周凡,邓晓. 设计初步[M]. 北京:中国建材工业出版,2013.

何调霞. 景区旅游资源评价[M]. 上海:复旦大学出版社,2011.

何淼,刘宪国,刘晓东. 园林工程施工与管理[M].哈尔滨:东北林业大学出版社,2006.

何振德,金磊. 城市灾害概论[M]. 天津:天津大学出版社,2015.

洪得娟. 景观建筑[M]. 上海:同济大学出版社,1999.

胡长龙. 园林规划设计理论篇[M]. 3 版. 北京:中国农业出版社,2015.

黄东兵. 园林规划设计[M]. 北京:中国科学技术出版社,2003.

贾建中. 城市绿地规划设计[M]. 北京:中国林业出版社,2001.

建设部标准定额研究所,中国标准出版社第六编辑室.风景园林绿化标准汇编(上、下)[M].北京:中国标准出版
    社,2009.

建设部综合财务司.城市建设统计指标解释[M]. 北京:中国建筑工业出版,2002.

姜亮夫. 中国大百科全书:中国文学[M]. 北京:中国大百科全书出版社,1988.

交通与发展政策研究所(中国办公室).城市绿道系统优化设计[M].南京:江苏科学技术出版社,2016.

杰弗瑞·杰里柯,苏珊·杰里柯. 图解人类景观:环境塑造史论(修订版)[M]. 刘滨谊,译. 上海:同济大学出版
    社,2015.

科马克·卡利南. 地球正义宣言:荒野法(精装本)[M]. 郭武,译. 北京:商务印书馆,2018.

李静. 园林概论[M].南京:东南大学出版社,2009.

李树华. 防灾避险型城市绿地规划设计[M]. 北京:中国建筑工业出版社,2010.

李雄,刘尧. 中国风景园林教育 30 年回顾与展望[J]. 中国园林,2015(10):20-23.

李玉萍,杨易昆. 园林工程[M]. 3 版. 重庆:重庆大学出版社,2018.

李铮生. 城市园林绿地规划与设计[M]. 北京:中国建筑工业出版社,2006.

廖飞勇. 风景园林生态学[M]. 北京:中国林业出版社,2010.

刘滨谊. 人居环境研究方法论与应用[M]. 北京:中国建筑工业出版社,2016.

刘滨谊. 现代景观规划设计[M]. 4 版. 南京:东南大学出版社,2017.

刘福智. 园林景观规划与设计[M]. 北京:机械工业出版社,2007.

刘骏,蒲蔚然. 城市绿地系统规划与设计[M]. 北京:中国建筑工业出版社,2004.

刘磊.风景园林设计初步[M]. 重庆:重庆大学出版社,2019.

柳中明. 旅游区规划与设计[M]. 北京:电子工业出版社,2010.

鲁敏. 风景园林规划设计[M]. 北京:化学工业出版社,2016.

栾春凤,白丹. 园林规划与设计[M].武汉:武汉理工大学出版社,2013.

罗布·H·G·容曼,格洛里亚·蓬杰蒂. 生态网络与绿道:概念·设计与实施[M]. 余青,陈海沐,梁莺莺,译.
    北京:中国建筑工业出版社,2011.

罗文媛. 建筑设计基础[M]. 北京:高等教育出版社,2008.

罗言云. 园林艺术概论[M]. 北京:化学工程出版社,2010.

洛林·LaB·施瓦茨,查尔斯·A·弗林克,罗伯特·M·西恩斯. 绿道:规划·设计·开发[M]. 余青,柳晓霞,
    陈琳琳,译. 北京:中国建筑工业出版社,2009.

马锦义. 公园规划设计[M]. 北京:中国农业大学出版社,2018.

毛文永. 建设项目景观影响评价[M]. 北京:中国环境科学出版社,2005.

毛学农. 试论中国现代园林理论的构建:大园林理论的思考[J]. 中国园林,2002(6):14-16.

孟兆祯. 风景园林工程[M]. 北京:中国林业出版社,2012.

孟兆祯,毛培琳,黄庆喜,等. 园林工程[M]. 北京:中国林业出版社,1996.

诺曼·布思. 风景园林设计要素[M]. 曹礼昆,曹德鲲,译. 北京:北京科学技术出版社,2018.

欧阳询. 艺文类聚(附索引)[M]. 上海:上海古籍出版社,1999.

彭敏,林晓新. 实用园林制图[M]. 广州:华南理工大学出版社,1998.

彭文英,周琳. 城市规划与管理[M]. 北京:经济科学出版社,2005.

宋力,何兴元,徐文铎,等. 城市森林景观美景度的测定[J]. 生态学杂志,2006(6):621-624.

苏雪痕. 植物景观规划设计[M]. 北京:中国林业出版社,2012.

苏幼坡. 城市灾害避难与避难疏散场所[M]. 北京:中国科学技术出版社,2006.

唐芳林. 国家公园理论与实践[M]. 北京:中国林业出版社,2017.

田建林,张致民. 城市绿地规划设计[M]. 北京:中国建材工业出版社,2009.

王冠星. 旅游美学[M]. 北京:北京大学出版社,2005.

王徽. 古代园林[M]. 北京:中国文联出版社,2010.

王纪武. 人居环境地域文化论[M]. 南京:东南大学出版社,2008.

王美婷,孙冰,陈勇,等. 广州城市公园森林植物景观美景度研究[J]. 中国农学通报,2016(13):18-23.

王绍增. 城市绿地规划[M]. 北京:中国农业出版社,2005.

王绍增. 论 LA 的中译名问题[J]. 中国园林,1994(4):58-59.

王雁,陈鑫峰. 心理物理学方法在国外森林景观评价中的应用[J]. 林业科学,1999(5):110-117.

王云才. 景观生态规划原理[M]. 北京:中国建筑工业出版社,2014.

王展,马云. 人体工学与环境设计[M]. 西安:西安交通大学出版社,2007.

文国玮. 城市交通与道路系统规划[M]. 北京:清华大学出版社,2007.

吴良镛. 人居环境科学导论[M]. 北京:中国建筑工业出版社,2001.

吴庆洲. 景观与景园建筑工程规划与设计(下)[M]. 北京:中国建筑工业出版,2005.

吴为廉. 景观与景园建筑工程规划与设计(上)[M]. 北京:中国建筑工业出版,2005.

夏娃. 建筑艺术简史[M]. 合肥:合肥工业大学出版社,2006.

肖笃宁. 景观生态学[M]. 北京:科学出版社,2003.

徐健,康健,邵龙. 工业园区景观环境主观评价研究[J]. 中国园林,2015,31(9):95-99.

徐磊青,杨公侠. 环境心理学[M]. 上海:同济大学出版社,2002.

徐清. 景观设计学[M]. 上海:同济大学出版社,2014.

徐学书. 旅游资源保护与开发[M]. 北京:北京大学出版社,2007.

许大为. 风景园林工程[M]. 北京:中国建筑工业出版,2014.

许浩. 国外城市绿地系统规划[M]. 北京:中国建筑工业出版社,2003.

颜玉娟,陈星可,李永芳,等. 基于层次分析法的湖南阳明山森林公园植物景观规划研究[J]. 中国园林,2018,34(1):102-107.

杨锐."风景"释义[J]. 中国园林,2010:1-3.

杨锐,马之野,庄优,等. 中国国家公园规划编制指南研究[M]. 北京:中国环境科学出版,2018.

杨瑞卿,陈宇. 城市绿地系统规划[M]. 重庆:重庆大学出版社,2019.

姚亦锋. 风景名胜与风景规划[M]. 北京:中国农业出版社,1999.

尹强,苏原,李浩. 城市规划管理与法规[M]. 天津:天津大学出版社,2003.

余树勋. 园林美与园林艺术[M]. 北京:科学出版社,1987.

约翰·奥姆斯比·西蒙兹. 启迪:风景园林大师西蒙兹考察笔记[M]. 方薇,王欣,译. 北京:中国建筑工业出版社,2010.

张文英. 风景园林工程[M]. 北京:中国农业出版社,2007.

张祖刚. 世界园林发展概述:走向自然的世界园林史图说[M]. 北京:中国建材工业出版社,2003.

赵春仙,周涛. 园林设计基础[M]. 北京:中国林业出版社,2006.

赵书彬. 中外园林史[M]. 北京:机械工业出版社,2008.

赵万民,赵民,毛其智,等. 关于"城乡规划学"作为一级学科建设的学术思考[J]. 城市规划,2010,34(6):46-54.

针之古钟吉. 西方造园变迁史:从伊甸园到天然公园[M]. 邹洪灿,译. 北京:中国建筑工业出版社,2004.

甄峰,王波,秦萧,等. 基于大数据的城市研究与规划方法创新[M]. 北京:中国建筑工业出版社,2015.

中华人民共和国国家标准《城市绿地规划标准》(GB/T 51346—2019)[S]. 北京:中国建筑工业出版社,2019.

中华人民共和国国家标准《城市用地分类与规划建设用地标准》(GB 50137—2011)[S]. 北京:中国建筑工业出版社,2011.

中华人民共和国国家标准《城市园林绿化评价标准》(GB/T 50563—2010)[S]. 北京:中国建筑工业出版社,2010.

中华人民共和国国家标准《风景名胜区总体规划标准》(GB/T 50298—2018)[S]. 北京:中国建筑工业出版社,2018.

中华人民共和国国家标准《公园设计规范》(GB 51192—2016)[S]. 北京:中国建筑工业出版社,2016.

中华人民共和国行业标准《城市绿地分类标准》(CJJ/T 85—2017)[S]. 北京:中国建筑工业出版社,2018.

中华人民共和国行业标准《风景园林基本术语标准》(CJJ/T 91—2017)[S]. 北京:中国建筑工业出版社,2017.

中华人民共和国行业标准《国家公园总体规划技术规范》(LY/T 3188—2020)[S]. 北京:中国质检出版社,2021.

中华人民共和国行业标准《园林基本术语标准》(CJJ/T 91—2002)[S]. 北京:中国建筑工业出版社,2012.

周维权. 中国古典园林史[M]. 3 版. 北京:清华大学出版社,2008.

周振民,徐苏容,王学超. 海绵城市建设与雨水资源综合利用[M]. 北京:中国水利水电出版社,2018.

朱建宁. 西方园林史[M]. 2 版. 北京:中国林业出版社,2013.

ABBOTT M. The sustaining beauty of productive landscapes[J]. Journal of Landscape Architecture,2018,13(2):8-19.

COHEN W J. The legacy of design with nature:from practice to education[J]. Socio-Ecological Practice Research,2019,1(3-4):339-345.

ELENEWSKI J E, VELIZHANIN K A, ZWOLAK M. Topology, landscapes, and biomolecular energy transport[J]. Nature Communications,2019,10(1):4662.

GOODMAN A. Karl Linn and the foundations of community design:from progressive models to the war on poverty[J]. Journal of Urban History,2019,46(4):794-815.

GROSE M, FRISBY M. Mixing ecological science into landscape architecture[J]. Frontiers in Ecology and the Environment,2019,17(5):296-297.

HOLLSTEIN L M. Retrospective and reconsideration:The first 25 years of the Steinitz framework for landscape architecture education and environmental design[J]. Landscape and Urban Planning,2019,186:56-66.

JANSSON M, VOGEL N, FORS H, et al. The governance of landscape management:new approaches to urban open space development[J]. Landscape Research,2019,44(8):952-96.

KAPLAN R, KAPLAN S. Humanscape:Environments for People[M]. California:Duxbury Press,1978.

KELLERT S R, WILSON E O. The biophilia hypothesis[M]. Washington DC:Island Press,1993.

KULLMANN K. The drone's eye: applications and implications for landscape architecture[J]. Landscape Research,2018,43(7):906-921.

STEINER F R. Ian L. McHarg: A bibliography[J]. Socio-Ecological Practice Research,2019,1(3-4):381-396.

TAHVANAINEN L, TYRVÄINEN L, IHALAINEN M, et al. Forest management and public perceptions-visual versus verbal information[J]. Landscape and Urban Planning, 2001, 53(1-4):53-70.

WANG Z F. Evolving landscape-urbanization relationships in contemporary China[J]. Landscape and Urban Planning,2018,171:30-41.

WILSON E O. Biophilia[M]. Cambridge:Harvard University Press, 1984.